计算机基础及办公软件高级应用

主　编　翟小瑞　楼吉林
副主编　胡建华　陈　英　崔坤鹏　姚苏梅

图书在版编目(CIP)数据

计算机基础及办公软件高级应用 / 翟小瑞,楼吉林主编. —杭州:浙江大学出版社,2012.9
ISBN 978-7-308-10497-5

Ⅰ. ①计… Ⅱ. ①翟… ②楼… Ⅲ. ①电子计算机—高等学校—教材②办公自动化—应用软件—高等学校—教材 Ⅳ. ①TP3

中国版本图书馆 CIP 数据核字(2012)第 206369 号

计算机基础及办公软件高级应用
翟小瑞 楼吉林 主 编
胡建华 陈 英 崔坤鹏 姚苏梅 副主编

责任编辑 李峰伟(lifwxy@zju.edu.cn)
封面设计 续设计
出版发行 浙江大学出版社
(杭州市天目山路 148 号 邮政编码 310007)
(网址:http://www.zjupress.com)
排　　版 杭州金旭广告有限公司
印　　刷 杭州杭新印务有限公司
开　　本 787mm×1092mm 1/16
印　　张 14.5
字　　数 353 千
版 印 次 2012 年 9 月第 1 版 2012 年 9 月第 1 次印刷
书　　号 ISBN 978-7-308-10497-5
定　　价 35.00 元

前　　言

随着计算机的迅速普及和计算机技术日新月异的发展，计算机应用和计算机文化已经渗透到人类生活的各个方面，正在改变着人们的工作、学习和生活方式，提高计算机应用能力，已经成为培养高素质人才的重要组成部分。随着教学水平的提高，大学新生的计算机基础技能已变得比较扎实，为了适应教学发展的需要，我院组织编写了这本教材。

本书编者是多年在教学一线从事计算机基础课程教学和教育研究的教师，在编写过程中，编者将长期积累的教学经验和体会融入到知识系统的各个部分，组织全书内容。

全书主要内容包括：Windows XP 操作基础和文件操作、Internet 网络应用、Word 2003 高级应用、Excel 2003 高级应用和 PowerPoint 2003 高级应用。该书可作为高校计算机应用基础教材，也可作为各高职院校计算机等级二级考证的参考资料。

本书由翟小瑞老师、楼吉林老师担任主编，由胡建华老师、陈英老师、崔坤鹏老师、姚苏梅老师担任副主编，由翟小瑞老师担任主审。其中，第 1 章、第 2 章由楼吉林老师和姚苏梅老师编写，第 3 章由翟小瑞老师编写，第 4 章由胡建华老师和崔坤鹏老师编写，第 5 章由陈英老师编写，全书由胡建华、崔坤鹏和翟小瑞老师负责统稿。

本书编写过程中，参考了一些老师的文献，在此表示感谢！另外，本书在编写过程中还得到了相关老师和家人的大力支持和帮助，在此表示真诚的感谢。

由于编者的水平有限，书中存在的不足和错漏之处，敬请读者批评指正。

编　者

2012 年 7 月

目　录

第1章 Windows XP 操作基础和文件操作

1.1 计算机的历史与分类

世界上第一台电子计算机于1946年2月在美国宾夕法尼亚大学诞生，取名为ENIAC（读作“埃尼克”），即Electronic Numerical Internal and Calculator的缩写。电子计算机的产生和迅速发展是当代科学技术最伟大的成就之一。自1946年美国研制的第一台电子计算机ENIAC问世以来，在半个多世纪的时间里，计算机的发展取得了令人瞩目的成就。

计算机从诞生到现在，已走过了60多年的发展历程，在这期间，计算机的系统结构不断发生变化。人们根据计算机所采用的物理器件，将计算机的发展划分为几个阶段，下面就具体介绍之。

1.1.1 计算机发展简史

电子计算机的发展阶段通常以构成计算机的电子器件来划分，至今已经历了四代，目前正在向第五代过渡。每一个发展阶段在技术上都是一次新的突破，在性能上都是一次质的飞跃。

1. 第一代(1946—1957年)，电子管计算机

1946年2月15日，世界上第一台通用数字电子计算机ENIAC(图1-1)研制成功，承担开发任务的“莫尔小组”由四位科学家和工程师埃克特、莫克利(图1-2)、戈尔斯坦、博克斯组成，总工程师埃克特当时年仅24岁。这台计算机是个庞然大物，共用了18000多个电子管、1500个继电器，重达30吨，占地170平方米，每小时耗电140千瓦，计算速度为每秒5000次加法运算。尽管它的功能远不如今天的计算机，但ENIAC作为计算机大家族的鼻祖，开辟了人类科学技术领域的先河，使信息处理技术进入了一个崭新的时代。其主要特征如下：

图1-1 第一台计算机ENIAC

图 1-2 埃克特(右)和莫克利(左)

(1)电子管元件,体积庞大、耗电量高、可靠性差、维护困难。

(2)运算速度慢,一般为每秒钟 1 千次到 1 万次。

(3)使用机器语言,没有系统软件。

(4)采用磁鼓、小磁芯作为存储器,存储空间有限。

(5)输入/输出设备简单,采用穿孔纸带或卡片。

(6)主要用于科学计算。

当时的编程模式因为采用机器语言,和现代所理解的方式有着很大的不同,如图 1-3 所示。

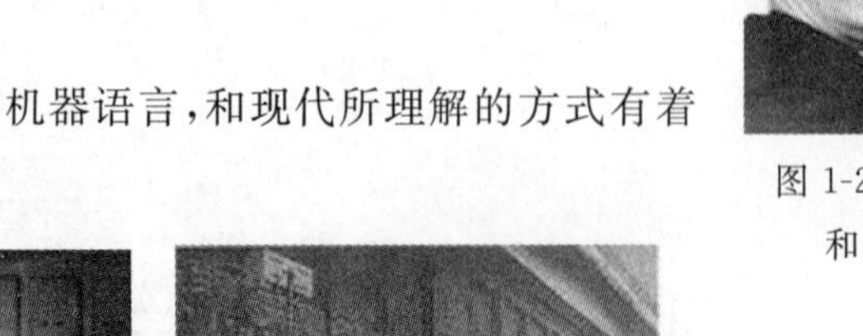

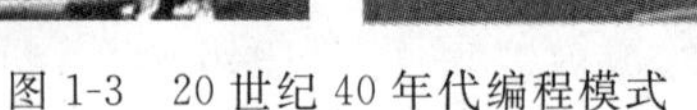

图 1-3 20 世纪 40 年代编程模式

2. 第二代(1958—1964 年),晶体管计算机

1948 年 7 月 1 日,美国《纽约时报》曾用 8 个句子的篇幅,简短地公布贝尔实验室发明晶体管的消息。它就像 8 颗重磅炸弹,在电脑领域引来一场晶体管革命,电子计算机从此大步跨进了第二代的门槛。晶体管的发明给计算机技术带来了革命性的变化。第二代计算机采用的主要元件是晶体管,如图 1-4 所示,称为晶体管计算机。计算机软件有了较大发展,采用了监控程序,这是操作系统的雏形。第二代计算机有如下特征:

(1)采用晶体管元件作为计算机的器件,体积大大缩小,可靠性增强,寿命延长。

(2)运算速度加快,达到每秒几万次到几十万次。

(3)提出了操作系统的概念,开始出现了汇编语言,产生了如 FORTRAN 和 COBOL 等高级程序设计语言和批处理系统。

(4)普遍采用磁芯作为内存储器,磁盘、磁带作为外存储器,容量大大提高。

(5)计算机应用领域扩大,从军事研究、科学计算扩大到数据处理和实时过程控制等领域,并开始进入商业市场。

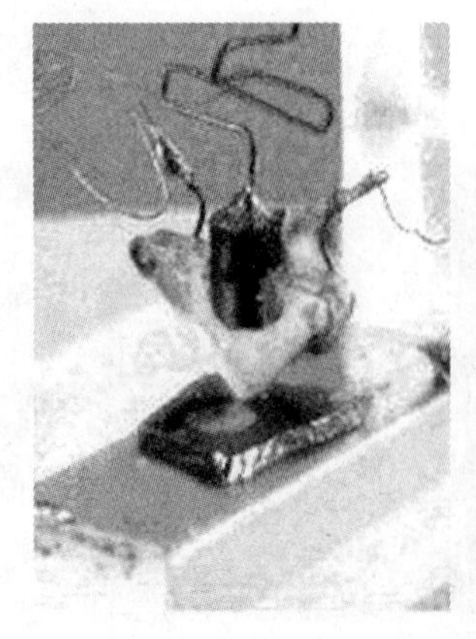

图 1-4 点触型和面结型晶体管

美国贝尔实验室于1954年研制成功第一台使用晶体管的第二代计算机TRADIC，如图1-5所示。装有800只晶体管，仅100瓦功率，占地也只有3立方英尺（约0.085立方米）。相比采用定点运算的第一代计算机，第二代计算机普遍增加了浮点运算，计算能力实现了一次飞跃。1959年后，IBM公司全面推出晶体管化的7000系列电脑，以晶体管为主要器件的IBM 7090型电脑，如图1-6所示，替代了诞生不过一年的IBM 709电子管计算机。

图1-5 第二代计算机TRADIC

图1-6 IBM 7090型电脑

3. 第三代（1965—1969年），中小规模集成电路计算机

20世纪60年代中期，随着半导体工艺的发展，已制造出集成电路元件，如图1-7所示。集成电路可在几平方毫米的单晶硅片上集成十几个甚至上百个电子元件。计算机开始采用中小规模的集成电路元件，这一代计算机比晶体管计算机体积更小，耗电更少，功能更强，寿命更长，综合性能也得到了进一步提高。其具有如下主要特征：

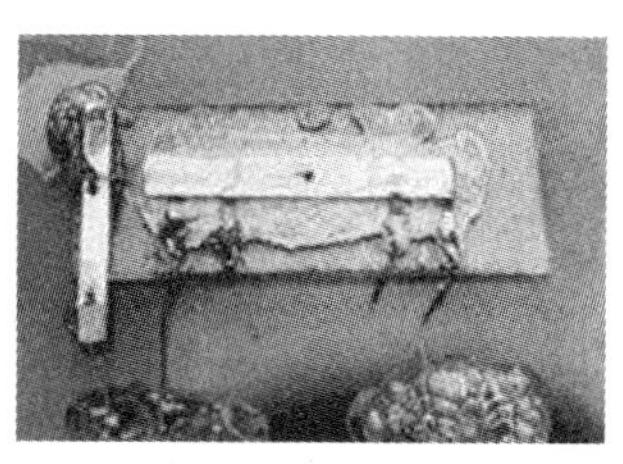

图1-7 早期集成电路

（1）采用中小规模集成电路元件，体积进一步缩小，寿命更长。

（2）内存储器使用半导体存储器，性能优越，运算速度加快，每秒可达几百万次。

（3）外围设备开始出现多样化。

（4）高级语言进一步发展。操作系统的出现，使计算机功能更强，提出了结构化程序的设计思想。

（5）计算机应用范围扩大到企业管理和辅助设计等领域。

IBM公司于1964年研制出计算机历史上最成功的机型之一IBM S/360。IBM由于S/360的成功，进一步巩固了自己在业界的地位，“蓝色巨人”IBM几乎成为计算机的代名词。1970年，IBM公司推出IBM S/370系列机，采用大规模集成电路取代磁芯进行存储，以小规模集成电路作为逻辑元件。

4. 第四代（1971年至今），大规模集成电路计算机

随着20世纪70年代初集成电路制造技术的飞速发展，产生了大规模集成电路元件，使

计算机进入了一个新的时代，即大规模和超大规模集成电路计算机时代。这一时期的计算机的体积、重量、功耗进一步减少，运算速度、存储容量、可靠性有了大幅度的提高。其主要特征如下：

(1)采用大规模和超大规模集成电路逻辑元件，体积与第三代相比进一步缩小，可靠性更高，寿命更长。

(2)运算速度加快，每秒可达几千万次到几十亿次。

(3)系统软件和应用软件获得了巨大的发展，软件配置丰富，程序设计部分自动化。

(4)计算机网络技术、多媒体技术、分布式处理技术有了很大的发展，微型计算机大量进入家庭，产品更新速度加快。

(5)计算机在办公自动化、数据库管理、图像处理、语言识别和专家系统等各个领域得到应用，电子商务已开始进入家庭，计算机的发展到了一个新的历史时期。

现在已经普及的微型计算机属于第四代计算机，但单从微型机来看，在这 30 多年的发展中又可再将它分为以下五个时代：

第一代是自 1971 年开始的 4 位微机。它的芯片集成了 2000 个晶体管，时钟频率为 1MHz。

第二代是自 1973 年开始的 8 位微机。它的芯片集成度为 4000～9000 个晶体管，时钟频率 4MHz。其典型的产品是 Intel 公司的 8080、Motorola 公司的 M6800 等。

第三代是自 1978 年开始的 16 位微机。芯片集成度为 2 万～7 万个晶体管，时钟频率为 5M～10MHz。典型的产品是 Intel 公司的 8086 及 80286。IBM 公司用这一代芯片研制了 IBM PC、IBM PC/XT 及 IBM PC/AT。

第四代是自 1981 年开始的 32 位微机。芯片的集成度为 10 万～100 万个晶体管，时钟频率为 10M～33MHz。用该微处理器制成的微机的性能达到或超过了 20 世纪 70 年代的大、中型计算机。

第五代是自 1993 年开始的 64 位微机。芯片的集成度在 100 万个晶体管以上，并且每年都有不同类型的新产品出现。

1.1.2 计算机的特点

1. 自动地运行程序

计算机能在程序控制下自动连续地高速运算。由于采用存储程序控制的方式，因此一旦输入编制好的程序，启动计算机后，就能自动地执行直至完成任务。这是计算机最突出的特点。

2. 运算速度快

计算机能以极快的速度进行计算。现在普通的微型计算机每秒可执行几十万条指令，而巨型机则可达到每秒几十亿次甚至几百亿次。随着计算机技术的发展，计算机的运算速度还在不断提高。例如天气预报，由于需要分析大量的气象资料数据，单靠手工完成计算是不可能的，而用巨型计算机只需十几分钟就可以完成。

3. 运算精度高

电子计算机具有以往计算机无法比拟的计算精度，目前已达到小数点后上亿位的精度。

4. 具有记忆和逻辑判断能力

人是有思维能力的,而思维能力本质上是一种逻辑判断能力。计算机借助于逻辑运算,可以进行逻辑判断,并根据判断结果自动地确定下一步该做什么。计算机的存储系统由内存和外存组成,具有存储和"记忆"大量信息的能力。现代计算机的内存容量已达到上百兆甚至几千兆,而外存也有惊人的容量。如今的计算机不仅具有运算能力,而且还具有逻辑判断能力,可以使用其进行诸如资料分类、情报检索等具有逻辑加工性质的工作。

5. 可靠性高

随着微电子技术和计算机技术的发展,现代电子计算机连续无故障运行时间可达到几十万小时以上,具有极高的可靠性。例如,安装在宇宙飞船上的计算机可以连续几年时间可靠地运行。计算机应用在管理中也具有很高的可靠性,而人却很容易因疲劳而出错。另外,计算机对于不同的问题,只是执行的程序不同,因而具有很强的稳定性和通用性,用同一台计算机能解决各种问题,应用于不同的领域。

微型计算机除了具有上述特点外,还具有体积小、重量轻、耗电少、维护方便、易操作、功能强、使用灵活、价格便宜等特点,能代替人做许多复杂繁重的工作。

1.1.3 计算机的应用

进入20世纪90年代以来,计算机技术作为科技的先导技术之一得到了飞跃发展,超级并行计算机技术、高速网络技术、多媒体技术、人工智能技术等相互渗透,改变了人们使用计算机的方式,从而使计算机几乎渗透到人类生产和生活的各个领域,对工业和农业都有极其重要的影响。计算机的应用范围归纳起来主要有以下6个方面:

1. 科学计算

科学计算亦称数值计算,是指用计算机完成科学研究和工程技术中所提出的数学问题。计算机作为一种计算工具,科学计算是它最早的应用领域,也是计算机最重要的应用之一。在科学技术和工程设计中存在着大量的各类数字计算,如求解几百乃至上千阶的线性方程组、大型矩阵运算等。这些问题广泛出现在导弹实验、卫星发射、灾情预测等领域,其特点是数据量大、计算工作复杂。在数学、物理、化学、天文等众多学科的科学研究中,经常遇到许多数学问题,这些问题用传统的计算工具是难以完成的,有时人工计算需要几个月、几年,而且不能保证计算准确,使用计算机则只需要几天、几小时甚至几分钟就可以精确地解决。所以,计算机是发展现代尖端科学技术必不可少的工具。

2. 数据处理

数据处理又称信息处理,它是指信息的收集、分类、整理、加工、存储等一系列活动的总称。所谓信息是指可被人类感受的声音、图像、文字、符号、语言等。数据处理还可以在计算机上加工那些非科技工程方面的计算,管理和操纵任何形式的数据资料。其特点是要处理的原始数据量大,而运算比较简单,有大量的逻辑与判断运算。

据统计,目前在计算机应用中,数据处理所占的比重最大。其应用领域十分广泛,如人口统计、办公自动化、企业管理、邮政业务、机票订购、情报检索、图书管理、医疗诊断等。

3. 计算机辅助设计

(1)计算机辅助设计(computer aided design,CAD)是指使用计算机的计算、逻辑判断等

功能，帮助人们进行产品和工程设计。它能使设计过程自动化，设计合理化、科学化、标准化，大大缩短设计周期，以增强产品在市场上的竞争力。CAD 技术已广泛应用于建筑工程设计、服装设计、机械制造设计、船舶设计等行业。CAD 技术的使用可以提高设计质量，缩短设计周期，提高设计自动化水平。

(2)计算机辅助制造(computer aided manufacturing，CAM)是指利用计算机通过各种数值控制生产设备，完成产品的加工、装配、检测、包装等生产过程的技术。将 CAM 进一步集成形成了计算机集成制造系统 CIMS，从而实现设计生产自动化。利用 CAM 可提高产品质量，降低成本和降低劳动强度。

(3)计算机辅助教学(computer aided instruction，CAI)是指将教学内容、教学方法以及学生的学习情况等存储在计算机中，帮助学生轻松地学习所需要的知识。它在现代教育技术中起着相当重要的作用。

除了上述计算机辅助技术外，还有其他的辅助功能，如计算机辅助出版、计算机辅助管理、辅助绘制和辅助排版等。

4. 过程控制

过程控制亦称实时控制，是用计算机及时采集数据，按最佳值迅速对控制对象进行自动控制或采用自动调节。利用计算机进行过程控制，不仅大大提高了控制的自动化水平，而且大大提高了控制的及时性和准确性。

过程控制的特点是及时收集并检测数据，按最佳值调节控制对象。在电力、机械制造、化工、冶金、交通等部门采用过程控制，可以提高劳动生产效率、产品质量、自动化水平和控制精确度，减少生产成本，减轻劳动强度。在军事上，可使用计算机实时控制导弹根据目标的移动情况修正飞行姿态，以准确击中目标。

5. 人工智能

人工智能(artificial intelligence，AI)是用计算机模拟人类的智能活动，如判断、理解、学习、图像识别、问题求解等。它涉及计算机科学、信息论、仿生学、神经学和心理学等诸多学科。在人工智能中，最具代表性、应用最成功的两个领域是专家系统和机器人。

计算机专家系统是一个具有大量专门知识的计算机程序系统，它总结了某个领域的专家知识构建了知识库。根据这些知识，系统可以对输入的原始数据进行推理，作出判断和决策，以回答用户的咨询，这是人工智能的一个成功例子。

机器人是人工智能技术的另一个重要应用。目前，世界上有许多机器人工作在各种恶劣环境下，如高温、高辐射、剧毒等。机器人的应用前景非常广阔，现在有很多国家正在研制机器人。

6. 计算机网络

把计算机的超级处理能力与通信技术结合起来就形成了计算机网络。人们熟悉的全球信息查询、邮件传送、电子商务等都是依靠计算机网络来实现的。计算机网络已进入了千家万户，给人们的生活带来了极大的方便。

1.1.4 电子计算机的分类

一般情况下，电子计算机有多种分类方法，但在通常情况下采用 3 种分类标准。

1. 按处理的对象分类

电子计算机按处理的对象分可分为电子模拟计算机、电子数字计算机和混合计算机。

电子模拟计算机所处理的电信号在时间上是连续的(称为模拟量),采用的是模拟技术。

电子数字计算机所处理的电信号在时间上是离散的(称为数字量),采用的是数字技术。计算机将信息数字化之后具有易保存、易表示、易计算、方便硬件实现等优点,所以数字计算机已成为信息处理的主流。通常所说的计算机都是指电子数字计算机。

混合计算机是将数字技术和模拟技术相结合的计算机。

2. 按性能规模分类

按照1989年美国电气和电子工程师协会(IEEE)的科学巨型机委员会对计算机的分类提出的报告,来对计算机的各种类型进行分别介绍。按照这一分类方法,计算机被分成巨型机、小巨型机、主机、小型机、工作站、个人计算机6类。现分别介绍如下:

(1)巨型机

巨型机在6类计算机中是功能最强的一种,当然价格也最昂贵。它也被称作超级计算机,具有很高的速度及巨大的容量,能对高品质动画进行实时处理。巨型机的指标通常用每秒多少次浮点运算来表示。20世纪70年代的第一代巨型机每秒为1亿次浮点运算,80年代的第二代巨型机每秒为100亿次浮点运算,90年代研制的第三代巨型机速度已达到每秒万亿次浮点运算。目前的许多巨型机都采用多处理机结构,用大规模并行处理来提高整机的处理能力。

目前巨型机大多用于空间技术,中、长期天气预报,石油勘探,战略武器的实时控制等领域。生产巨型机的国家主要是美国和日本,俄罗斯、英国、法国、德国也都开发了自己的巨型机。我国在1983年研制了"银河Ⅰ"型巨型机,其速度为每秒1亿次浮点运算。1992年研制了"银河Ⅱ"型巨型计算机,其速度为每秒10亿次浮点运算。1997年推出的"银河Ⅲ"型巨型机是属于每秒百亿次浮点运算的机型,它相当于第二代巨型机。2001年我国又成功推出了"曙光3000"巨型计算机,其速度为每秒4000亿次。2003年12月推出的联想"深腾6800"达到每秒4万亿次,2004年6月推出的"曙光4000A"达到每秒11万亿次,已经进入世界前十名。

(2)小巨型机

小巨型机是由于巨型机性能虽高但价格昂贵,为满足市场的需求,一些厂家在保持或略降低巨型机性能的前提下,大幅度降低价格而形成的一类机型。小巨型机的发展一是将高性能的微处理器组成并行多处理机系统,二是将部分巨型机的技术引入超小型机使其功能巨型化。目前流行的小巨型机处理速度在每秒250亿次浮点运算,价格只相当于巨型机的十分之一。

(3)主机

主机实际上包括了我们常说的大型机和中型机。这类计算机的特点是具有大容量的内、外存储器和多种类型的I/O通道,能同时支持批处理和分时处理等多种工作方式,最新出现的主机还采用多处理机、并行处理等技术,整机处理速度大大提高,具有很强的处理和管理能力。几十年来,主机系统在大型公司、银行、高等院校及科研院所的计算机应用中一直居统治地位。但随着PC局域网的发展,主机系统这种采用集中处理的终端工作模式的系统受到了巨大冲击，特别是现在微型机的性价比大幅上涨，客户机/服务器体系结构日益成熟，更是没有主机系统发挥其特长的空间。但是在一些需要集中处理大量数据的部门，如银行或某些大型企业仍需主机系统。

(4)小型机

比起主机来，小型机由于结构简单、成本较低、易于使用和维护，更受中、小用户的欢迎。小型机的特征有两类：一类是采用多处理机结构和多级存储系统，另一类是采用精减指令系统。前者是使用多处理机来提高其运算速度，后者是在指令系统中，只将比较常用的指令集用硬件实现，很少使用的、复杂的指令留给软件去完成，这样既提高了运算速度，又降低了价格。

(5)工作站

首先这里所说的工作站和网络中用作站点的工作站是两个完全不同的概念，这里的工作站是计算机中的一个类型。

工作站实际上是一种配备了高分辨率大屏幕显示器和大容量内、外存储器，并且具有较强数据处理能力与高性能图形功能的高档微型计算机，它一般还内置网络功能。工作站一般都使用精减指令(RISC)芯片，使用 UNIX 操作系统。目前也出现了基于 Pentium 系列芯片的工作站，这类工作站一般配置 Windows NT 操作系统。由于这一类工作站和传统的使用精减指令(RISC)芯片的高性能工作站还有一定的差距，因此，常把这类工作站称为“个人工作站”，而把传统的高性能工作站称为“技术工作站”。

(6)个人计算机

个人计算机也称作 PC 机，它的核心是微处理器。微处理器在短短的 30 年中已从 4 位、8 位、32 位发展到现在的 64 位。20 世纪 80 年代初，IBM 公司在数年内连续推出了 IBM PC、IBM PC/XT、IBM PC/AT 等机型，形成和巩固了 PC 机的主流系列，许多厂商纷纷推出与 IBM PC 兼容的个人计算机。随着微处理芯片性能的提高，PC 机与兼容机已发展到目前的以 Pentium Ⅳ为处理器的各种机型，它的性能已超过早年大型机的水平。在这 30 年中，PC 机使用的微处理芯片，平均不到两年集成度就增加一倍，处理速度提高一倍，价格却降低一半。今天，PC 机已广泛应用于社会的各个领域，从政府机关到家庭，PC 机无所不在。特别值得一提的是便携式计算机的发展取得了惊人的成绩，性能和台式机已趋于一致，但重量较轻便于随身携带。

3. 按功能和用途分类

电子计算机按功能和用途可分为通用计算机和专用计算机。

通用计算机具有功能强、兼容性强、应用面广、操作方便等优点，通常使用的计算机都是通用计算机。

专用计算机一般功能单一，操作复杂，用于完成特定的工作任务。

1.2 键盘和鼠标基本结构与操作

1.2.1 键盘简介和分区介绍

熟悉键盘操作是操作电脑的最基本条件，也是打字的最基基础知识，初学者必须花费较长

的时间来学习键盘操作。键盘的种类繁多，功能不一，按照键盘上键位的多少，可以将键盘分为84键、101键、104键、107键等。目前主流键盘是104键盘与107键盘。

不管键盘的种类怎么划分，也不管键盘怎么发展更新，键盘的基本键位都不会改变，包括26个字母键、10个数字键、30个特殊符号键、12个功能键等。在用键盘打字时，经常用到的是键盘的26个字母键，因此在练习时应给予必要的重视。

仔细观察可以发现键盘上有密密麻麻的键位，由于键位太多，因此初学者往往会产生一种敬畏心理而望而却步。事实上，键盘的键位分布是有规律可循的，只要经过一段时间的学习，普通用户都可以熟练操作键盘。下面我们开始分区学习键盘知识。

键盘上的键位并不是杂乱无序地任意堆放在一起，而是根据不同的功能、不同的特点分类排列。一个完整的键盘可以划分成6个分区，分别是功能键区、主键盘区、光标控制键区、数字小键盘区、电源控制键区、指示键位区，如图1-8所示。

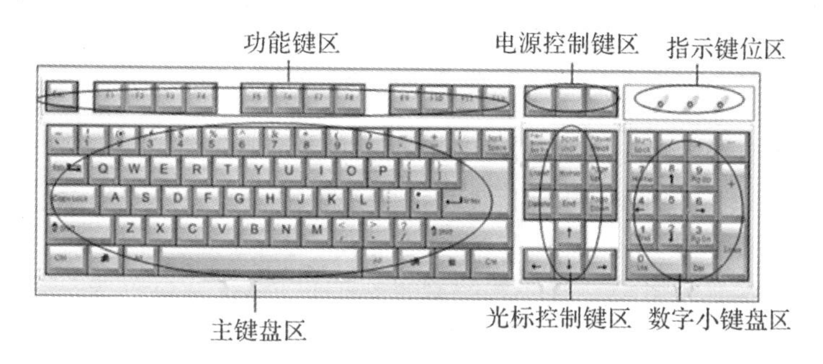

图1-8 键盘功能分区

1. 功能键区

功能键区位于主键盘区的正上方，包括Esc和F1～F12共13个键位构成，如图1-9所示。

图1-9 功能键区

功能键区的各个键位都可以用来执行一些快捷操作，如通常情况下，按Esc表示取消当前正在运行的程序，按下F1键则表示打开帮助文档。

(1)Esc键

Esc是英文Escape的缩写，为强行退出键。它的功能是退出当前环境、返回原菜单。例如，当用户打开了某个菜单后，按Esc键可以取消该菜单。

(2)F1～F12键

在不同的程序软件中，F1～F12各个键的功能有所不同。常用功能如下：

F1：帮助；F2：改名；F3：搜索；F4：地址；F5：刷新；F6：切换。

2. 主键盘区

主键盘区也称打字键区，是键盘上最重要的区域，也是用得最频繁的一个区域。它的主要功能是用来录入数据、程序和文字。主键盘区主要由字母键、数字符号键、控制键、标点符号及一些特殊符号键构成，如图 1-10 所示。

图 1-10　主键盘区

主键盘区共有 58 个键位，主要包含英文字母键位、数字和控制键位，其中：

字母键：26 个，从 A～Z。

数字键：10 个，从 0～9。

符号键：22 个键位，但可以录入 32 个常用符号，因为有的键位包含了两种符号。

空格键：1 个，位于主键盘区中最下面一排中间位置。在所有的键位中，空格键键位最长，也最显眼。空格键主要用于在录入时输入空格用，也可以用作中文输入编码确认键。

控制键：13 个，主要是用来完成一些控制操作的键位，包括命令的执行、打开快捷菜单等。熟练使用控制键可以将键盘的功能发挥至极限。

主键盘区共有 13 个控制键位，分别是：

一个 Tab 键、一个 Caps Lock 键、两个 Shift 键、两个 Ctrl 键、一个 Enter 键、一个 Backspace 键、两个 Win 键、一个 Fn 键及两个 Alt 键。

各个控制键位的作用如下：

(1)Tab 键

Tab 键也叫跳格键，在文字处理环境下，Tab 键作用和空格键差不多，只是移动的距离不同。跳格键可实现光标的快速移动，光标移动的距离可由读者自行在软件中设定。如在 Microsoft Word 文字处理软件中，将此距离设置为 25 个字符，那么以后每敲击一下 Tab 键，光标将会向右移动 25 个字符的位置，就相当于插入了 25 个空格。

(2)Caps Lock 键

Caps Lock 键可以更确切地称为大小写字母键锁定状态转换键，因为它只对转换大小写字母起作用，键位标记为 Caps Lock(有些键盘标记为 Caps)。按下这个键则指示灯区的第二个指示灯会变亮，它表示现在处于大写状态了，只按字母键时就会显示大写字母。再按一下 Caps Lock 键，则对应的指示灯变暗，又回到了小写状态。

(3)Shift 键

Shift 键又称为上档键，有两个作用：

1)按下 Shift 键后再敲击字母键，就会输入对应的大写字母。

2)如果同时按下 Shift 键和某一个数字键，则显示为对应的上档符号。例如同时按下 Shift 键和数字键 1，则显示为感叹号“!”。

(4)Ctrl 键

Ctrl 键分为左右两个，功能相同，在不同的软件中有不同的功能定义。Ctrl 键必须结合其他的键位才能起作用。

(5)Enter 键

回车键是电脑中应用最为频繁的键位，回车键上面标记“Enter”字样，回车键也称为执行键，意思是按下这个键，系统就会开始执行命令。在文字录入环境中，按回车键文档会自动换行。

(6)Backspace 键

在文字处理环境下，按下 Backspace 键，光标左侧的字符就删除，同时光标向左移动。

(7)Win 键

现在流行的 Windows 键盘都有两个 Win 键，称为系统功能键，任何时候按下这两个键中的任一个都可以打开“开始”菜单。

(8)Fn 键

Fn 键的功能就是一个组合功能键，用它和一些特定的键配合，可以快速实现一些常用操作。

(9)Alt 键

Alt 键分为左右两个，功能相同，与其他键组合使用，指示特殊的操作。在 Windows 中，也单独作为菜单栏中的移动操作使用。

主键盘上共有 11 个符号键，符号键都是双排键位，每个键上都有上下两种不同的符号。排在上面的字符称为上排字符，排在下面的字符称为下排字符。要录入符号键的下排字符，直接击打符号键就可以了，但是要录入符号键的上排字符，则需要先按住 Shift 键，再敲击符号键。

常用一些快捷键如表 1-1 所示。

表 1-1 常用快捷键

快捷键	功能	快捷键	功能	快捷键	功能
F5	刷新	Delete	删除	Tab	改变焦点
Ctrl+C	复制	Ctrl+X	剪切	Ctrl+V	粘贴
Ctrl+A	全选	Ctrl+Z	撤销	Ctrl+S	保存
Alt+F4	关闭	Ctrl+Y	恢复	Alt+Tab	切换
Ctrl+F5	强制刷新	Ctrl+W	关闭	Ctrl+F	查找
Shift+Delete	永久删除	Ctrl+Alt+Del	任务管理	Shift+Tab	反向切换
Ctrl+空格	中英文输入切换	Ctrl+Shift	输入法切换	Ctrl+Esc	开始菜单
【Win 键】+D	显示桌面	【Win 键】+F	搜索文件或文件夹	【Win 键】+E	打开我的电脑

3. 光标控制键区

光标控制区的位置在主键盘区与数字小键盘区的中间，如图 1-11 所示，它集合了所有对光标进行操作的键位以及一些页面操作功能键。

光标控制键在软件操作中发挥着重要的作用,因此需要掌握光标控制键各键位的功能。

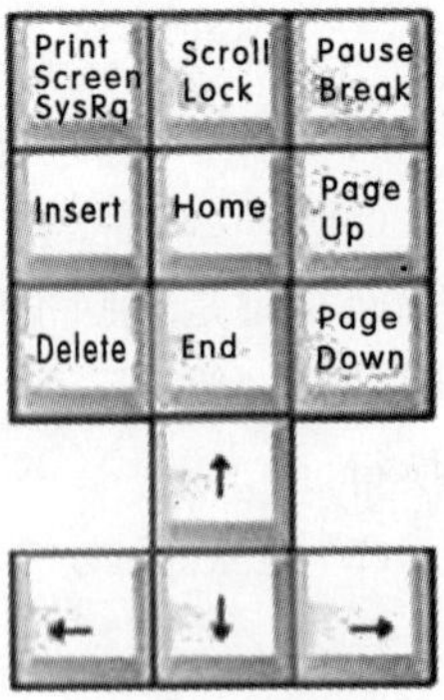

(1)Insert 键

Insert 键称为插入键,主要用来在处理文档时设置文档的插入或改写状态。插入键是一个开关键,按一下插入键,系统会将文档转为改写状态,再按一下,系统又会将文档改回为插入状态。当系统处于插入状态时,输入的字符插入在光标出现的位置;当系统处于改写状态时,输入字符将改写光标处字符。

图 1-11　光标控制键区

(2)Home 键

Home 键称为行首键,在文字处理软件环境下,按一下 Home 键,可以使光标回到一行的行首。在移动时,只是光标移动,而汉字不会动。如果使用 Ctrl＋Home 组合键,则会将光标快速移动到文章的开头。

(3)End 键

End 键称为行尾键,与 Home 键的功能相反。在文字处理软件环境下,按一下这个键,光标将移动到本行行尾。如果使用 Ctrl＋End 组合键,则会将光标快速移动到文章的最后位置。

(4)Page Up 键

Page Up 键称为向上翻页键,在文字编辑环境下,单击此键可以将文档向前翻一页,如果已到达文档最顶端,则此键不起作用。

(5)Page Down 键

Page Down 键称为向下翻页键,在文字编辑环境下,单击此键可以将文档向后翻一页,如果已到达文档最末端,则此键不起作用

(6)Delete 键

Delete 键称为删除键,可以用来删除光标右侧的字符。按一下删除键,删除右侧字符后光标位置不会改变。

(7)Print Screen 键

Print Screen 称为屏幕打印键,按下该键,将会把当前屏幕上的信息保存于内存中,可以在画图软件及其他的图像处理软件中使用粘贴的方法将图片保存为文件。

(8)Scroll Lock 键

Scroll Lock 键称为屏幕锁定键,有一些软件会采用相关技术让屏幕自行滚动,按下该键后,将会停止屏幕滚动。

(9)Pause 键

按下 Pause 键,可以暂停当前正在运行的程序文件。

(10)↑↓←→键

光标移动键共有四个,其上标识有上下左右四个方向箭头。在编辑文档时,光标移动键应用得非常广泛。除开键盘的光标移动键外,鼠标也可以移动光标。

4. 数字小键盘区

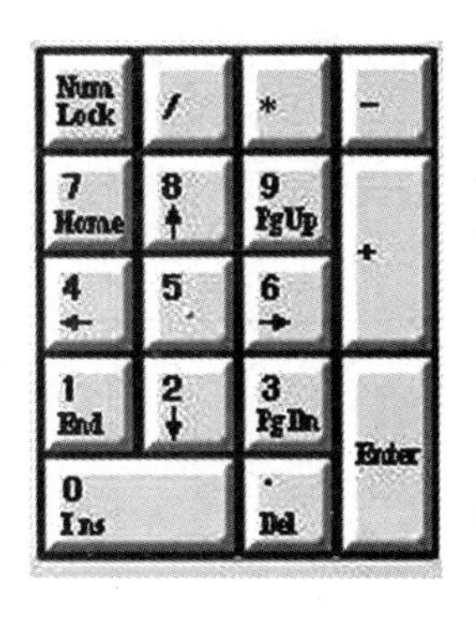

图 1-12 小键盘区

数字小键盘区位于键盘的右下部分，如图 1-12 所示。数字小键盘区共有 17 个键位，主要包括一些数字键和运算符号键。数字小键盘适合经常接触大量数据信息的专业人士使用。数字小键盘的键位作用跟主键盘区的数字键位功能相同。

数字小键盘区有一个 Num Lock 键，叫做数字锁定键。数字锁定键的作用是用来打开与关闭数字小键盘区。按一下 Num Lock 键，指示键位区的 Num Lock 指示灯亮，表明此时数字小键盘区为开启状态，再按下该键，指示灯灭，就表示小键盘已经处于关闭状态了。

5. 电源控制键区

为了更加方便地控制电脑，在键盘上设计了：Power（关机键）、Sleep（睡眠键）和 Wake Up（唤醒睡眠键）3 个电源控制键。Power 键用来快速关机，Sleep 键用来将电脑转入睡眠状态，Wake Up 键用来将转入睡眠状态的电脑唤醒。

这 3 个电源控制键的使用非常简单，按下 Power 键的作用相当于执行"开始"|"关闭计算机"|"关闭""命令；按下 Sleep 键的作用相当于执行"开始"|"关闭计算机"命令；当计算机处于待机状态时，按下 Wake Up 键将会使计算机从待机状态回到正常运行状态。

6. 指示键位区

指示键位区有 3 个指示键，Num Lock（数字键盘锁定指示键）、Caps Lock（大小写字母锁定键）和 Scroll Lock（屏幕滚动锁定键）。

Num Lock 指示灯由数字小键盘区的 Num Lock 键控制，按一次该键，灯亮表示可以使用小键盘录入数字，再按一次，灯灭表示锁定了小键盘，无法再使用小键盘输入。

Caps Lock 由主键盘区的 Caps Lock 键控制，指示灯亮时，表示此时处于大写状态，敲入字母将会自动转换为大写。

Scroll Lock 指示灯由主键盘区的 Scroll Lock 键控制，灯亮时，表示此时激活了屏幕滚动锁定功能。

1.2.2 鼠标基本操作

在使用鼠标时，同样需要一个正确的姿势。手握鼠标的正确方法是：食指和中指分别放置在鼠标的左键和右键上，拇指横向放在鼠标左侧，无名指和小指放在鼠标右侧，拇指与无名指及小指轻轻握住鼠标；手掌心轻轻贴住鼠标后部，手腕自然垂放在桌面上，操作时带动鼠标作平面运动。

在 Windows 操作系统下，鼠标有 5 种基本操作，可以用来实现不同的功能。下面列出了其具体操作及说明：

指向：移动鼠标，将鼠标指针放到某一对象上。

单击（左击）：指向目标对象后快速按一下鼠标左键，该操作常用于选择对象。

右击：指向目标对象后快速按一下鼠标右键，该操作常用于打开目标对象的快捷菜单。

双击：指向目标对象后快速按两次左键后松开，该操作常用于打开对象。

拖动：指向目标对象后按住鼠标左键不放，移动鼠标指针到指定位置后再松开，该操作常用于移动对象。

Windows 操作系统中，当用户进行不同的工作、系统处于不同的运行状态时，鼠标指针将会随之变为不同的形状。几种常见的鼠标形状及它们代表的含义如表 1-2 所示。

表 1-2 几种常见的鼠标形状及它们代表的含义

形 状	状 态	形 状	状 态	形 状	状 态	形 状	状 态
	选择		精度选择		调整垂直大小		移动
	帮助		文字选择		调整水平大小		其他选择
	后台		手写		对角线调整 1		链接选择
	忙		不可用		对角线调整 2		

1.3 Windows XP 的基本操作

Windows XP 的桌面是我们进入 Windows XP 操作系统后首先看到的画面，如图 1-13 所示，可以把桌面理解为一个实验室，用户对电脑的操作就相当于在实验室中所作的各种实验。因此要熟练的操作电脑，就必须先熟悉桌面操作。

图 1-13 Windows XP 桌面

1.3.1 桌面简介

Windows XP 的桌面除了包含“我的电脑”、“我的文档”、“回收站”等内容组成的主屏幕区域外，还包含了其他部分，具体介绍如下：

1. “开始”菜单

“开始”菜单是 Windows XP 中应用最为频繁的菜单之一，通过开始菜单，几乎可以完成

对计算机的所有操作。通常人们使用“开始”菜单启动应用程序，系统中安装的所有应用程序的快捷方式都可以在开始菜单中找到。

单击桌面上的“开始”按钮，可以打开“开始”菜单，如图1-14所示。

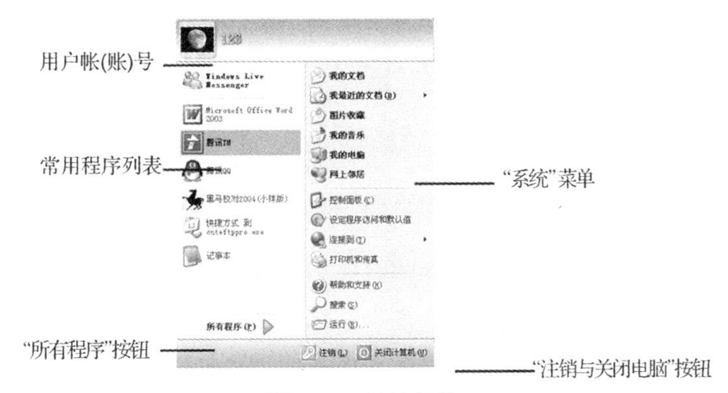

图1-14 开始菜单

开始菜单中共包含5个方面的内容，分别是用户帐(账)号、常用程序列表、“所有程序”按钮、“系统”菜单、“注销与关闭电脑”按钮。

(1)用户帐(账)号

在开始菜单的顶端显示了当前登录用户的用户名以及图标，用鼠标单击用户图标，可以打开“设置用户图标”窗口，如图1-15所示，在这里用户可以重新设置一个新的代表该帐(账)号的图标。

图1-15 用户帐(账)户管理

(2)常用程序列表

“常用程序列表”区域中所列出的都是最近经常使用的程序快捷方式，这是Windows XP非常人性化的设计。

(3)“所有程序”按钮

单击“所有程序”按钮，将会打开一个子菜单，在此子菜单中，列出了Windows XP中安装的所有软件的快捷方式图标，用户可以通过单击快捷方式来启动相应的应用程序。

(4)“系统”菜单

“系统”菜单中列出了 Windows XP 中系统自带的一些系统应用程序。

(5)“注销与关闭电脑”按钮

“注销与关闭电脑”这两个按钮都是用来退出 Windows XP 操作系统的，单击“注销”按钮，将会把当前用户注销，返回 Windows XP 登录画面；单击“关闭电脑”按钮，则可以将电脑关闭。

2. 任务栏

“任务栏”位于桌面的下部，形状为一横窄条，如图 1-16 所示。任务栏图标又分为三部分，主要由“开始”按钮、快速启动栏、应用程序列表、通知栏等项目组成。

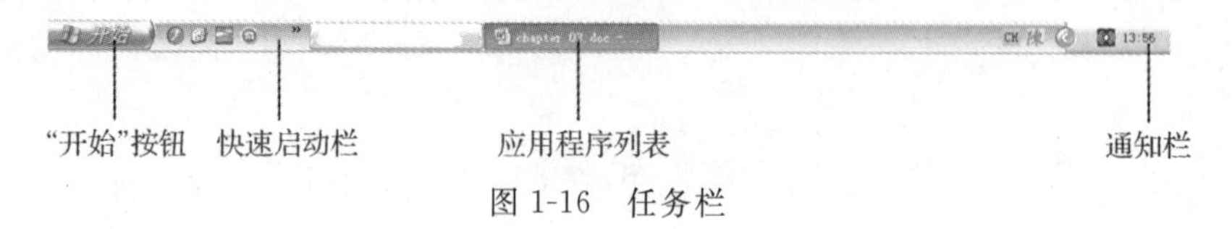

图 1-16　任务栏

“快速启动栏”中集合了一些应用程序快捷方式，只需要用鼠标单击一下“快速启动栏”中的相应按钮，则会启动该程序；“应用程序列表”中列出了当前用户打开的一些程序的缩略图；“通知栏”中则显示了系统当前的时间、声音、输入法状态等信息。

1.3.2　设置桌面

1. 设置桌面背景

Windows XP 默认的桌面是蓝天白云，其实用户还可以自定义桌面背景，将桌面背景设置成自己喜欢的图片，或者把自己的照片做成桌面背景。

设置桌面背景的操作步骤如下：

步骤 1：在桌面空白区域内，单击鼠标右键，选择“属性”命令，打开“显示属性”对话框，单击“桌面”选项卡，如图 1-17 所示。

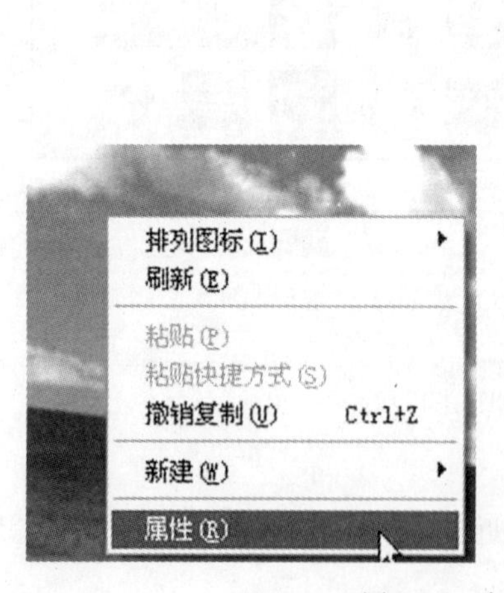

图 1-17　打开显示属性

步骤 2：在“背景”列表框中选择背景图片，如果列表框中没有自己喜欢的图片，还可以单击“浏览”按钮，打开“浏览”对话框，在计算机中指定的位置甚至在网络中查找需要的图片。

步骤3:单击“位置”下拉列表框,选择图片在桌面上的摆放方式,有三种方式可供选择:居中、平铺、拉伸,如图1-18所示。

图1-18 背景图片扩展形式

注意:有的图片设置为平铺或者拉伸时会出现失真的现象,因此在设置时应观察预览窗口中的图像,选择不失真的摆放方式。

步骤4:单击“确定”按钮,即可看到设置效果。

2. 设置桌面外观

桌面外观确定了窗口和对话框的字体、颜色方案。安装中文Windows XP后,用户所看到的窗口外观是系统默认的“Windows XP”样式,用户在使用计算机的过程中,可以重新设置窗口与对话框的字体、颜色等方案,根据爱好自己设定Windows外观。

自定义Windows外观的具体操作步骤如下:

步骤1:在桌面的空白处单击鼠标右键,在弹出的快捷菜单中选择“属性”命令,打开“显示属性”对话框,单击“外观”选项卡,打开如图1-19所示的“外观”选项卡。

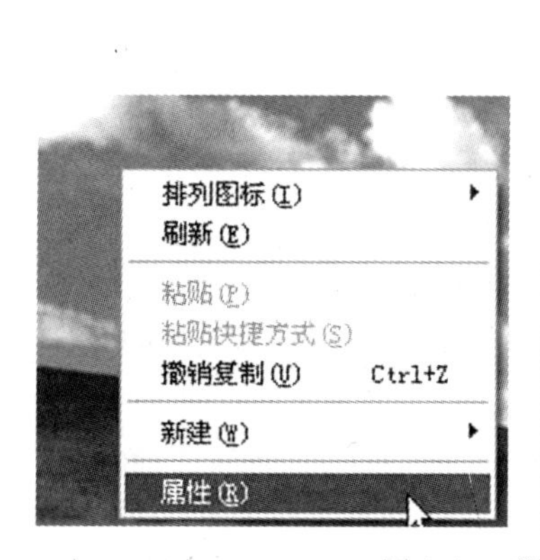

图1-19 “外观”选项卡

步骤2:在“外观”选项卡中,用户可以打开“窗口和按钮”下拉列表框选择窗口和按钮的外观方案,其中可选项包括Windows XP样式和Windows经典样式,如图1-20所示。

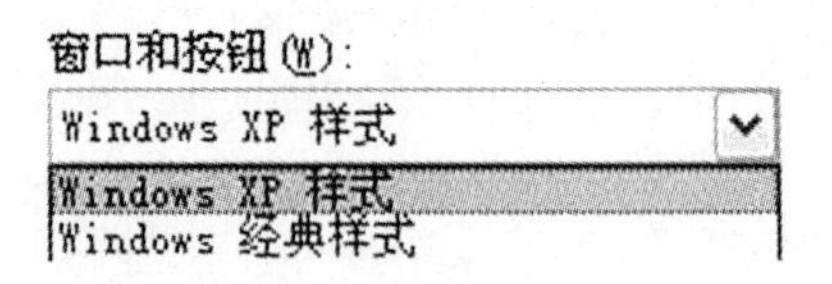

图1-20　Windows XP样式

步骤3:选定一种窗口和按钮的外观方案后,系统会将该方案中对应的色彩方案和字体方案在“色彩方案”下拉列表框和“字体大小”下拉列表框中列出,以供用户挑选,如图1-21所示。用户可以根据自己的爱好来设计方案之间如何搭配。

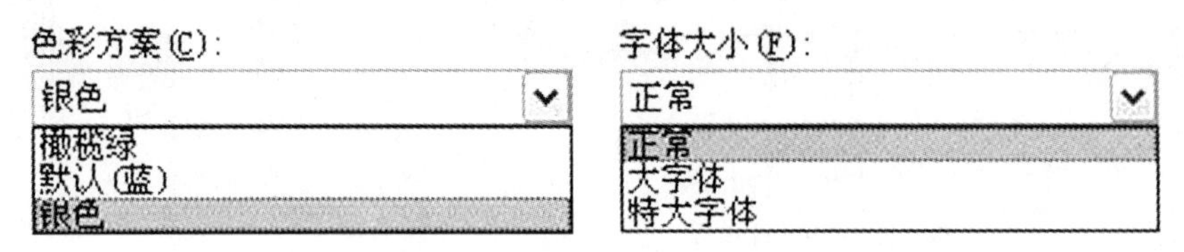

图1-21　色彩方案和字体大小

步骤4:如果用户要自定义一些外观的效果,可单击“效果”按钮打开如图1-22所示的“效果”对话框。在“效果”对话框中,用户可以选定“为菜单和工具提示使用下列过渡效果”复选框,然后从下拉菜单中选择一种过渡效果。如需在桌面或窗口中显示大图标,可以选中“使用大图标”复选框。另外,“在菜单下显示阴影”和“拖动时显示窗口内容”复选框都可以为外观添加漂亮的效果。设置完成后,单击“确定”按钮,返回到“外观”选项卡对话框中。

步骤5:单击“确定”按钮,即可看到设置效果。

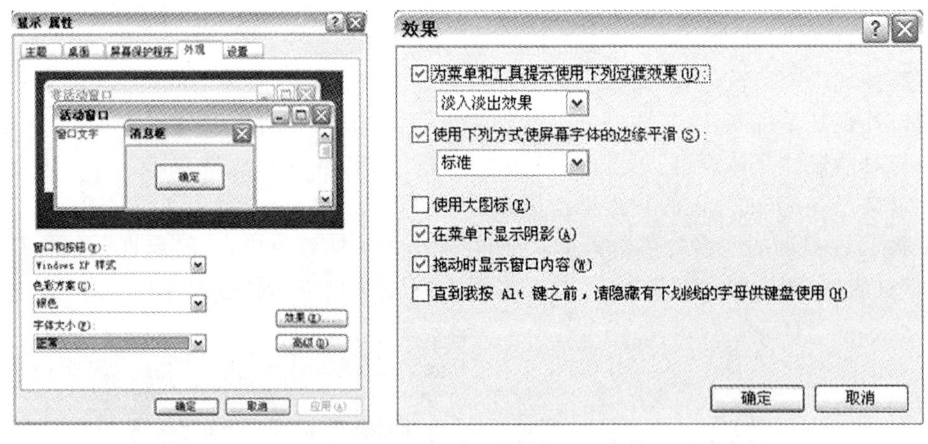

图1-22　桌面效果

3. 设置屏幕保护程序

屏幕保护程序是一段屏幕动画,设置屏幕保护程序有两个作用:

(1)当用户在短时间内暂不使用计算机时,可以将计算机的桌面屏蔽,以防止用户的资料被他人看到。

(2)如果长时间不用电脑,启动屏幕保护程序可以保护电脑显示器,避免长时间显示同一画面对显示器的元器件造成损害。

当用户需要重新使用计算机时,只要移动鼠标或者按键盘任意键便可恢复桌面显示(如

果用户设置了屏幕保护程序的密码，则需输入密码后才能取消屏幕保护）。

设置屏幕保护的具体操作步骤如下：

步骤1：在桌面空白区域内，单击鼠标右键，选择“属性”命令，打开“显示属性”对话框，单击“屏幕保护程序”选项卡，如图1-23所示。

图1-23　屏幕保护

步骤2：从“屏幕保护程序”下拉列表框中选择一种屏幕保护程序，在预览窗口中将会显示出效果。用户也可单击“预览”按钮，全屏观看屏保效果。选定合适的屏幕保护程序后，单击“确定”按钮即可。

用户还可以对选定的屏幕保护程序进行参数设置，操作步骤如下所示：

步骤1：在如图1-23所示的界面中，选定某项屏幕保护程序后，单击“设置”按钮，可以打开屏幕保护程序设置对话框进行设置。

步骤2：每一种屏幕保护程序的设置项都不同，如选择“飞越星空”屏幕保护程序，再单击“设置”按钮，会打开如图1-24所示的对话框。

图1-24　“飞越星空”设置项

步骤3：启动屏幕保护程序的系统默认时间是30分钟，即30分钟内用户没使用过计算机，屏幕保护程序将自动运行。如果用户认为时间过长或过短，可以重新设置等待时间。

步骤4：设置完成后，单击“确定”按钮即可。

如果要为屏幕保护程序加上密码，则需启用“在恢复时使用密码保护”复选框。系统进入屏幕保护程序后，若需重新返回桌面，则需要输入当前用户和系统管理员密码。

1.3.3 控制面板

控制面板是对 Windows XP 进行管理控制的中心，它集成了很多专门用于更改 Windows XP 外观和行动的工具，通过这些工具，可以安装新硬件、添加和删除程序、更改屏幕的外观、设置系统用户名及密码等。

1. 启动“控制面板”

在使用“控制面板”对系统进行设置之前，首先要将“控制面板”打开，执行“开始”|“控制面板”命令，即可打开“控制面板”窗口，如图 1-25 所示。

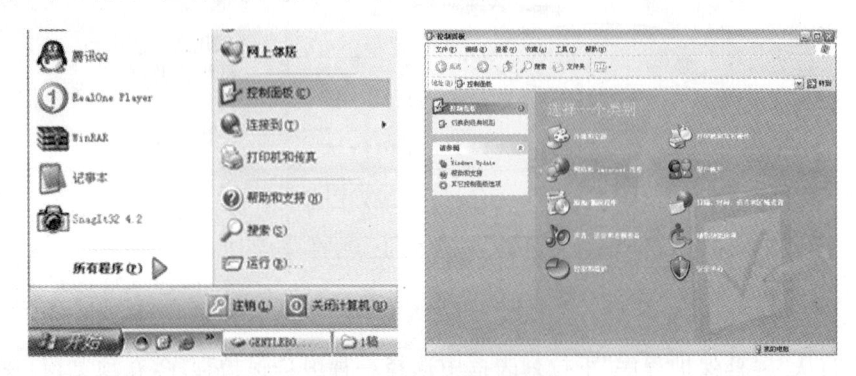

图 1-25 打开控制面板

控制面板右边的窗格中显示了一些分好类的项目，单击它们可以进入具体设置。如单击“外观与主题”按钮，则会打开“外观与主题”设置窗口。

系统默认的控制面板只罗列出了一些控制选项图标，选择窗口左边的“切换到经典视图”链接，可以显示所有的选项图标，如图 1-26 所示。

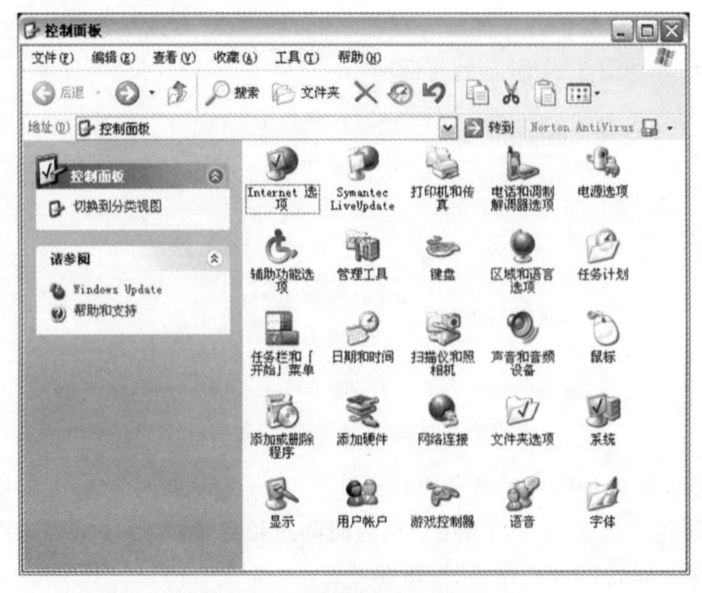

图 1-26 “控制面板”经典视图

2. 设置用户帐(账)户

Windows XP 是一个多用户、多任务的操作系统,系统同时可以设置多个用户帐(账)户,这样当多个用户使用同一台电脑时,可以保留各自对 Windows XP 环境所作的设置。用户可以在不重新启动电脑而且不关闭当前运行应用程序的前提下,通过“开始”菜单中的“注销”命令,实现不同用户之间的切换。

(1)建立新帐(账)户

要想添加使用电脑的新用户,首先得在电脑上为该用户创建一个帐(账)户。当然,也可以在进入系统后,再创建新的用户帐(账)户。

注意:在安装 Windows XP 时,系统会提示你创建多个帐(账)户。

创建新帐(账)号的操作步骤如下所示:

步骤 1:打开“控制面板”窗口。

步骤 2:单击“控制面板”中的“用户帐(账)户”图标,打开“用户帐(账)户”窗口,如图 1-27 所示。

步骤 3:单击“用户帐(账)户”中的“创建一个新帐(账)户”链接,打开一个新的窗口。窗口提示为新用户键入名称,在文本框中为新用户键入一个新的名称“kingboy”,输入的名称由字符、数字或者其他符号组成,但不能包含空格。

步骤 4:键入名称后,单击“下一步”按钮,出现“选择帐(账)号类型”窗口,为所创建的用户选择帐(账)户类型,然后单击“创建用户”按钮即可完成新帐(账)号创建。下次登录时,新创建的帐(账)号会出现在登录界面中。

“计算机管理员”表示创建后的新用户可以用管理员的身份创建、更改和删除帐(账)户,还可以更改系统设置。如果选择“受限”单选项,创建后的用户可以更改图片、文档和密码,但控制面板中的一些设置不可以访问。

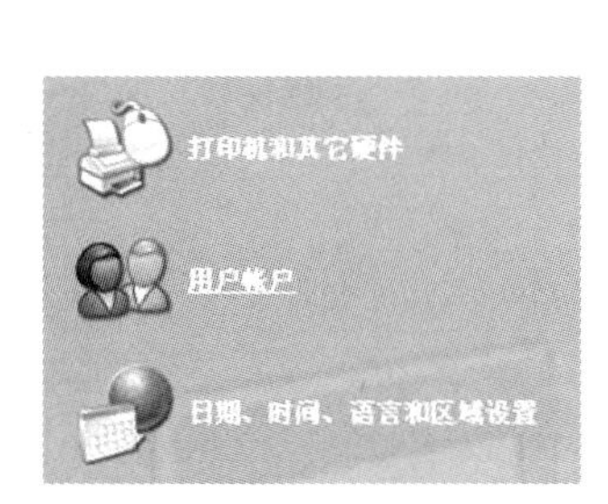

图 1-27 新建用户帐(账)户

(2)更改帐(账)户

创建完用户帐(账)户后,我们还可以对电脑中现有用户帐(账)户的名称、图像、类别或密码进行更改,如果具有管理员身份,还可以删除帐(账)户。

具体操作步骤如下:

步骤 1:打开“用户帐(账)号”窗口,在“挑选一项任务”区域中选择“更改用户帐(账)户”,

如图 1-28 所示。

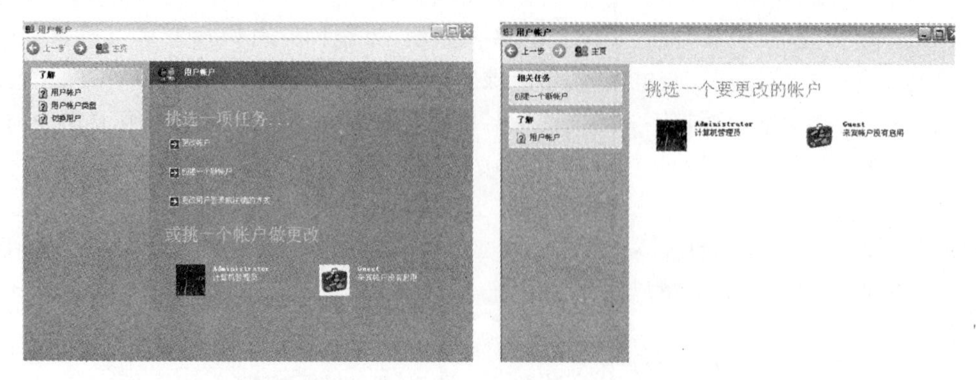

图 1-28 “更改用户帐(账)户”界面

步骤 2:单击要更改的帐(账)户名称,弹出如图 1-29 所示的更改帐(账)号窗口,在此窗口中选择要更改的帐(账)户属性,再按规则进行相应的修改即可。

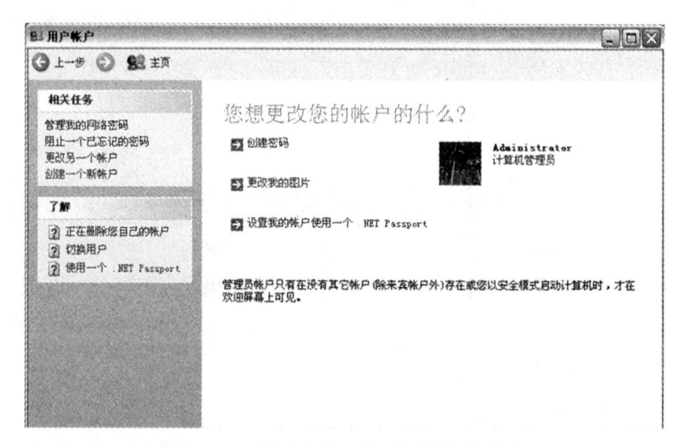

图 1-29 “更改帐(账)户属性”界面

步骤 3:如单击“创建密码”链接,可以打开为帐(账)户创建一个密码的窗口。在密码框中输入密码后,如图 1-30 所示,然后单击“创建密码”按钮返回。

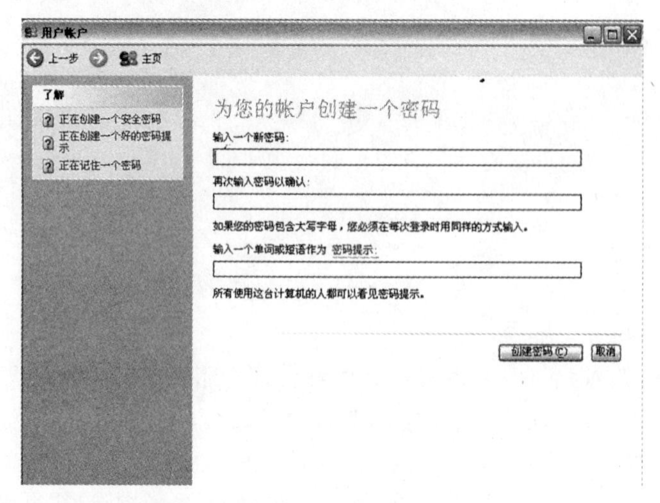

图 1-30 “创建帐(账)户密码”界面

3．设置的鼠标

键盘和鼠标是计算机最主要的输入设备，特别是 Windows 操作系统，由于大部分操作是图形界面操作，所以鼠标在计算机操作中起着不可替代的作用。在“控制面板”中可以对键盘与鼠标进行自定义设置。

我们知道，鼠标在外观和计算机中分别表现为按键和指针，所以设置鼠标主要指设置鼠标按钮及鼠标移动参数。

设置鼠标时，首先，打开“控制面板”窗口，如果“控制面板”是按分类视图显示的，则单击浏览器栏中的“切换到经典视图”选项，再单击“鼠标”按钮，打开“鼠标属性”对话框，如图 1-31 所示。

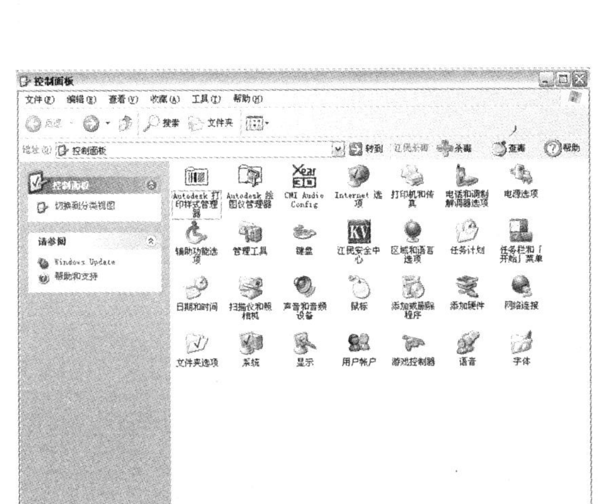

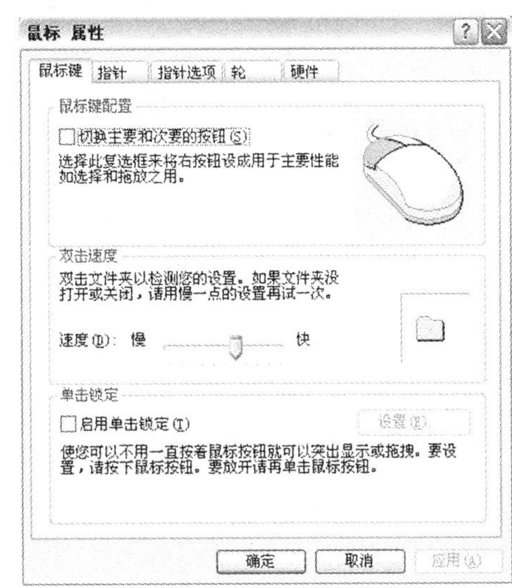

图 1-31　打开“鼠标属性”

在“鼠标属性”对话框中，可以对鼠标的各项指标进行设置，步骤如下所示：

步骤 1：单击“鼠标键”选项卡，对鼠标的“击键速度”和其他基本属性进行设置，如图1-32所示。

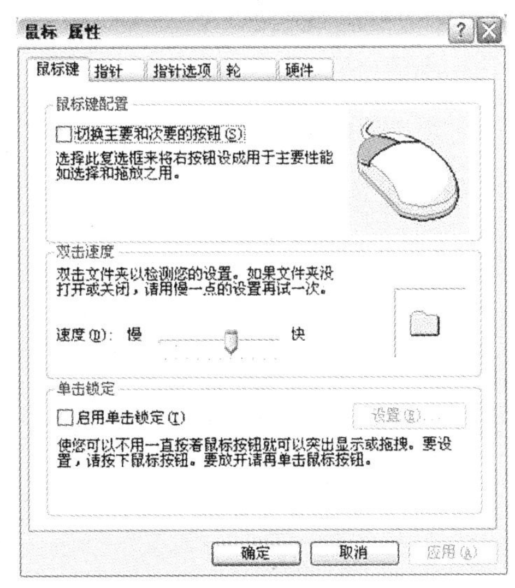

图 1-32　“鼠标键”选项卡

步骤 2:单击"指针"选项卡,可以对鼠标的"指针"性进行设置,如图 1-33 所示。

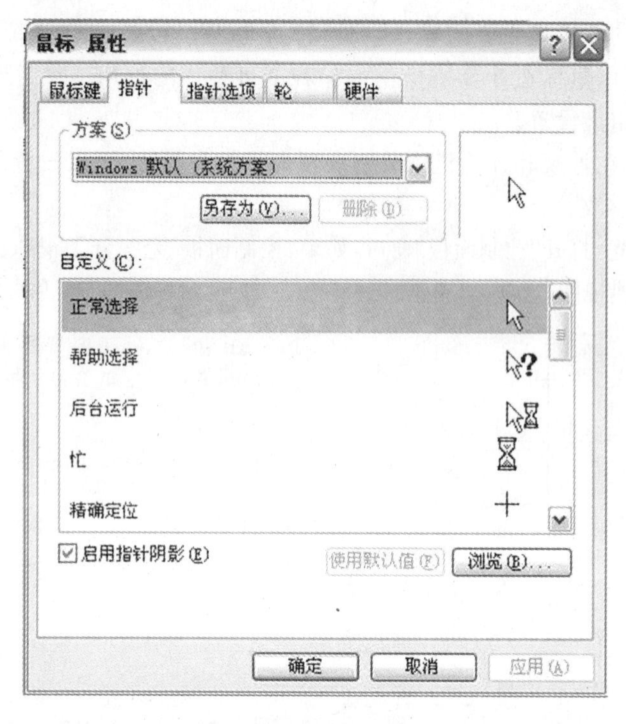

图 1-33 "指针"选项卡

步骤 3:单击"指针选项"选项卡,可以对鼠标的"移动速度、是否显示移动轨迹"等属性进行设置,如图 1-34 所示。

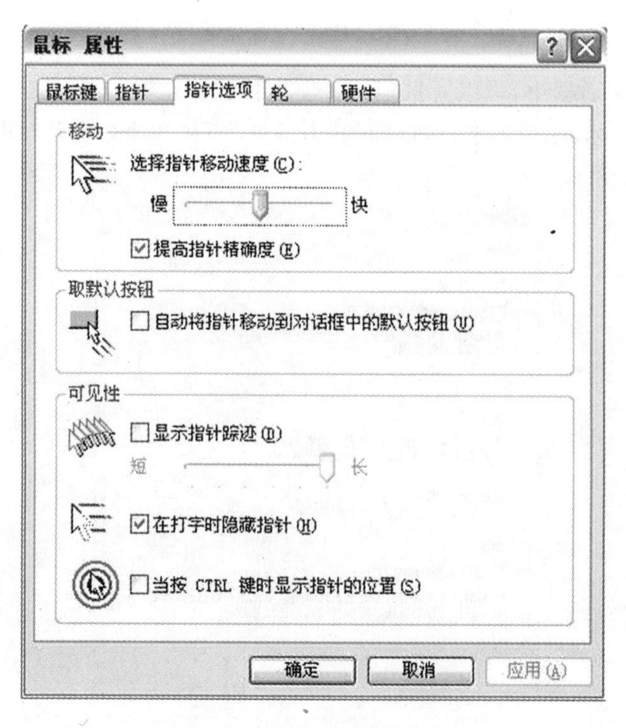

图 1-34 "指针选项"选项卡

步骤 4:单击“轮”选项卡,可以对鼠标的“鼠标的滚轮”进行设置,如图 1-35 所示。

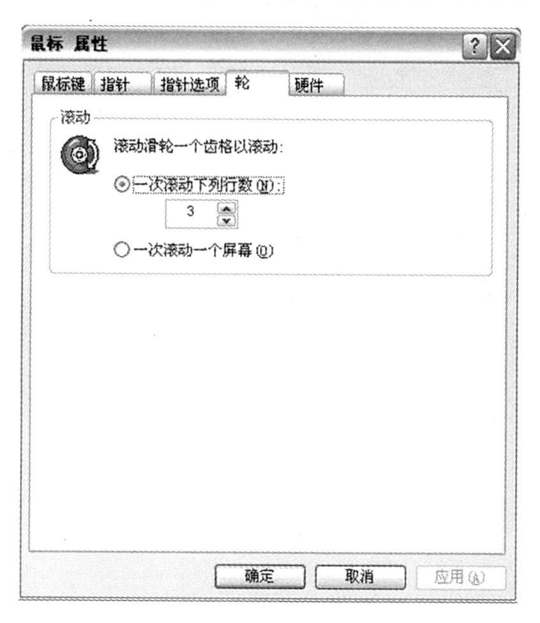

图 1-35　“轮”选项卡

步骤 5:单击“硬件”选项卡,可以对鼠标的“硬件”进行设置,如图 1-36 所示。

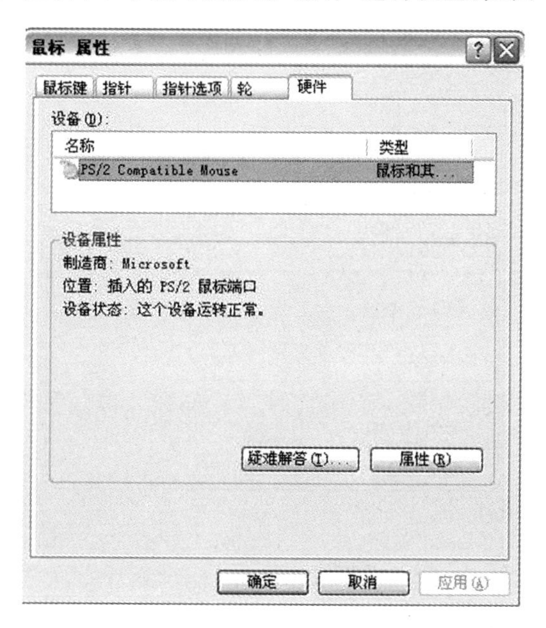

图 1-36　“硬件”选项卡

4. 设置键盘

在 Windows XP 中,键盘是计算机的主要输入设备,用户可以通过设置键盘的属性操作来设置和管理键盘。

设置“键盘”时,首先打开“控制面板”,如果“控制面板”是按分类视图显示的,则单击浏览器栏中的“切换到经典视图”选项，打开“键盘”图标，显示如图 1-37 所示的“键盘属性”对话框。

图 1-37 “键盘属性”对话框

在“键盘属性”对话框中，可以进行如下设置：

步骤 1：单击“速度”选项卡，在“速度”选项卡中，左右拖动“字符重复”选项区域中的“重复延缓”滑块，可以改变键盘重复输入一个字符的延迟时间，拖动“重复速度”滑块可以改变重复输入字符的输入速度。用户可以在文本框中连续输入同一个字符，测试重复延迟时间和速度，从而选择一种最适合自己的速度。一般来说，将重复的延迟时间调整到最短，将重复的速度调整到最快。

步骤 2：单击“硬件”选项卡，打开“硬件”选项卡，如图 1-38 所示，用户可以查看有关键盘的设备属性。

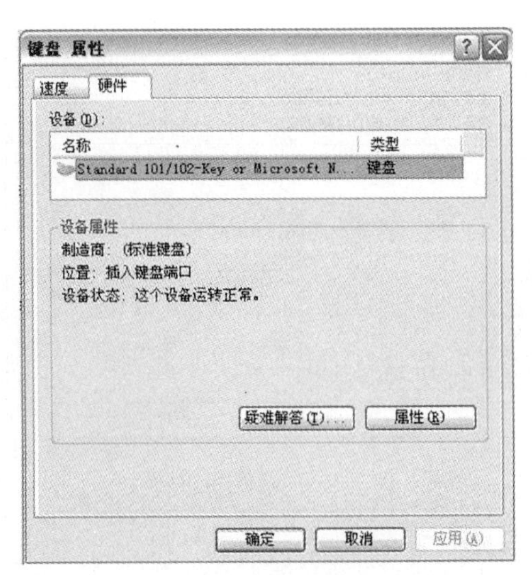

图 1-38 “硬件”选项卡

5. 设置的区域和语言选项

在 Windows XP 中，允许用户根据实际情况设置不同的语言、数字格式、货币格式、时间格式和日期格式，以解决由于用户所在的国家和区域不同所带来的不便。

在“控制面板”窗口中的“区域和语言选项”中可以设置语言、时区、数字格式等。具体设置操作方法如下所示：

步骤1：打开“控制面板”，如果“控制面板”是按分类视图显示的，则单击浏览器栏中的“切换到经典视图”选项，双击“区域和语言选项”按钮，打开“区域和语言选项”对话框，如图1-39所示。

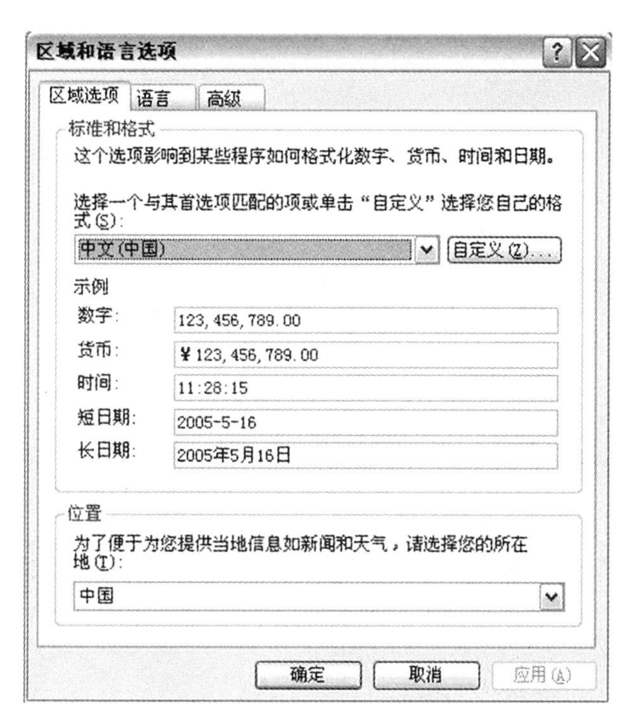

图1-39 “区域和语言选项”对话框

步骤2：单击“自定义”按钮，打开“自定义区域选项”对话框，如图1-40所示。

注意：在“区域选项”选项卡中，用户可从“选择一个与其首选匹配的项或单击‘自定义’选择您自己的格式”下拉列表框中选择自己的本地语言，如“中文(中国)”，选择了所在国家或地区后，系统将自动更新系统中有关数字、货币、时间和日期方面的设置，以符合该国家或地区的约定格式，并在“示例”选项区域中显示出标准的格式示例。

步骤3：在“数字”选项卡中，用户可以选定一个选项并输入一个新值，或从下拉列表框中为该选项选定一个值来更改设置。例如，从“小数位数”后的下拉列表框中选择“2”，则系统在显示数字时小数点后将有2位数。

步骤4：修改设置完成后，单击“应用”按钮，则在“区域和语言选项”对话框中的“示例”选项区域中会显示更改的示例效果，单击“确定”按钮即可。

如果用户想更改系统的其他显示格式，可以在“自定义区域选项”对话框中单击“货币”选项卡设置货币格式，单击“日期”选项卡设置日期格式，单击“时间”选项卡设置时间格式。例如，在图1-41所示的“时间”选项卡中，用户可以直接输入时间，或从下拉列表框来选择新的时间格式、时间分隔符、AM符号、FM符号的格式。

自定义区域选项

数字 货币 时间 日期 排序

示例

正: 123,456,789.00 负: -123,456,789.00

小数点(D): .

小数位数(T): 2

数字分组符号(G): ,

数字分组(I): 123,456,789

负号(E): -

负数格式(F): -1.1

零起始显示(Z): .7

列表分隔符(L): ,

度量衡系统(M): 公制

数字替换(S): 无

确定 取消 应用(A)

图 1-40 “自定义区域选项”对话框

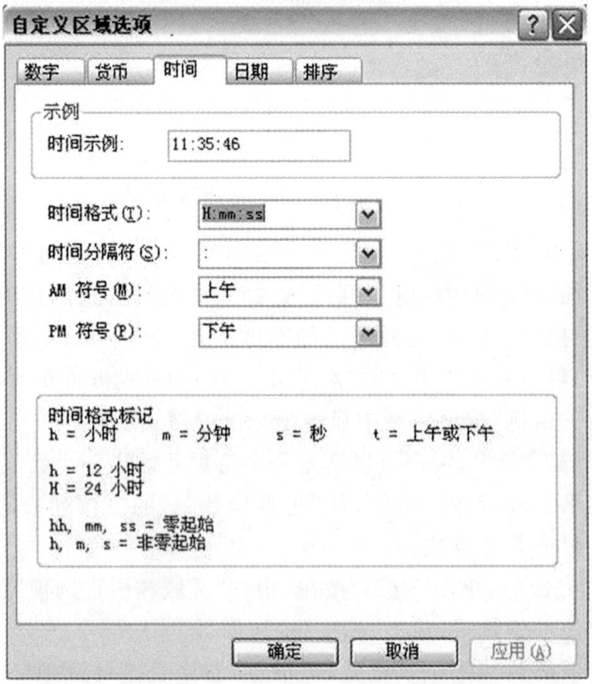

自定义区域选项

数字 货币 时间 日期 排序

示例

时间示例: 11:35:46

时间格式(T): H:mm:ss

时间分隔符(S): :

AM 符号(M): 上午

PM 符号(P): 下午

时间格式标记

h = 小时 m = 分钟 s = 秒 t = 上午或下午

h = 12 小时

H = 24 小时

hh, mm, ss = 零起始

h, m, s = 非零起始

确定 取消 应用(A)

图 1-41 “时间”选项卡

1.4 文件管理

“我的电脑”是系统提供的重要的管理工具，通过“我的电脑”，用户可以查看计算机中的文件，可以打开应用程序，可以对文件进行复制、剪切等操作。

打开“开始”菜单，选择“我的电脑”命令，打开“我的电脑”窗口，如图1-42所示。

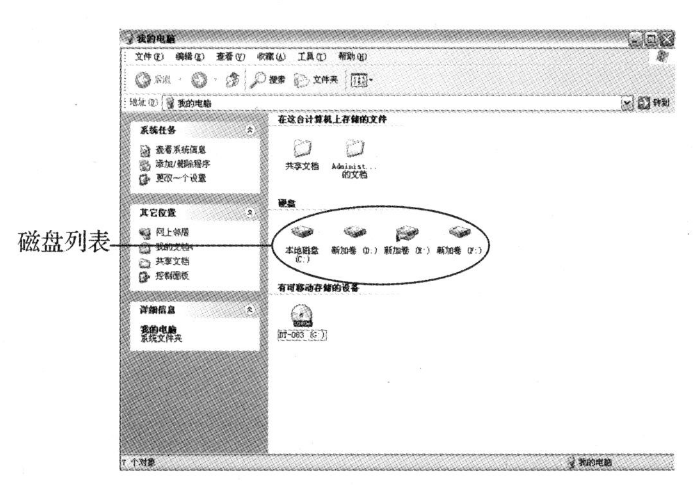

图1-42 我的电脑

注意：鼠标双击桌面上“我的电脑”图标，也可以打开“我的电脑”窗口。

在“我的电脑”窗口中，用户可以看到计算机中所有的磁盘列表。左侧的窗口的“其它位置”中有4个超级链接：“我的文档”、“网上邻居”、“共享文档”和“控制面板”，单击超级链接，用户可以方便地转换到相应的窗口中去。在右侧的“硬盘”区域，显示了计算机的本地硬盘，选中某一硬盘时，左侧的窗口还将显示硬盘驱动器的大小、已用空间、可用空间等相关信息。在右侧的“有可移动存储的设备”区域中，显示了计算机中的软驱、光驱等可移动存储设备。

“我的电脑”窗口的工具栏还包括一些功能按钮：单击“后退”按钮，将返回上一次的窗口；单击“前进”按钮，将前进到上一个窗口；单击“向上”按钮，将逐级向上移动，直到在窗口中显示出所有的计算机资源。

1.4.1 浏览硬盘中的文件

双击“我的电脑”中的硬盘图标，可以打开硬盘，在硬盘文件窗口中，可以双击文件打开文件、启动程序或打开文件夹。单击文件或文件夹时，左侧窗口中将显示文件或文件夹修改的时间及属性等信息。对于JPG、BMP等格式的图像文件以及WEB页文件，单击选中后还可以预览文件的内容。

双击“我的电脑”中的移动存储设备区域中的软盘图标或光盘驱动器图标，可以打开软盘或光盘的文件窗口。

1.4.2 查看文件与文件夹

中文Windows XP提供了强大的查看文件和文件夹的功能，用户可按不同方式显示文件和文件夹，也可以按不同方式排列窗口中的图标。

1. 查看隐藏文件夹

在计算机中，有些文件或文件夹是隐藏起来的(用户也可以自己隐藏文件)，如果需要显示隐藏文件或文件夹，就需要取消窗口中的隐藏选项。

设置显示隐藏文件的操作步骤是：

步骤 1：打开“我的电脑”。

步骤 2：执行“工具”|“文件夹选项”命令，打开“文件夹选项”对话框，如图 1-43 所示。

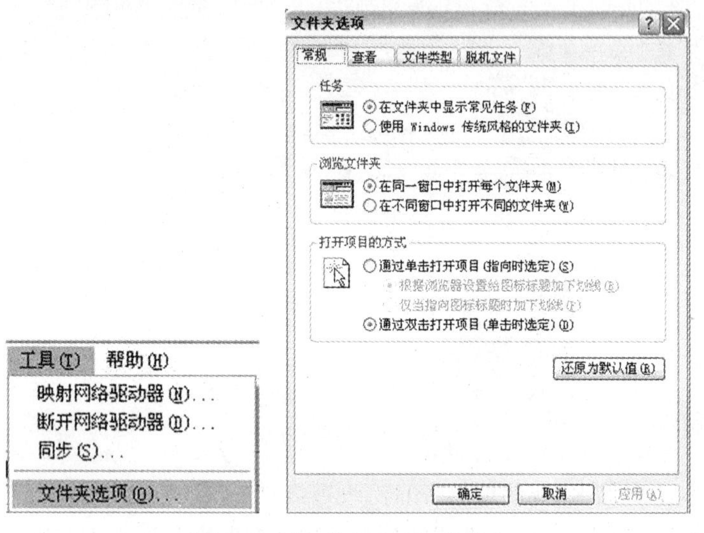

图 1-43 “文件夹选项”对话框

步骤 3：单击“查看”选项卡，在“高级设置”栏中选择“显示所有文件和文件夹”，如图1-44所示。

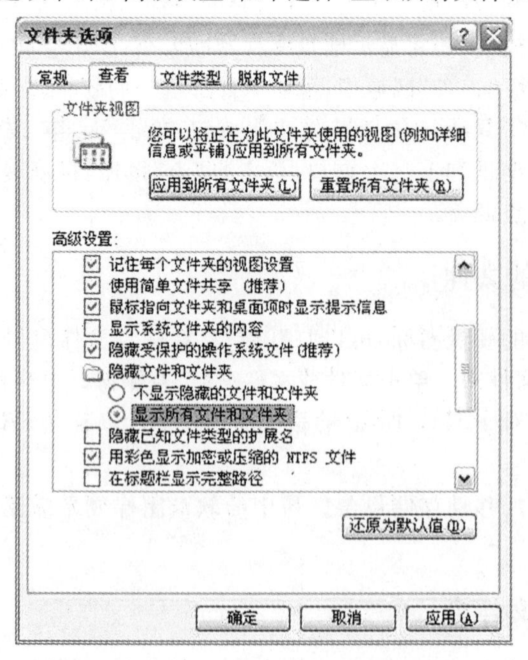

图 1-44 设置文件和文件夹是否隐藏

步骤 4：单击“确定”按钮完成设置，此时在“我的电脑”中即可显示隐藏的文件。

2. 按“列表”方式显示文件和文件夹

中文 Windows XP 默认以“平铺”方式显示文件和文件夹。我们打开“我的电脑”菜单条中的“查看”菜单，就可以看到其中的“平铺”命令前有一个圆点，如图 1-45 所示。

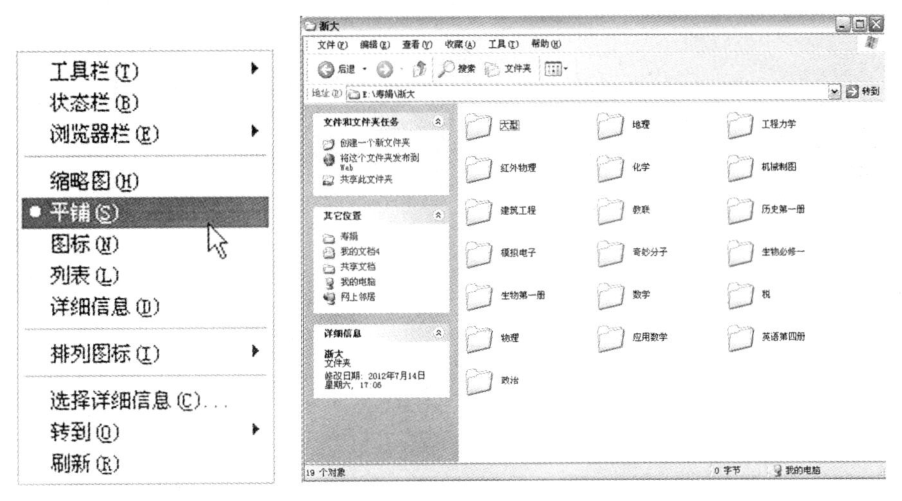

图 1-45　设置平铺显示

在中文 Windows XP 中，还可以按列表方式显示文件或文件夹，这种显示方式可以在窗口中查看到较多内容的文件或文件夹。具体操作方法如下：

步骤 1：打开“我的电脑”。

步骤 2：打开“查看”菜单，在该菜单中单击“列表”命令，如图 1-46 所示。

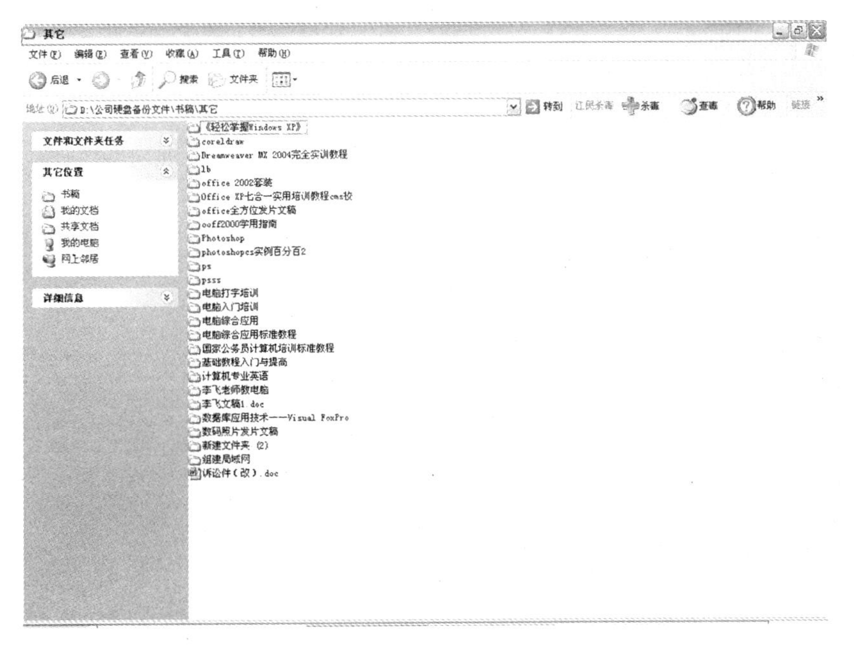

图 1-46　列表视图

在该菜单中还可以选择“缩略图、图标、详细信息”等显示方式，如图 1-47 所示。

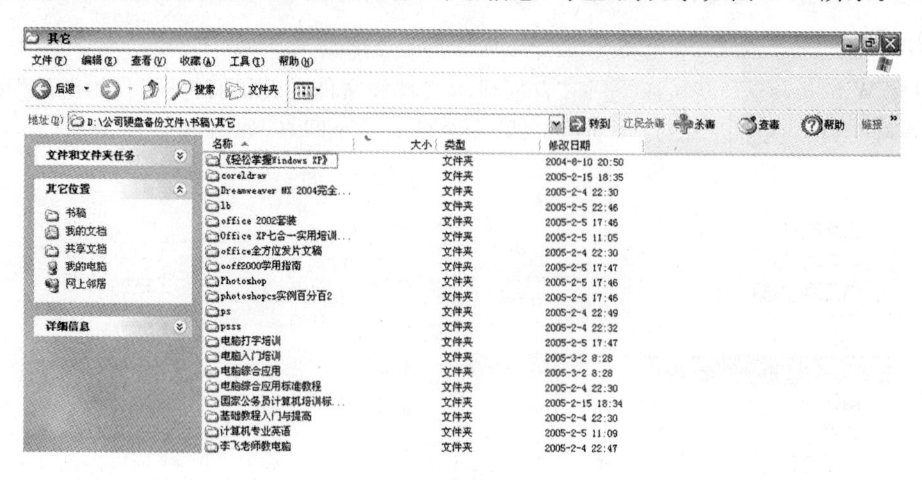

详细信息

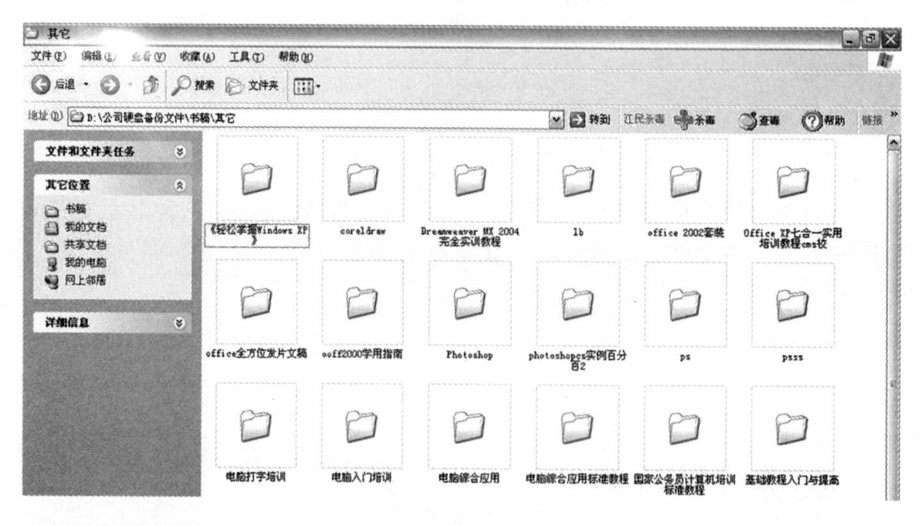

缩略图

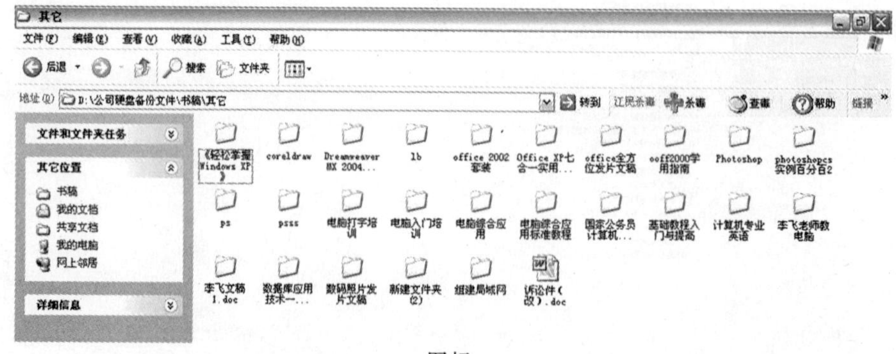

图标

图 1-47　其它的显示方式

3. 文件和文件夹在窗口中的排列

在“我的电脑”窗口中，文件和文件夹可以以不同的排列方式排列在窗口。具体操作方法如下：

步骤 1：打开“我的电脑”。

步骤 2：执行“查看”|“排列图标”命令，弹出子菜单如图 1-48 所示。

步骤 3：在子菜单中，用户可以选择按 4 种排列图标的方式：按“名称”方式、按“大小”方式、按“类型”方式、按“修改时间”方式，选择一种排列方式即可。

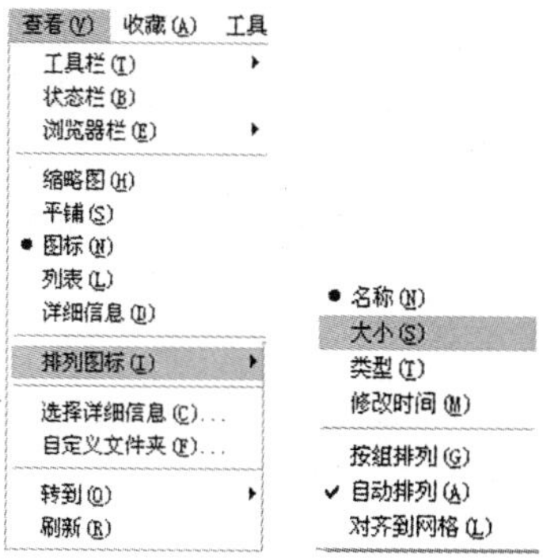

图 1-48 排列方式

1.4.3 选定文件和文件夹

在“我的电脑”中，如果用户想要移动、复制或删除文件，首先得选中对象，“先选中后操作”是文件与文件夹管理的首要原则。为了使用户能够快速选择文件和文件夹，Windows XP 系统提供了多种文件和文件夹选择方法。

（1）选择单个文件：在文件夹窗口中单击要操作的对象即可。

（2）全部选定：如果用户需要选择文件夹窗口中的所有文件，可以执行“编辑”|“全部选定”命令，如图 1-49 所示。

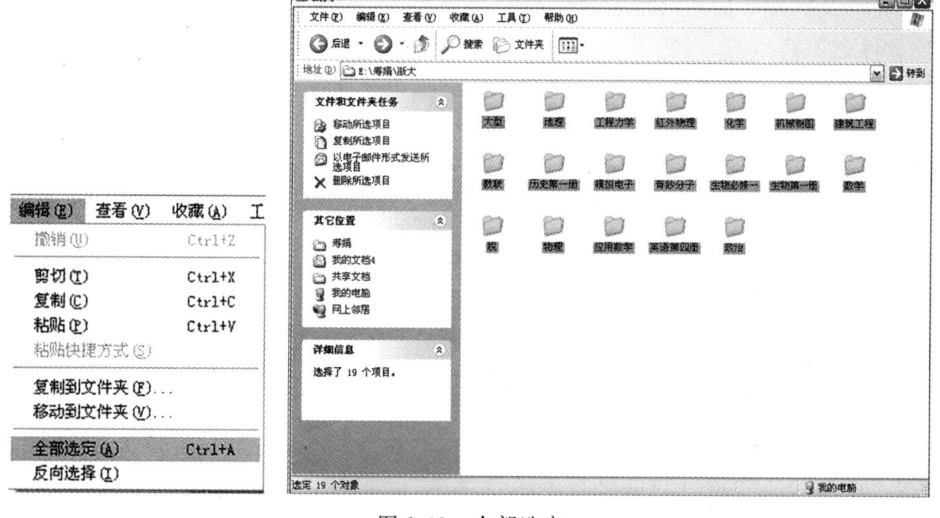

图 1-49 全部选定

注意：按快捷键 Ctrl＋A 可以全选文件，组全部选定不能选定包含隐藏属性的文件与文件夹。

（3）连续选定：用户如果需要选择图标排列连续的多个文件和文件夹，可以选按下 Shift 键，并先后单击第一个文件或文件夹图标和最后一个文件或文件夹图标。

（4）不连续选定：如果用户选择文件夹窗口中的不连续文件和文件夹，可以先按 Ctrl 键，然后单击要选择的文件或文件夹。

1.4.4 新建文件夹

新建文件夹是 Windows 操作系统中的经常性操作。

在“我的电脑”中创建新文件夹的具体操作步骤如下：

步骤1：进入“我的电脑”中的某一个需要创建新文件夹的文件夹。

步骤2：执行“文件”|“新建”|“文件夹”命令，可以在指定的位置新建一个文件夹，其缺省的名字为“新建文件夹”，如图1-50所示。

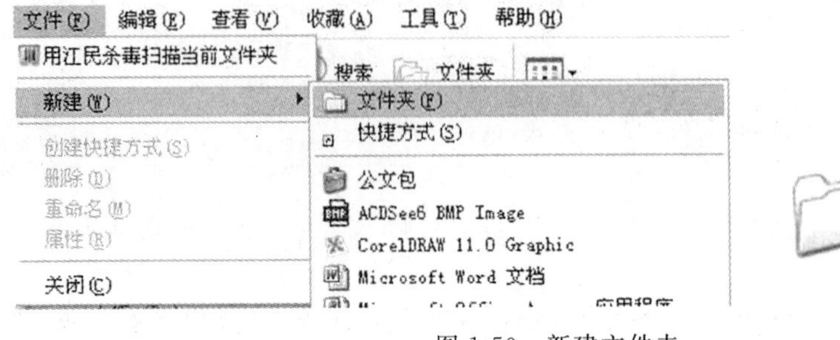

图1-50 新建文件夹

步骤3：在文件夹名称编辑框中，输入新的文件夹名称，然后按回车键即可完成。

1.4.5 重命名文件或文件夹

在“我的电脑”中用户可以根据需要随时更改文件或文件夹的名称。

给文件或文件夹重命名时应遵循以下几个原则：

(1)文件名不宜过长，以便于查找记忆。

(2)名称要有明确的意义，以便能更好地从名称中体现文件的内容。

重命名文件或文件夹的操作方法如下：

步骤1：在“我的电脑”中，选定需要重新命名的文件或文件夹。

步骤2：执行“文件”|“重命名”命令，使文件或文件夹名称处于编辑状态。

步骤3：键入新的文件或文件夹名称，然后按回车键即可。

注意：如果文件正被使用，系统将不允许修改文件的名称。

1.4.6 移动、复制与删除文件夹

1. 移动文件或文件夹

移动文件或文件夹是将当前位置的文件或文件夹移到其他位置，在移动之后，原来位置的文件或文件夹将被删除。

移动文件或文件夹的方法有多种，下面介绍使用菜单命令移动的方法。

操作步骤如下：

步骤1：选定要移动的文件或文件夹，如D盘中的“学习”文件夹，在该图标上单击鼠标右键，在弹出的快捷菜单中选择“剪切”命令，如图1-51所示。

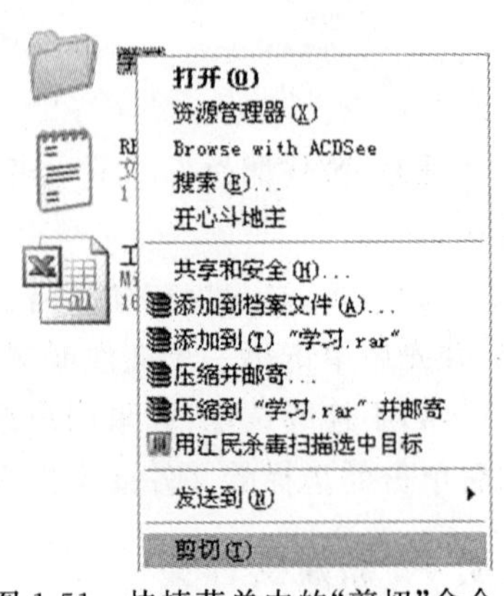

图1-51 快捷菜单中的“剪切”命令

注意：按快捷键Ctrl+X也可以快速剪切文件或文件夹。

步骤2:打开目标文件夹窗口,例如F盘根目录,在窗口中单击鼠标右键,在弹出的快捷菜单中选择"粘贴"命令,"学习"文件夹就被移动到F盘中了,如图1-52所示。

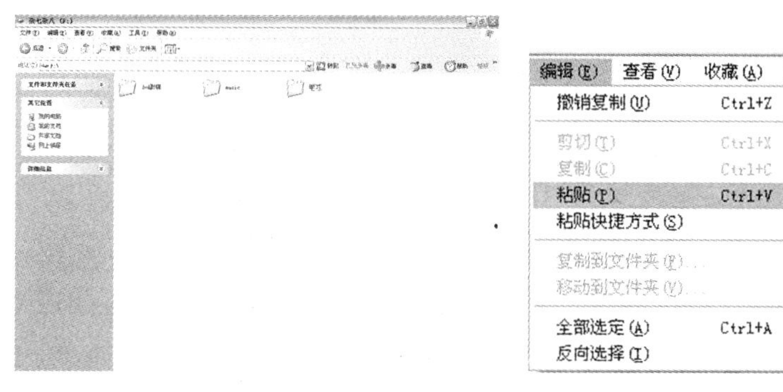

图1-52 粘贴操作

注意:按快捷键Ctrl+V可以快速粘贴。

2. 复制文件或文件夹

复制文件是指将文件复制到另一个位置,跟剪切不同,复制操作不会将原文件删除,而是在完成操作后仍保留原有文件。复制文件可以通过上例所述的快捷菜单方式来完成,也可以通过菜单栏中的命令来完成。

复制文件或文件夹的操作方法如下:

步骤1:在"我的电脑"中选择要复制的文件或文件夹,执行"编辑"|"复制"命令或按快捷键Ctrl+C。

步骤2:打开要复制到的目的文件夹,执行"编辑"|"粘贴"命令或按快捷键Ctrl+V,完成复制操作。

3. 删除文件或文件夹

对于计算机中不再使用的文件或文件夹,应该将其删除以节省硬盘空间。在Windows XP操作系统中的"我的电脑"中可以方便地删除文件或文件夹。

具体操作步骤如下:

步骤1:打开"我的电脑",找到要删除的文件或文件夹,如要删除F盘中的"学习"文件夹,则需要打开F盘。

步骤2:单击鼠标右键,在弹出的快捷菜单中选择"删除"命令,即可删除文件,如图1-53所示。

注意:选中文件或文件夹后,直接按Delete键也可以删除。

用户在删除文件或文件夹时,如果按Delete键的同时按下Shift键,或者按住Shift键并将对象拖到回收站时,系统则弹出永久删除对象的确认对话框。这时用户如果单击"是"按钮,将会永久删除文件,而且不能够恢复。

1.4.7 设置文件或文件夹属性

在中文Windows XP操作系统中,用户可以查看文件或文件夹的属性信息,可以将文件设为隐藏,让别人不能浏览该文件,也可以将文件设置为共享,使用局域网的用户都能共享该资源,还可通过属性查看文件或文件夹的大小、修改时间和设置文件为只读属性等。

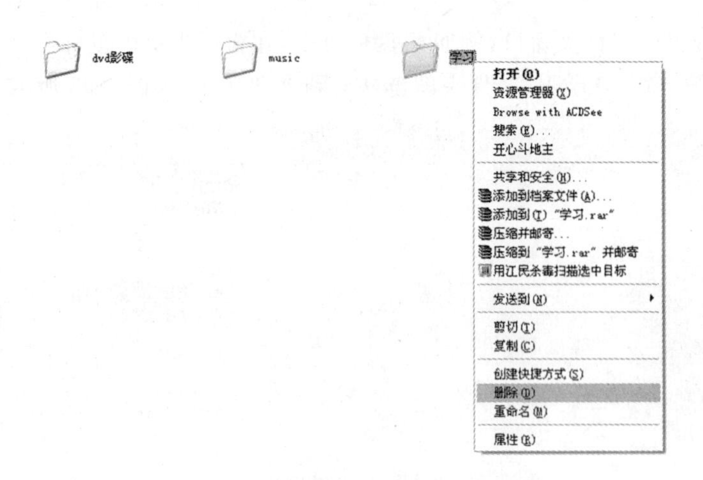

图 1-53　快捷菜单中的“删除”命令

设置文件或文件夹的常规属性，可以按以下操作步骤进行：

步骤 1：从“我的电脑”中，选定要设置属性的文件或文件夹，单击鼠标右键，从弹出的快捷菜单中选择“属性”命令，打开文件属性对话框，如图 1-54 所示。

步骤 2：系统默认打开的是“常规”选项卡，通过“常规”选项卡，用户可以查看到文件夹的类型、位置、大小和创建时间等信息。在对话框的“属性”区域中，用户可以将文件夹设置为“只读”或“隐藏”属性。

步骤 3：单击对话框中的“共享”选项卡，打开“共享”选项卡。在这里用户可以将文件夹设置为共享属性，共享后网络中的其他计算机便可访问该文件夹，如图 1-55 所示。

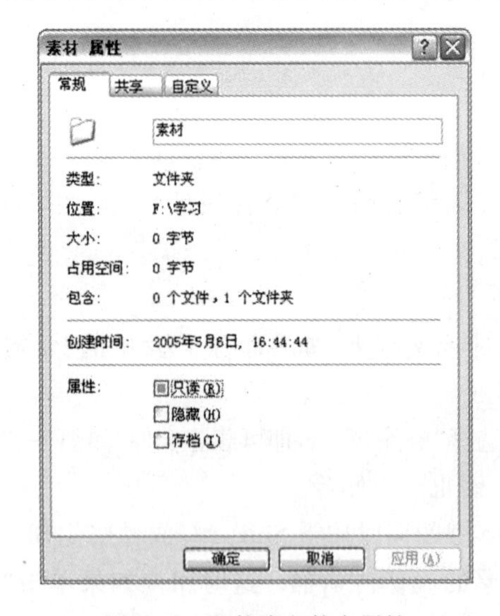

图 1-54　文件或文件夹属性

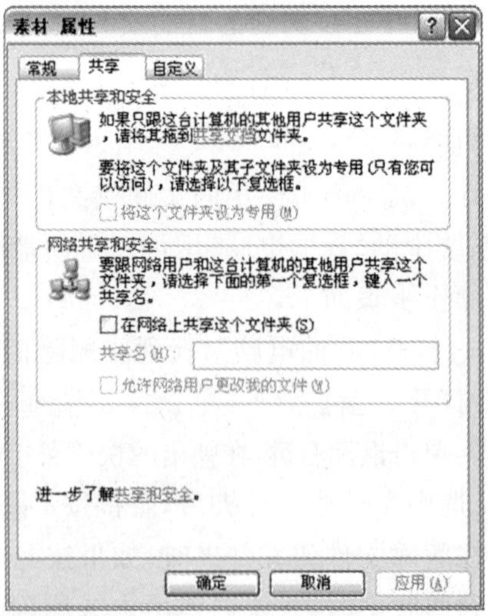

图 1-55　设置共享

步骤 4：单击“确定”按钮即可。

1.4.8　回收站的使用与管理

Windows 操作系统中设置了一个非常实用的回收站，回收站存放的都是用户删除的一些文件，系统将这些文件临时存放在回收站中，当用户再需要这些删除文件时，可以通过回

收站将这些文件恢复。

1. 恢复删除文件

用户如果需要从“回收站”中还原由于意外所删除的文件，则需要在清空“回收站”之前进行还原操作。

注意：如果已经清空了“回收站”，那么“回收站”中所包含的所有垃圾文件都被永久性地删除了，用户便不可能再恢复文件。

把文件从“回收站”中还原的具体操作方法如下：

步骤1：在桌面上双击“回收站”图标，打开“回收站”窗口，如图1-56所示，这时可以看到回收站中所有的垃圾文件。用户可以在“回收站”窗口看到被删除文件的大小、删除时间等信息，但不能双击打开或运行文件。

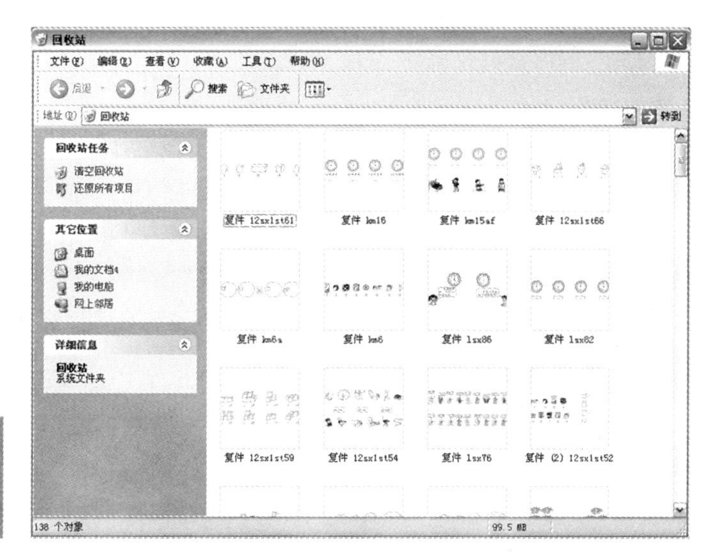

图1-56 回收站

步骤2：选中要还原的单个、部分或全部文件，执行“文件”|“还原”命令，即可将该文件还原，如图1-57所示。

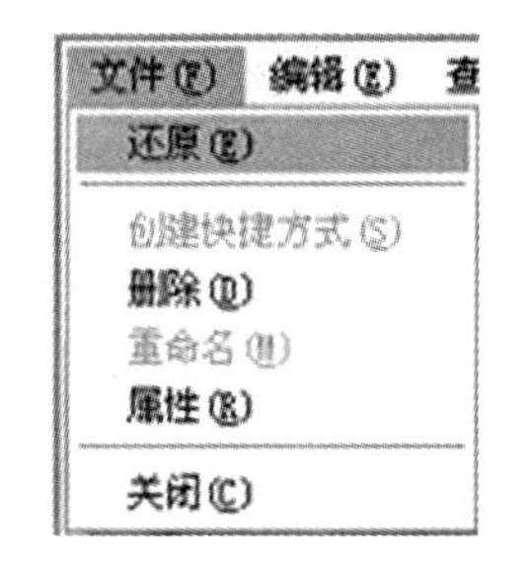

图1-57 “文件”|“还原”命令

文件还原后，会自动恢复至原来存放的位置，而回收站的文件将会被删除。

2. 永久删除文件

如果用户“回收站”中存储的垃圾文件多了，仍会像被删除以前一样，占用着一定的磁盘空间。事实上，这些放在“回收站”的文件，仍然放在用户的硬盘上，只是除了“回收站”以外，其他的浏览工具对它是隐藏的。

要真正从硬盘上删除文件，需要清空“回收站”。

注意：如果清空了“回收站”，则删除的信息不能再恢复。

清空“回收站”的具体操作方法如下：

步骤1：打开“回收站”窗口。

步骤2：确定窗口中只列出了想永久删除的文件，因为执行了永久删除文件就不可能再恢复了。

步骤 3:执行“文件”|“清空回收站”命令。

步骤 4:在弹出的确认对话框中,选择“是”。

在“回收站”中选中文件,按 Delete 键删除的文件也是永久性删除操作。

3. 设置“回收站”

用户可以对“回收站”的一些属性进行设置,如设置文件存放的区域、是否永久删除文件等。在桌面上用鼠标右键单击“回收站”图标,在弹出的快捷菜单中选择“属性”命令,打开如图 1-58 所示的“回收站属性”对话框。在“回收站属性”对话框中,可以对回收站的属性进行设置。

(1)如果用户只有一个本地硬盘,或者有多个硬盘,但希望为每个驱动器使用同样的设置,则可以在“全局”选项卡上选择“所有驱动器均使用同一设置”单选框。

(2)如果要停用“回收站”,使所有文件立刻被永久地删除,可选中“删除时不将文件移入回收站,而是彻底删除”复选框。

注意:如果选择了该选项,就等于去掉了删除文件的安全网。

(3)可以按照每个驱动器的百分比为“回收站”设置最大的空间。

(4)选中“显示删除确认对话框”复选框中的选项,则不再显示通常提示的“确实要删除××吗?”的对话框。

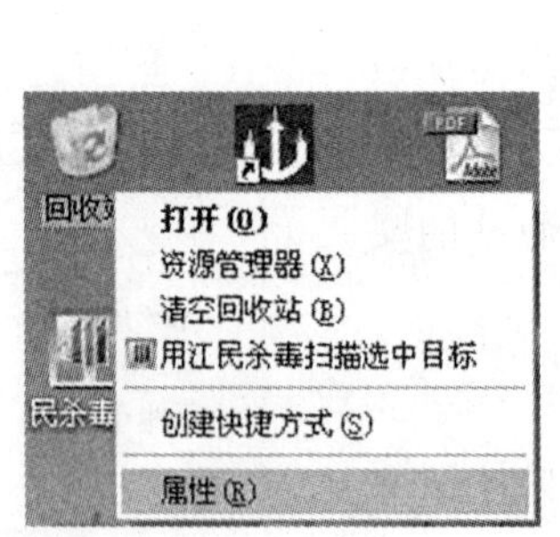

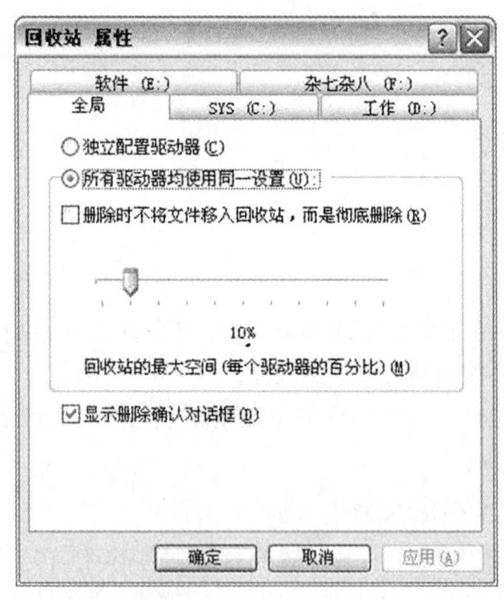

图 1-58 设置回收站

2.1 局域网的应用

局域网(local area network,LAN)是指范围在几百米到十几千米内办公楼群或校园内的计算机相互连接所构成的计算机网络。计算机局域网被广泛应用于连接校园、工厂以及机关的个人计算机或工作站,以利于个人计算机或工作站之间共享资源(如打印机、扫描仪)和数据通信。局域网区别于其他网络主要体现在3个方面:网络所覆盖的物理范围、网络所使用的传输技术及网络的拓扑结构。

组建局域网最重要的目的是实现资源共享,下面将介绍如何通过局域网来实现文件的共享,磁盘共享和打印机共享。

2.1.1 文件共享

文件共享是局域网的主要应用之一,当对文件实现共享后,可以通过局域网任意操作对方计算机中的文件。设置文件共享的操作步骤如下:

步骤1:在需要共享的文件夹上单击鼠标右键,在弹出的快捷菜单中选择“共享和安全”命令,弹出共享设置对话框如图2-1所示。

共享文件时不能直接共享单个文件,只能通过对文件所在的文件夹进行共享来实现文件的共享。

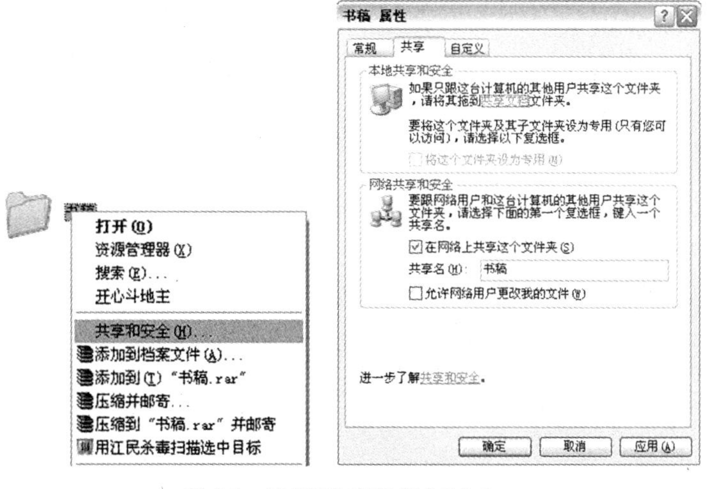

图2-1 选择“共享和安全”命令

步骤 2:弹出设置文件共享的对话框,在“网络共享和安全”的区域中的“在网络上共享这个文件夹”前面的复选框打上“√”,然后为共享文件命名,如图 2-2 所示。

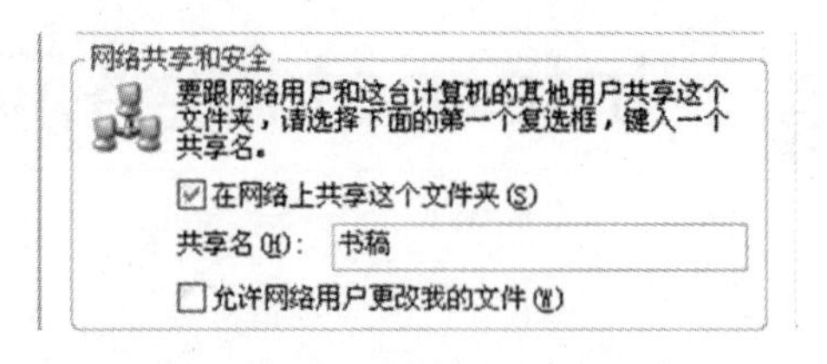

图 2-2　共享文件夹

如果你允许别的网络用户对共享文件进行修改,那么可在“允许网络用户更改我的文件”前打上“√”,不过这样安全性就大大降低了,网络用户甚至可以直接删除你的共享文件。

步骤 3:单击“确定”关闭对话框,表明对文件的共享设置已经成功,文件夹图标会变为一个有手的托盘,如图 2-3 所示。此时其他局网用户通过“网上邻居”即可访问共享后的文件夹。

共享前　　　　共享后

图 2-3　共享前后文件夹区别

2.1.2　磁盘共享

磁盘共享是指将硬盘中的某个分区或者光驱、软驱进行共享。设置磁盘共享后就不必为局域网的每台机器都配上光驱和软驱了。

下面以共享计算机中 DVD 光驱为例介绍如何进行磁盘共享。

操作步骤如下:

步骤 1:打开“我的电脑”,在要共享的“DVD 驱动器”上单击鼠标右键,选择“共享和安全”命令,弹出如图 2-4 所示对话框。

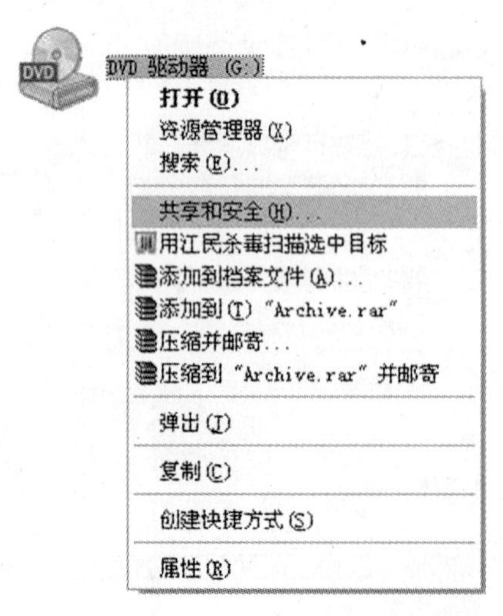

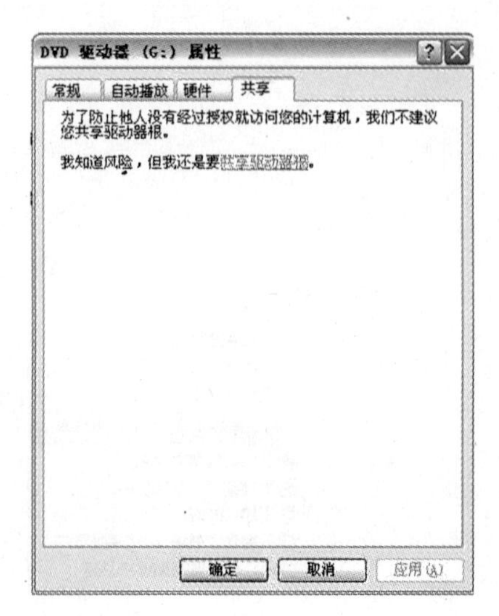

图 2-4　选择“DVD 光驱”共享

步骤 2:单击“共享驱动器”,打开如图 2-5 所示对话框。用鼠标勾选“在网络上共享这个文件夹”复选框,在“共享名”中输入共享的名称,单击“确定”按钮即可。

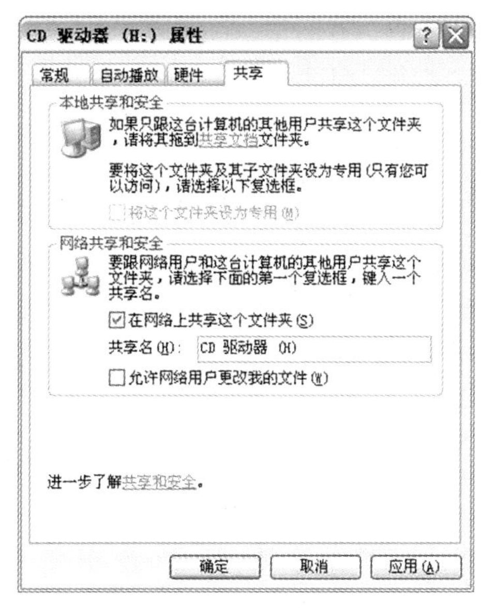

图 2-5　将驱动器当作文件夹共享

“共享名”是指对方计算机在访问共享资源时看到的对方计算机的名字。

2.1.3　打印机共享

局域网内还有一个非常重要的功能就是实现打印机的共享,有了打印机共享,整个局域网用户只需要一台打印机就可以满足要求了。只要设置了打印机共享,局域网内的任何用户都可以直接打印文档。设置打印机共享必须在安装有打印机的主机上进行。

1. 设置打印机共享

设置打印机共享的操作步骤是:

步骤 1:打开“开始”菜单,选择“打印机和传真”命令,弹出“打印机和传真”的窗口,如图 2-6所示。

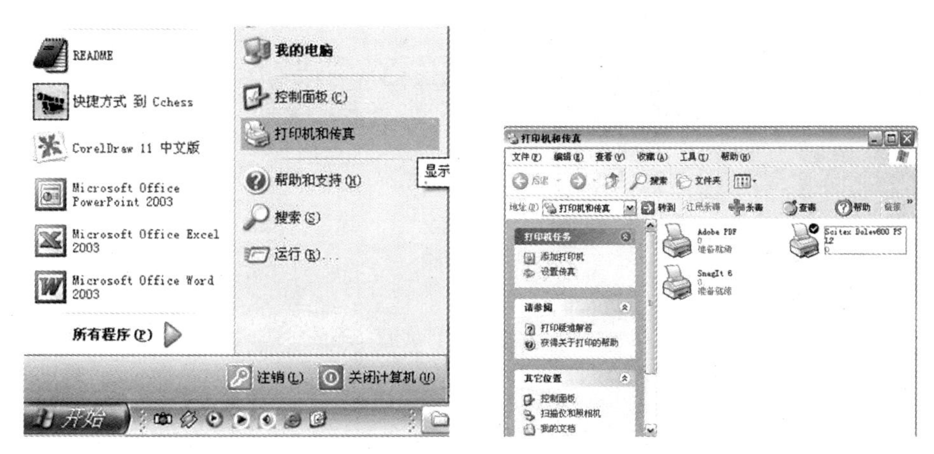

图 2-6　选择“打印机和传真”

步骤 2:用鼠标右键单击要准备共享的打印机,在弹出的快捷菜单中选择“共享”命令,弹出打印机的属性对话框,选择“共享这台打印机”单选项,然后为共享命名,如图 2-7 所示。

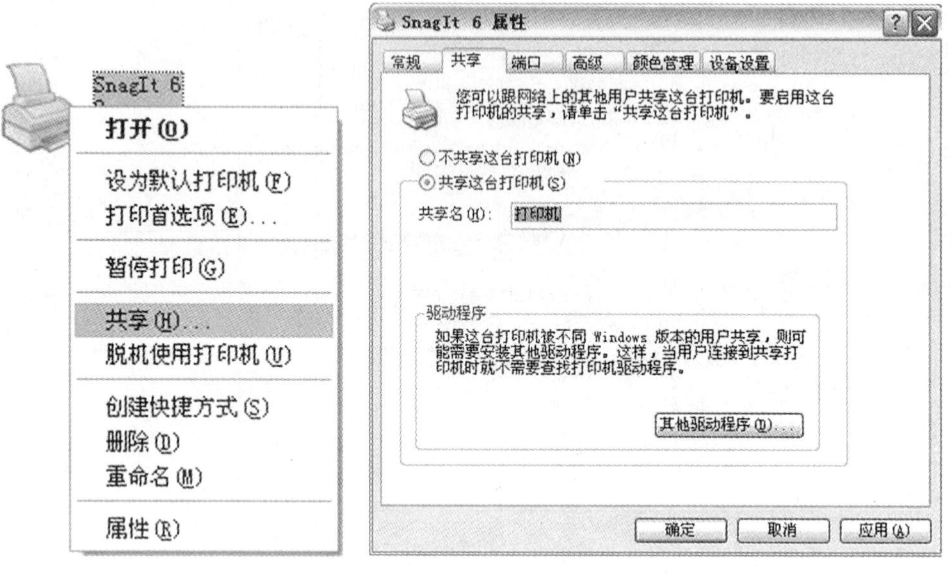

图 2-7 共享选择的打印机

步骤 3:单击“确定”按钮,就完成了打印机共享的设置。

2. 使用“共享打印机”

打印机共享后,别的人要想使用主机上的打印机,还必须先安装该打印机。下面开始讲述如何在别的机器上使用共享打印机。

操作步骤如下:

步骤 1:单击“开始”菜单,选择“打印机和传真”命令,在打开的窗口的左侧“打印机任务”中选择“添加打印机”命令,弹出如图 2-8 所示的“添加打印机向导”对话框。

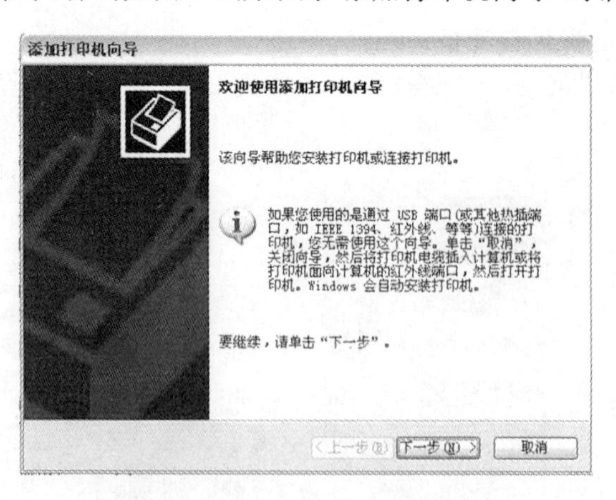

图 2-8 选择左侧的“添加打印机”

步骤 2:单击“下一步”按钮后,在如图 2-9 左所示的窗口中选择“网络打印机或连接到另一台计算机的打印机”。

步骤3:单击“下一步”按钮进入指定打印机的设置,选择“浏览打印机”选项,单击“下一步”,如图2-9右所示。

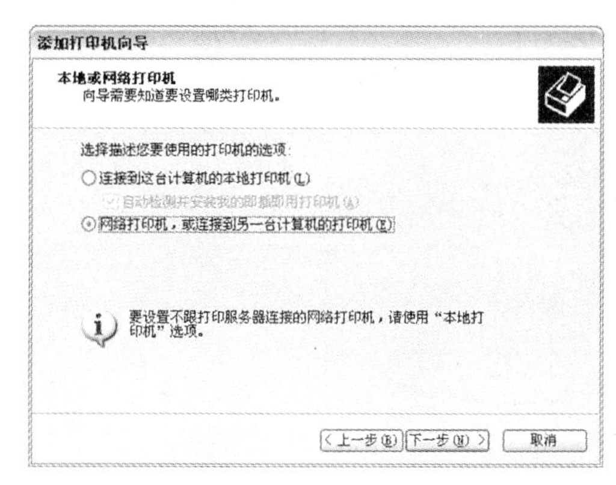

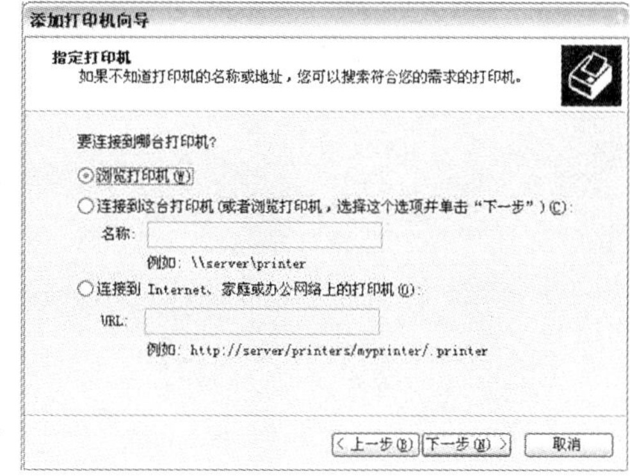

图2-9 添加网络打印机

步骤4:单击“下一步”按钮,进入如图2-10所示的浏览窗口,在其中选择好网络打印机。

注意:如果你知道连接打印机的电脑在局域网上的名字和打印机的共享名,你可以直接在“名称”栏中输入打印机,其格式是“\\提供打印服务的主机\打印机共享名”。

步骤5:单击“下一步”按钮,这时会弹出一个系统警示,单击“是”按钮确认,弹出“安装完成”对话框,单击“完成”按钮,即可完成全部设置了。现在就可以像使用本地打印机一样使用网络打印机了。

图2-10 选择搜索到的打印机

2.2 Internet Explorer浏览器

Internet上大部分的信息都是以网页的形式呈现给用户的,用户要访问Internet资源,必须使用一种“浏览器”软件。浏览器是一种用于获取Internet上资源的应用程序,又称为Web客户程序,用户可以通过它来查看万维网中的许多重要的信息资源。

随着计算机网络技术的发展,出现了很多浏览器软件,比较著名的软件有“MSN Explorer、Tencent Explorer、Netease Explorer、Internet Explorer”等。Internet Explorer是由微软(Microsoft)公司开发的基于超文本传输技术的浏览器,经过不断地推陈出新,Internet Explorer已发展到了9.0版本。由于Internet Explorer与Windows操作系统捆绑,其性能也不错,因此获得了广大用户的青睐,是最主流的浏览器软件。Internet Explore浏览器通常简称为IE。

2.2.1 启动 Internet Explorer

IE 是 Windows 操作系统的捆绑软件，用户在安装 Windows 操作系统时，它会自动安装，因此不用再进行额外安装了。用户打开 Internet Explorer 的操作步骤是：

步骤 1：执行“开始”|“Internet Explorer”命令，如图 2-11 所示。

图 2-11 执行“开始”|“Internet Explorer”命令

步骤 2：打开的浏览器外观如图 2-12 所示。

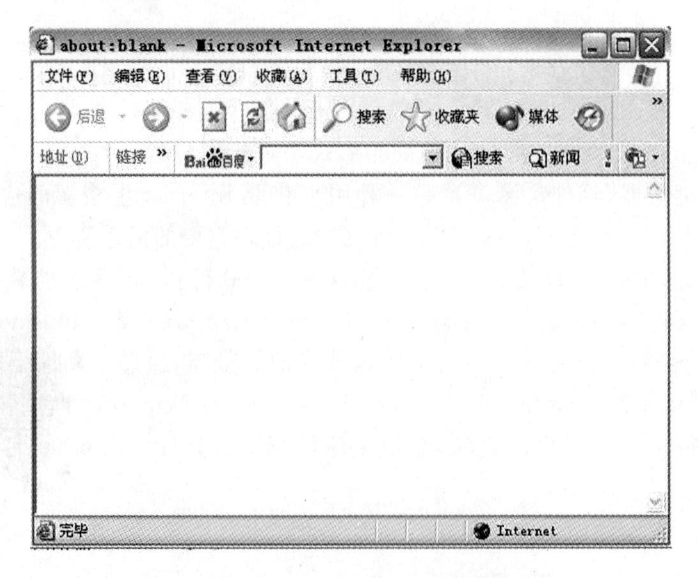

图 2-12 “Internet Explorer 浏览器”界面

我们还可以通过以下几种方式启动IE：

(1)双击桌面上的 Internet Explorer 启动快捷方式图标。

(2)单击任务栏的快速启动区域中 Internet Explorer 小图标，如图2-13所示。

(3)选择“开始”菜单中的“Internet Explorer”命令，也可打开浏览器窗口。

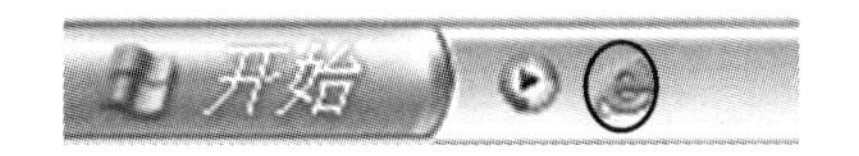

图2-13 快速启动区域中的IE图标

2.2.2 Internet Explorer 的操作界面

启动IE后，展现在我们面前的就是IE的主界面，以后浏览网页时都在该页面中进行，Internet Explorer 的窗口主要由标题栏、菜单栏、工具栏、地址栏、Web页主窗口和状态栏组成，如图2-14所示。

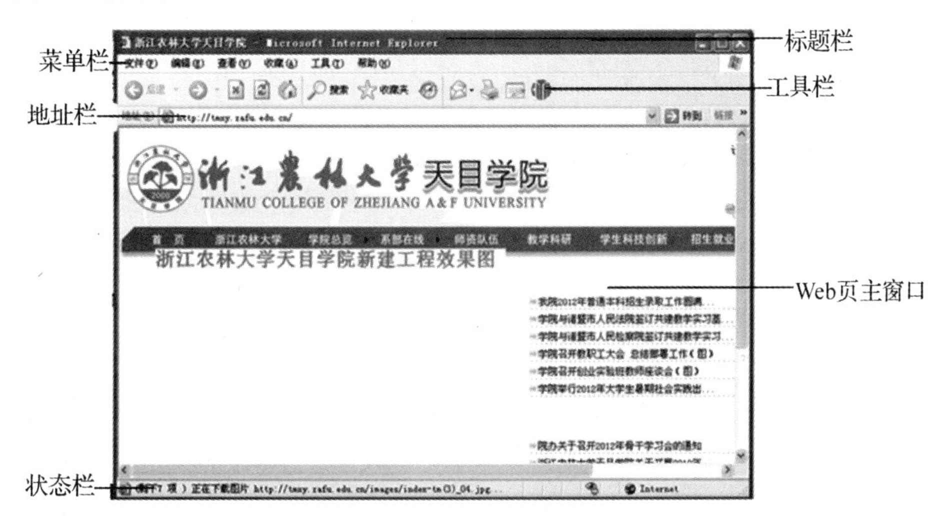

图2-14 Internet Explorer 的窗口

(1)标题栏：标题栏位于窗口的顶部，它的左上角显示了所打开Web页的名称，如“微软(中国)有限公司”，在标题栏的左边是窗口控制按钮，以控制窗口的大小，如图2-15所示。

图2-15 IE的标题栏

(2)菜单栏：Internet Explorer 的菜单栏有“文件”、“编辑”、“查看”、“收藏”、“工具”和“帮助”6个菜单，如图2-16所示。这6个菜单包括了 Internet Explorer 所有的操作命令，用户对IE的所有操作都可以在菜单中完成。

图2-16 IE的菜单栏

(3)工具栏：Internet Explorer 工具栏列出了用户在浏览Web页所需要的最常用的工具

按钮，如“后退”、“前进”、“停止”、“刷新”、“主页”、“搜索”、“收藏夹”、“媒体”、“历史”和“邮件”等按钮，如图 2-17 所示。用户可以根据需要定义工具栏上的按钮种类和个数。

图 2-17　IE 的工具栏

要是用户不知道某种工具按钮的用途，只需将光标移动到按钮上，稍候片刻，系统会给出提示。

(4)地址栏：在工具栏的下方是地址栏，它用来显示用户当前所打开的 Web 页的地址，我们常称地址为网址，如图 2-18 所示。在地址栏的文本框中键入网页地址并按下“Enter”键，Internet Explorer 就会打开相应的 Web 页。

图 2-18　IE 的地址栏

用户可以通过地址栏的下拉菜单，快速打开曾经访问过的 Web 站点。

(5)Web 页主窗口：浏览 Web 页的主窗口显示的是 Web 页的信息，用户主要通过它来达到浏览的目的，如图 2-19 所示。如果 Web 页较大，用户可使用主窗口旁边和下边的滚动条来进行浏览。

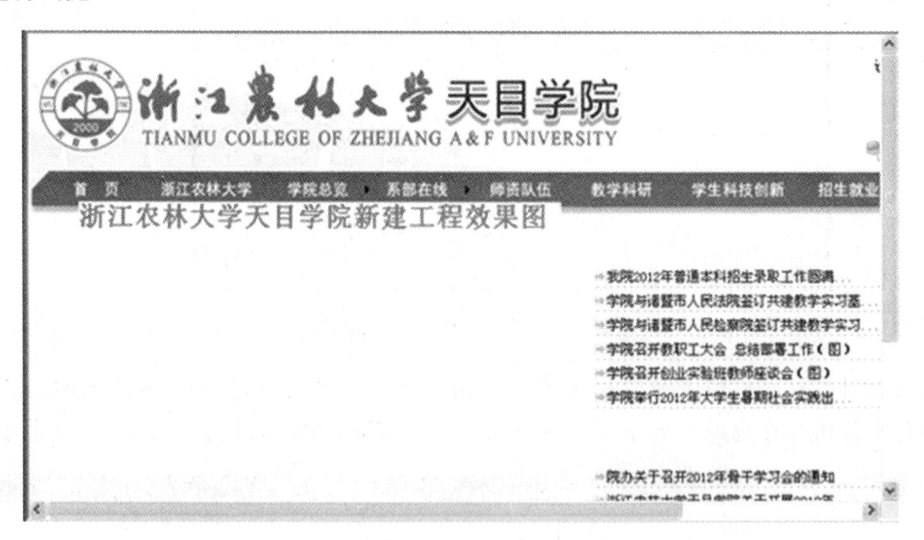

图 2-19　IE 的主窗口

(6)状态栏：Internet Explorer 的状态栏显示了 Internet Explorer 当前状态的信息，用户通过状态栏，可以查看 Web 页的打开过程，如图 2-20 所示。

图 2-20　IE 的状态栏

2.2.3 浏览网页

用户要访问的 Web 页站点拥有自己唯一的地址，就相当于现实生活中的门牌号一样。在 Internet 上网站地址的统一形式是 http://www.xxx.com。

其中 HTTP 是超文本传输协议，即 Hyper Text Transfer-Protocol 的缩写；WWW 是指 Word Wide Web，表示现在的网站是互联网的一部分。大多数的站点都是以 http://www 作为开头，xxx 是网站的名称，com 表示网站的类型。

通过地址栏访问一个 Web 页站点是 IE 最通常的做法，具体操作步骤如下：

步骤 1：在地址栏的文本框中输入该 Web 站点的地址，如要访问 163 网站，只需要在地址栏中输入 163 网站的地址 http://www.163.com 即可，如图 2-21 所示。

图 2-21 输入网站地址

步骤 2：然后按“Enter”键等待网页的出现。Internet Explorer 在打开网页时，右上角闪动的图标表示浏览器正在打开 Web 站点，同时状态栏也会给出打开的进度。

Internet Explorer 会在地址栏的下拉菜单中记录用户曾经打开过的部分 Web 站点地址，如图 2-22 所示。

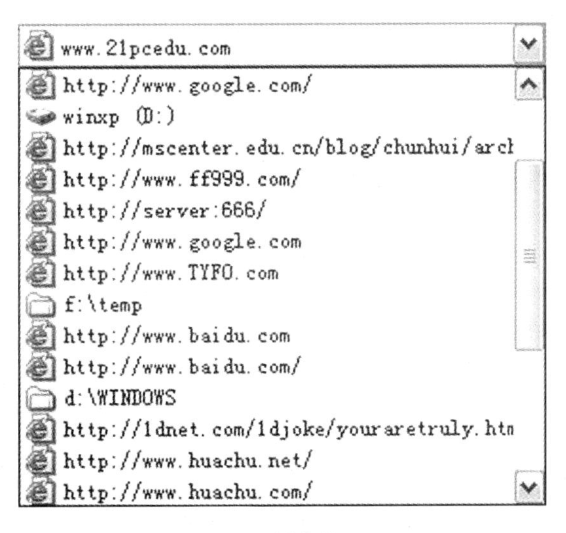

图 2-22 缓存的地址

2.3 互联网资源搜索和下载

2.3.1 网络进行搜索的方式

如果要想在互联网上查找某种资料，可以采用搜索的方式进行查找。使用网络进行搜索的方式有两种，分类目录型搜索和关键词搜索。

分类目录型搜索：把网络中的资源收集起来，由其提供的资源的类型不同而分成不同的目录，一层一层地进行分类，人们要找自己想要的信息可按分类级别进入，就能最后到达目的，找到自己想要的信息。

关键词搜索：用逻辑组合方式输入各种关键词(keyword)，搜索引擎根据这些关键词寻找用户所需资源的地址，然后根据一定的规则反馈给用户包含此关键字信息的所有网址和指向这些网址的链接。

在使用关键词搜索时，可以通过使用逻辑操作等进行多个关键词查询。搜索引擎中常用的逻辑关系语法有：AND、OR 和 NOT。在填写搜索关键词时，AND(与)还可使用空格、逗号、加号和"&"来表示，OR(或)还可用"/"来表示，NOT(非)还可用惊叹号或减号来表示。

(1)AND：必须同时包含用户的所有关键词才满足要求。

(2)OR：表示前后两个词是"或"的逻辑关系，包含任意一个关键词就满足要求。

(3)NOT：表示不包含的意思。

各种搜索引擎一般都支持以上搜索语法，但各个搜索引擎本身又有各自的特点，在具体功能上有所取舍。例如某些搜索引擎支持同义词模糊匹配，如"计算机"可以匹配"电脑"。因此，在使用搜索引擎时，应该阅读网站提供的帮助信息。

目前比较著名的搜索引擎有百度搜索引擎与 Google 搜索引擎，百度搜索引擎的主页地址是：http://www.baidu.com，而 Google 搜索引擎的主页地址是 http://www.google.com。

2.3.2 百度搜索引擎

百度是全球最大的中文搜索引擎之一，其搜索网站主页地址是 http://www.baidu.com。

百度搜索引擎具有以下突出特点：

(1)信息搜索容量大，号称能够搜索 3 亿中文网页。

(2)具备中文搜索自动纠错功能，能够自动纠正用户输入的错别字，并给出提示。

(3)相关搜索功能完善，具备中文人名识别、简繁体中文自动转换、网页预览等实用的技术。

下面介绍百度搜索引擎的一些使用技巧。

1. *在指定网站内搜索*

在百度这个搜索引擎中，能够支持在某个网站内搜索。在一个网址前加"site:"，可以限制只搜索某个具体网站、网站频道或某域名内的网页。具体操作步骤如下：

步骤 1：打开 IE，并在 IE 地址栏中键入 http://www.baidu.com，打开百度首页。

步骤 2：在搜索栏中输入"汽车 site:www.china.com"，这表示在 www.china.com 网站内搜索和"汽车"相关的资料。

步骤 3：单击 百度一下 按钮，在其下方就会罗列出许多符合这个搜索条件的信息，如图 2-23所示。

图 2-23　百度搜索

2. 在特定条件下搜索

在使用百度搜索引擎搜索时，在一个或几个关键词前面加上"intitle:"，可以限制只搜索网页标题中含有这些关键词的网页。

比如，在搜索栏中输入"intitle:家居装饰房产"，这表示搜索标题中含有关键词"家居装饰房产"的网页，其他的网页就自然地被屏蔽掉了。

3. 在URL中搜索

URL是Uniform Resource Locator的简称，即统一资源定位器，是WWW页的地址。即通常我们所说的网站地址。

百度也支持在URL中搜索，只需要在关键词前面加上"inurl:"，可以限制只搜索url中含有这些文字的网页。比如，"inurl:mp3"表示搜索url中含有"mp3"的网页。

4. 使用"百度"搜索图片

利用百度搜索图片的步骤如下：

步骤1：打开百度的主页 http://www.baidu.com。单击图片按钮，打开如图2-24所示界面。

步骤2：在搜索栏中输入要查找图片的文字，单击"百度一下"按钮。等待片刻后，将出现想要搜索的相关图片，如图2-25所示。

步骤3：单击想要查看的图片后，就会在一个新窗口中显示图片放大后的效果。

图 2-24　打开百度"图片"搜索

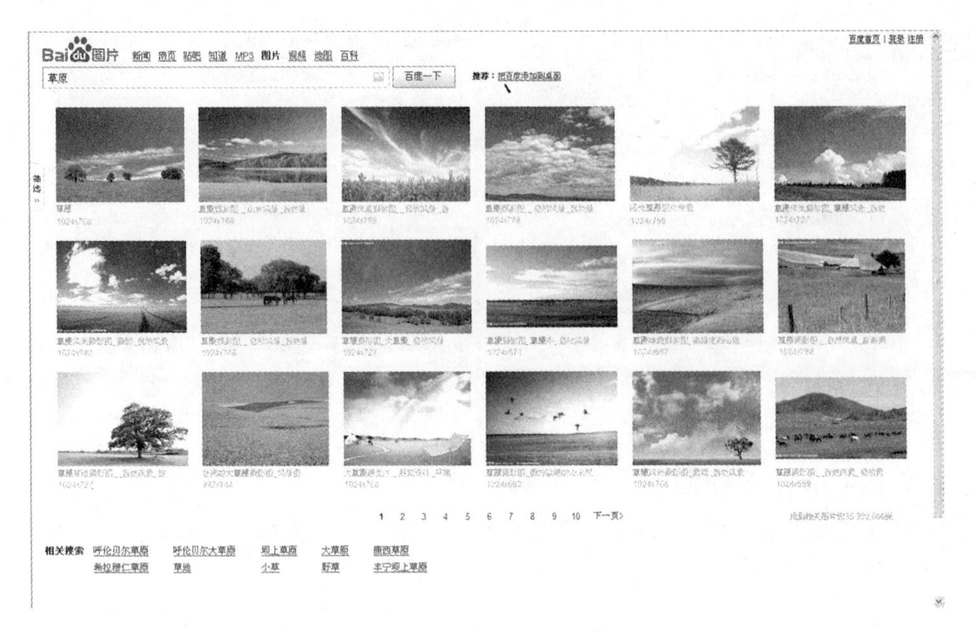

图 2-25　图片搜索结果

5. 使用“百度”搜索音乐

网络中的音乐十分多，用百度能够非常快捷地搜索到自己喜爱的音乐。下面以搜索“刘德华”的歌曲为例介绍如何使用百度搜索音乐。具体操作步骤是：

步骤 1：打开百度主页后，单击MP3按钮。

步骤 2：在搜索栏中输入“刘德华”，单击“百度搜索”按钮。等待片刻后，就会出现“刘德华”的所有音乐，如图 2-26 所示。

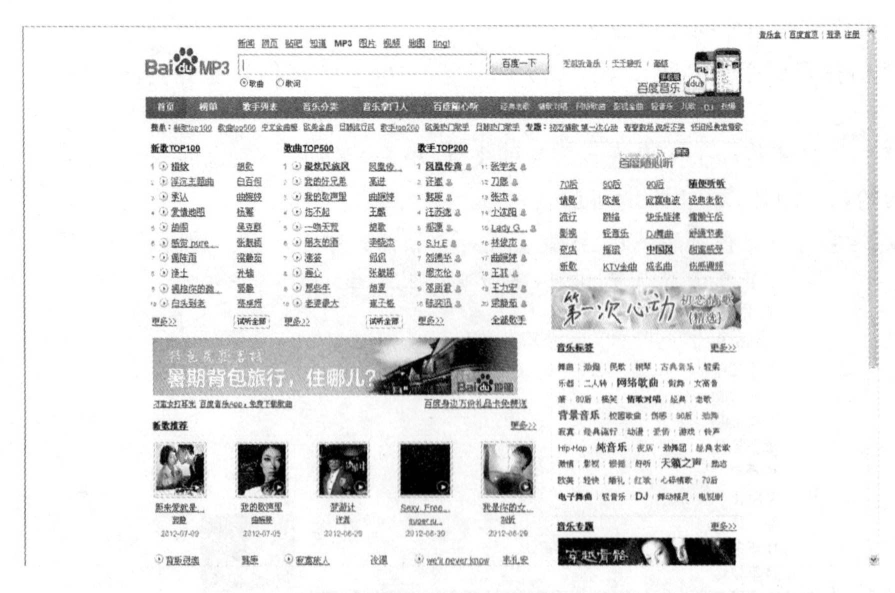

图 2-26　MP3 搜索

在百度搜索音乐文件时，还可以选择音乐的歌词，如图 2-27 所示。

⊙歌曲 ○歌词

图 2-27 选择歌词或者歌曲

2.3.3 资源下载

互联网最主要的一个功能就是提供各种资料和软件的免费下载任务。联上互联网后，使用 IE 软件就可以进行下载。具体操作步骤是：

步骤 1：在某个网页中找到需要下载的链接，将光标移到该链接上，单击鼠标左键，选择“目标文件另存为”命令，如图 2-28 所示。

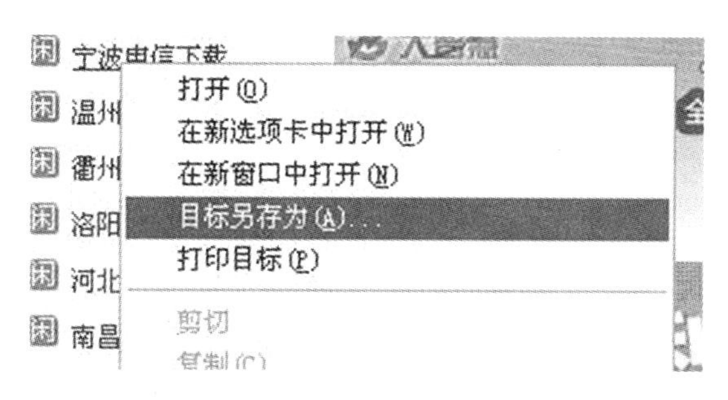

图 2-28 右键单击，选择“目标另存为”

当将光标移动到有下载链接的文字上时，光标会自动变成形状。

步骤 2：在打开的“另存为”对话框中，设置下载文件的存放位置和文件名，如图 2-29 所示。

图 2-29 选择“保存路径和文件名”

步骤 3：单击“保存”按钮，IE 就开始下载文件了。下载完成后，系统还会给出相应的提示。

除 IE 直接下载外，还有很多专门用来下载的工具，例如迅雷、Flashget 等，其下载效率更高。

2.3.4 保存网页上的资料

在浏览网页时，有许多信息和资料值得收藏，那么怎么才能将这些资料进行保存呢？下面介绍几种具体的做法。

1. 保存当前网页

使用 Internet Explorer 可以轻松地把正在浏览的 Web 页面保存到计算机上，做到不用上网也能浏览网页。其操作步骤如下：

步骤 1：在 IE 中打开欲保存的网页，执行“文件”|“另存为”命令，弹出“保存网页”对话框，如图 2-30 所示。

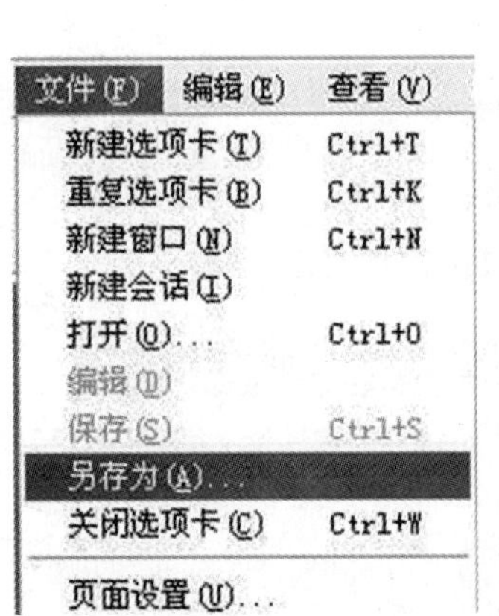

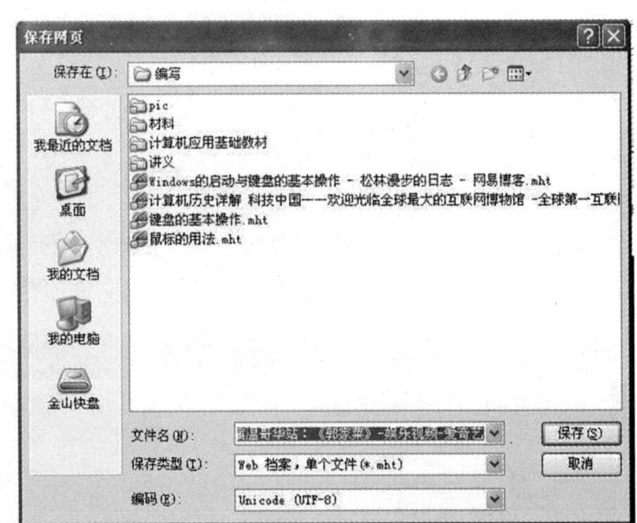

图 2-30 选择“文件”|“另存为”

步骤 2：在“保存在”框中选择文件存放的路径，在“文件名”文本框中键入保存文件名，单击“保存”按钮完成保存操作。

如果想再次浏览这个页面时，可在硬盘上找到保存的文件，双击它就行了。

2. 保存网页中的图片

保存网页中的图片的操作步骤如下：

步骤 1：在打开的网页中找到要保存的图片，并在图片上单击鼠标右键，在弹出快捷菜单中选择“图片另存为”命令，如图 2-31 所示。

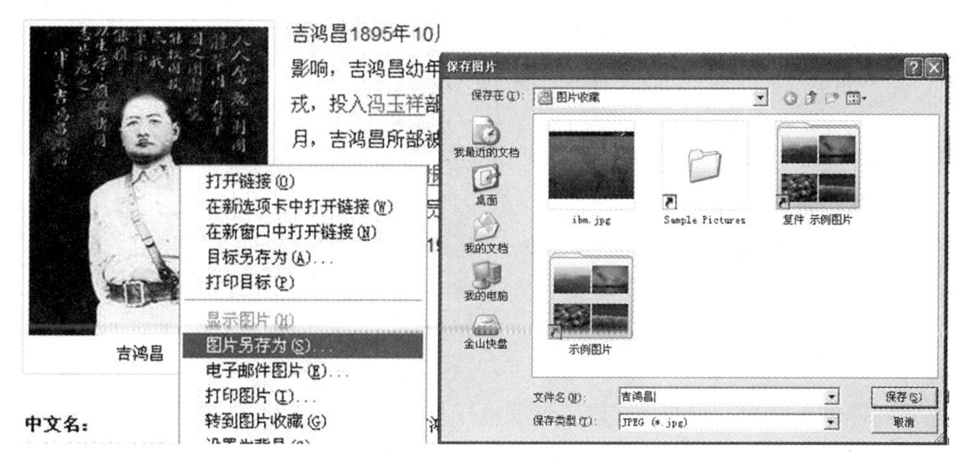

图 2-31　“右键”|“图片另存为”

步骤 2:选择“图片另存为”命令后,会弹出“保存图片”对话框。选择保存路径和保存格式,并键入保存文件名。

步骤 3:单击“保存”按钮,完成保存操作。

图片保存的默认路径是“我的文档”中的“图片收藏”文件夹。

3. 保存网页中的文字

如果只想保存网页中的文字信息,可以按照以下的操作步骤进行:

步骤 1:使用 IE 打开网页后,执行“文件”|“另存为”命令。

步骤 2:在“保存在”下拉列表框中选择文件存放的路径,在“文件名”文本框中键入保存文件名,“保存类型”下拉菜单中选择“文本文件(*.txt)”选项,如图 2-32 所示。

步骤 3:单击“保存”按钮即可对其进行保存。

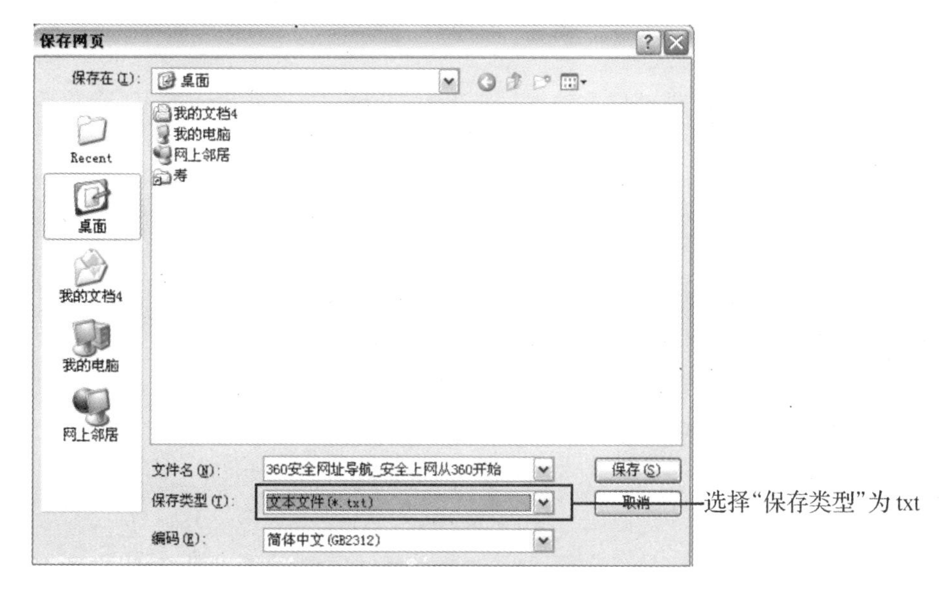

图 2-32　选择保存类型为“txt”

2.4 收发电子邮件

电子邮件是互联网提供给广大计算机用户的实用大餐，使用电子邮件大大缩短了人们交流的时间与距离。以往发一封传统信件至少要一周的时间才能收到，而使用电子邮件发送邮件，只需要几分钟对方就能收到，可以说电子邮件的出现是互联网发展史上的重要里程碑。

2.4.1 电子邮件简介

电子邮件的英文缩写是"Email"。收发电子邮件一直是广大网络用户最常进行的网上活动之一。电子邮件在人们的日常生活、工作中正发挥着越来越重要的作用，无论是对亲朋好友的问候，还是商业资料和信息的互传，都随着一封封电子邮件在网络中传播。

如同平常收信、发信需要有目的地址一样，电子邮件也需要有地址。电子邮件地址由字符、数字或者其他符号组合而成，"hziee@gmail.com"为一个典型的电子邮件地址。一个电子邮件地址通常由3部分组成："用户名"+@+"收取E-mail的服务器"。"用户名"是用来标识个人信息的字符，每个用户的用户名都不一样；"@"可以读作英文单词at，它是标识电子邮件地址的标识符；"邮件服务器"是提供电子邮件的服务商的服务器名称。这里"hziee"是用户名，"gmail.com"是服务器域名。

2.4.2 申请免费电子邮箱

目前在网络中，许多网站都提供了免费电子邮箱服务，此外也有安全性更高、容量更大的收费电子邮箱服务。对于大家而言，除非用于商业用途，自己使用电子邮件都希望用免费的电子邮箱。下面以申请Tom的免费电子邮箱为例，给大家简单地讲解一下如何申请免费电子邮箱。

步骤1：打开浏览器，在地址栏中输入网址http://mail.tom.com，按下"Enter"键，进入"免费邮箱"界面，如图2-33所示。

图2-33 进入tom邮箱主页

步骤2：单击"免费注册"按钮，进入注册信息填写界面，如图2-34所示。在此窗口中按

照要求填写好各项数据后单击“下一步”按钮。

步骤3:如果填写的信息无误,稍候片刻,将会提示你注册成功。

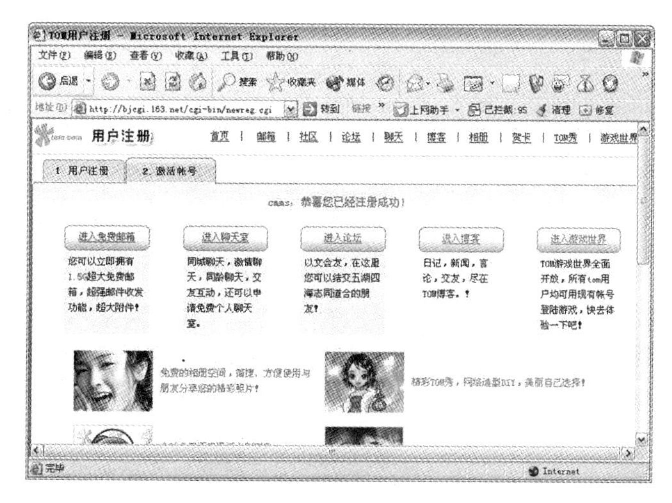

图2-34　注册免费邮箱

现在已经完成了免费邮件的申请工作,记住自己的邮箱地址及密码,以后就可以用它来收发邮件了。

2.4.3　使用Internet Explorer收发电子邮件

我们在申请邮箱时,都是通过浏览器进行的。通过浏览器我们也能够在自己的邮箱中收发电子邮件。

1. 登录邮箱

登录自己邮箱所在的网站,比如你是网易的邮箱,那么在IE地址栏中输入http://mail.163.com,进入163邮箱页面。如果是tom网的邮箱,则登录tom网站http://www.tom.com。

下面以tom网的邮箱为例介绍如何登录邮箱:

步骤1:进入Tom网站免费邮件网址http://mail.tom.com。

步骤 2:在用户登录界面中,填写自己的用户名及密码,并单击“登录”按钮。

步骤 3:在如图 2-35 左所示的界面中,选择“单击这里进入 tom 免费邮箱”按钮。

步骤 4:系统进入邮箱后,如图 2-35 右所示,在此即可对邮箱进行各种操作了。

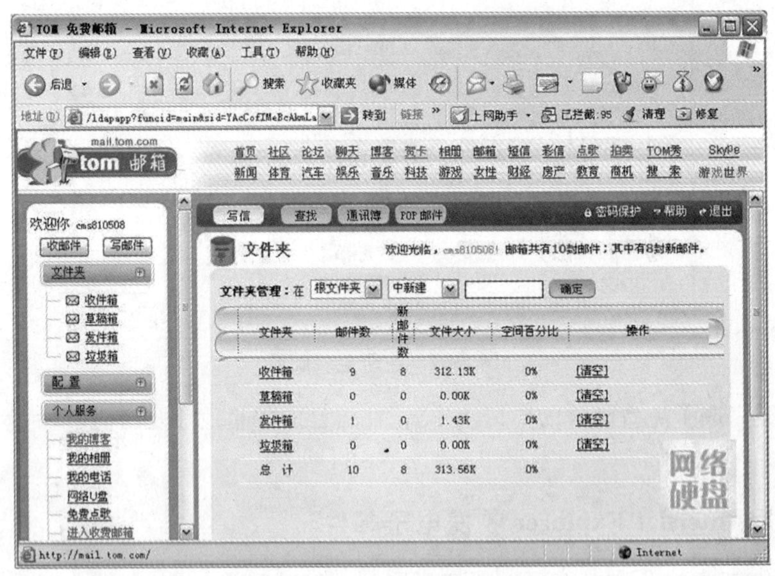

图 2-35 登陆 tom 免费邮箱

2. 撰写和发送电子邮件

进入自己的邮箱后,就可以开始使用自己的邮箱发送和接收电子邮件了。其操作步骤如下:

步骤 1:进入邮箱后,单击“写信”按钮,出现如图 2-36 所示的页面。

步骤 2:在“写邮件”窗口中,填写相关信息。首先,在收件人一栏中填写好收件人的电子邮件地址,然后给这封电子邮件取一个恰当的名字,这当然是需要最为符合正文中心内容的,填入“主题”文本框中,如图 2-37 所示。

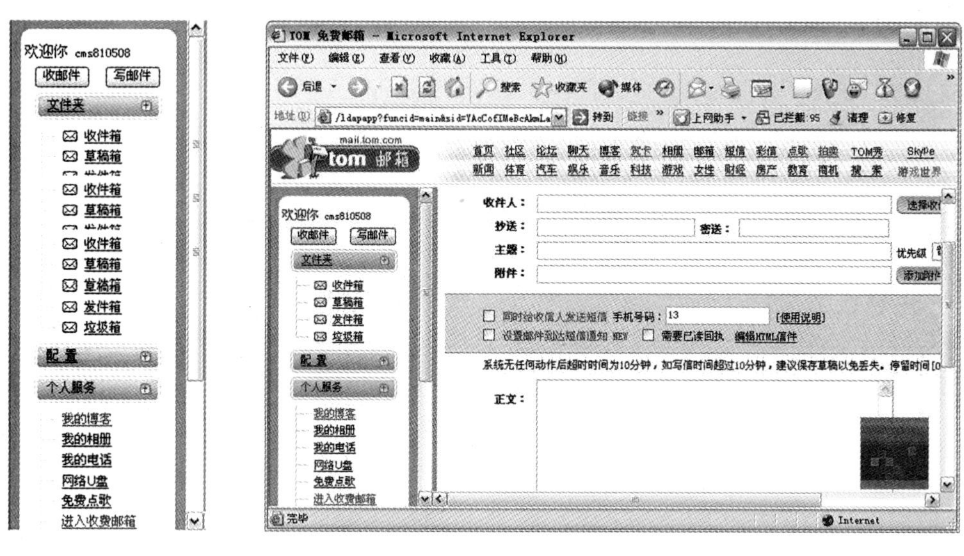

图 2-36 网页撰写邮件

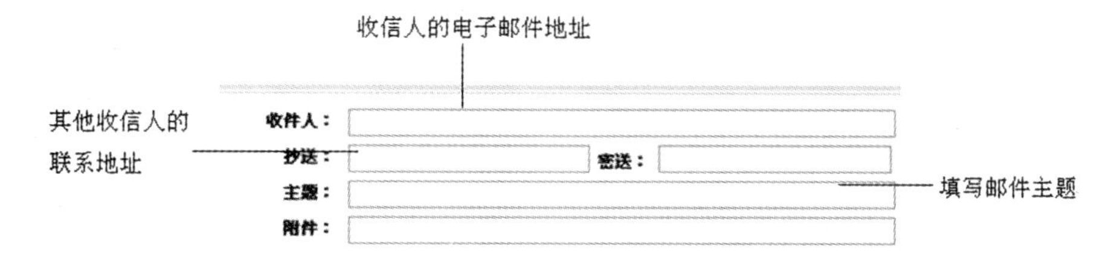

图 2-37 填写邮件信息

步骤 3:最后输入正文,如图 2-38 所示。

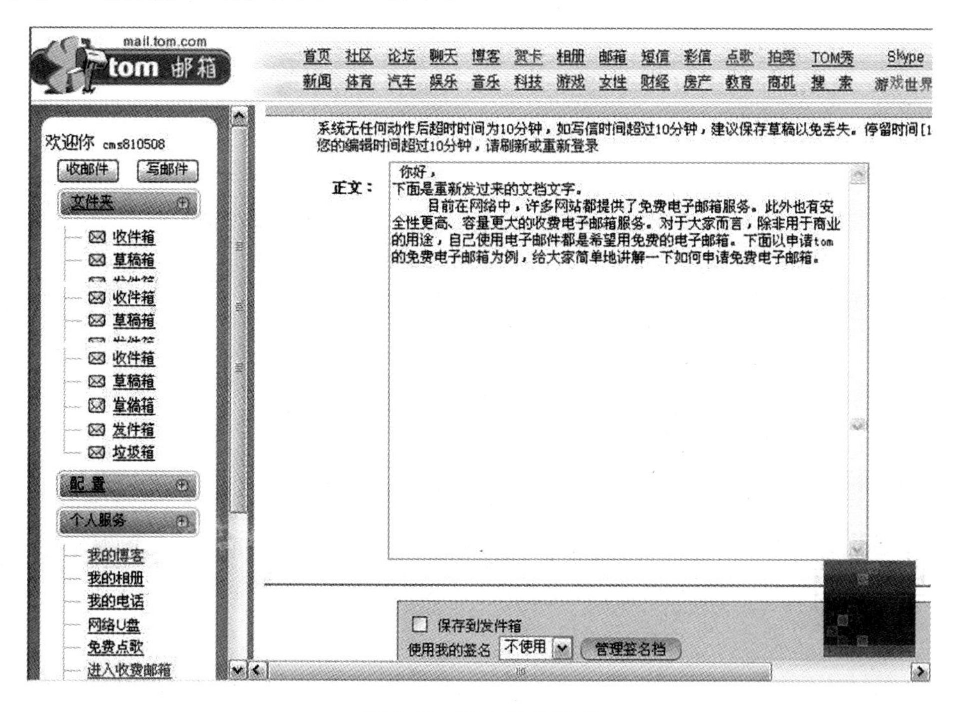

图 2-38 输入邮件正文

步骤 4:将上述的步骤确认无误后,单击 发 送 按钮,邮件即可进行发送了。发送成功后,系统会给出相应的提示。

3. 接收和查看电子邮件

接收和查看电子邮件同样需要进入自己的邮箱,具体操作如下:

步骤 1:登录自己的邮箱,单击邮箱左边列表中的"收件箱"链接,进入相应邮件页面。

步骤 2:单击某个邮件的主题后,页面会直接显示关于这封信件的详细内容,可以直接查看,如图 2-39 所示。

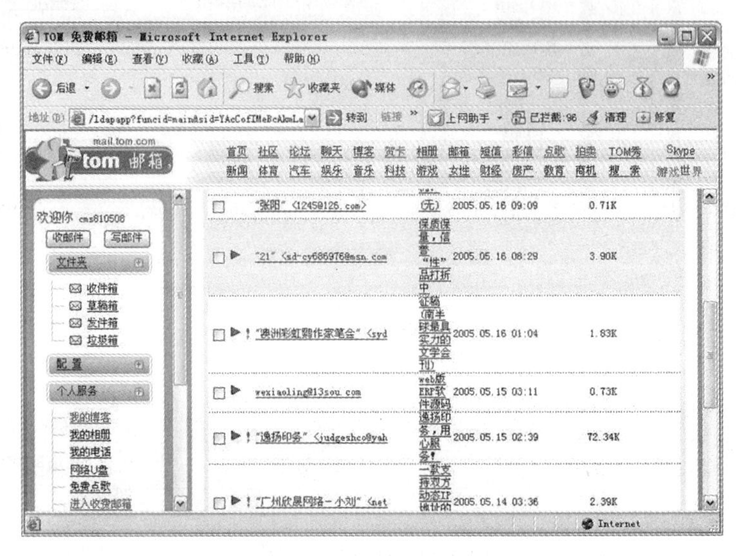

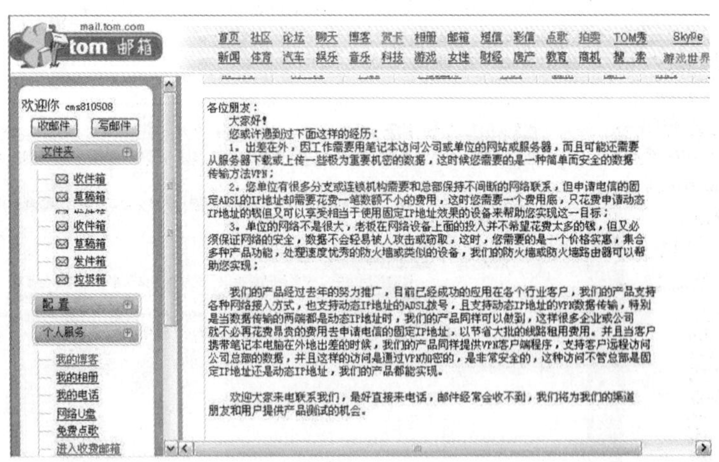

图 2-39 接收和查看邮件

2.4.4 使用 Outlook Express 收发电子邮件

Outlook Express 是随 Windows 操作系统一起销售的一个功能强大、使用方便的电子邮件客户端软件,它可以帮助用户收发电子邮件。

1. 设置电子邮件帐(账)户

在使用 Outlook Express 的电子邮件服务之前,用户需要设置自己的电子邮件帐(账)

号，以便建立与邮件服务器的连接。对于邮件帐(账)号，需要清楚所使用的邮件服务器类型(POP3、IMAP 或 HTTP)、帐(账)号名和密码，以及接收邮件服务器的名称、POP3 和 IMAP 所用的发送邮件服务器名称，这些信息可以从 ISP 或网络管理员那里得到。在 Outlook Express 中，为用户提供了专门的连接向导程序，用户根据向导可以很容易地设置自己的邮件帐(账)号。

设置邮件帐(账)户的具体操作如下：

步骤 1：执行“开始”|“Outlook Express”命令，运行该软件。

步骤 2：在 Outlook Express 窗口中，执行“工具”|“帐(账)户”命令，打开“Internet 帐(账)户”对话框，如图 2-40 所示。

步骤 3：在该对话框中单击“添加”按钮，在弹出的菜单中选择“邮件”命令，打开“Internet 连接向导”。在“显示姓名”文本框中输入用户的帐(账)户名，发送邮件时，该内容将出现在邮件的“发件人”字段中。

步骤 4：单击“下一步”按钮，打开“Internet 电子邮件地址”对话框，在“电子邮件地址”文本框中输入用户的电子邮件地址，如图 2-41 所示。

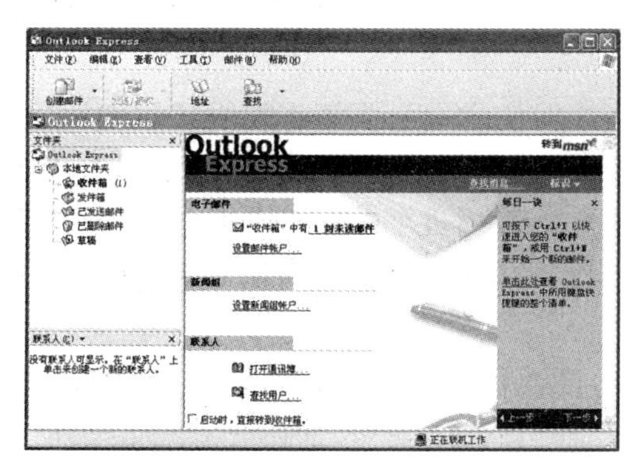

图 2-40 选择“工具”|“帐(账)户”

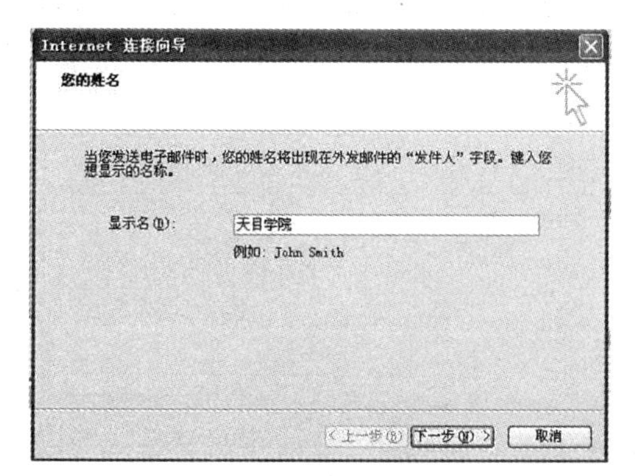

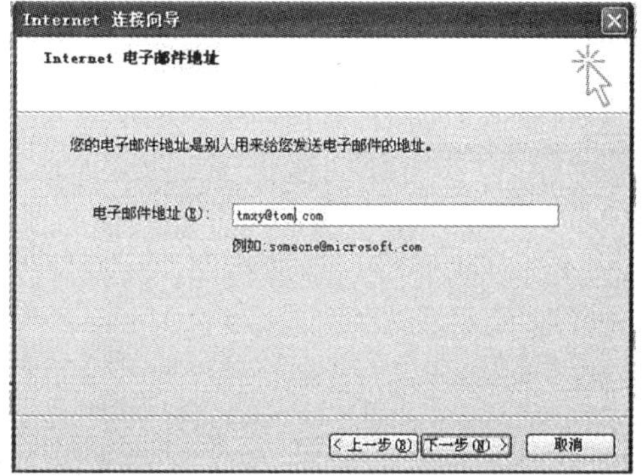

图 2-41 设置显示名和邮件地址

步骤 5：单击“下一步”按钮，打开“电子邮件服务器名”对话框。在该对话框中输入 ISP 所提供的电子邮件服务器名称，如图 2-42 左所示。

步骤 6：确定输入正确后，单击“下一步”按钮，打开“Internet Mail 登录”对话框之后，分别在相应位置输入电子邮件帐(账)户名与密码，如图 2-42 右所示。

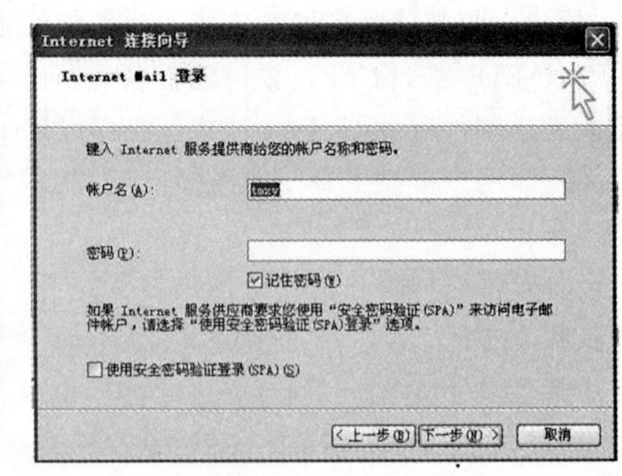

图 2-42　设置服务器地址和用户名密码

步骤 7：完成设置后，单击"下一步"按钮，在打开的对话框中，单击"完成"按钮，即可完成电子邮件帐(账)号的设置。

至此，Outlook Express 已经为用户建立了一个电子邮件帐(账)户，用户可以用这个帐(账)户来收发邮件了。如果用户有多个电子邮件帐(账)户，可以按照上面的方法重复设置。

2. 新建电子邮件

使用 Outlook Express 撰写电子邮件和书写传统的信件一样，需要有收件人和寄件人地址、信件正文和信件签名等，但 Outlook Express 还有一些其他的要素，使电子邮件较之传统邮件具有更多的功能。比如，用户直接将邮件发送给收件人，也可以将邮件副本抄送给某收件人。在 Outlook Express 中还提供了多种安全措施，可以确保用户接收和发送安全的电子邮件。新建一封简单的电子邮件的步骤如下：

步骤 1：单击工具栏中的"创建邮件"按钮 或执行"文件"|"新建"|"邮件"命令，打开如图 2-43 左所示的"新邮件"窗口。

步骤 2：在"收件人"和"抄送"文本框中输入收件人的姓名，如果用户要同时发送给多个收件人，可在电子邮件地址中分别用逗号或分号分隔。如果要从通讯簿中添加收件人，可以单击新邮件窗口中收件人和抄送左侧的书本图标，打开"选择收件人"对话框，从中选择收件人地址，如图 2-43 右所示。

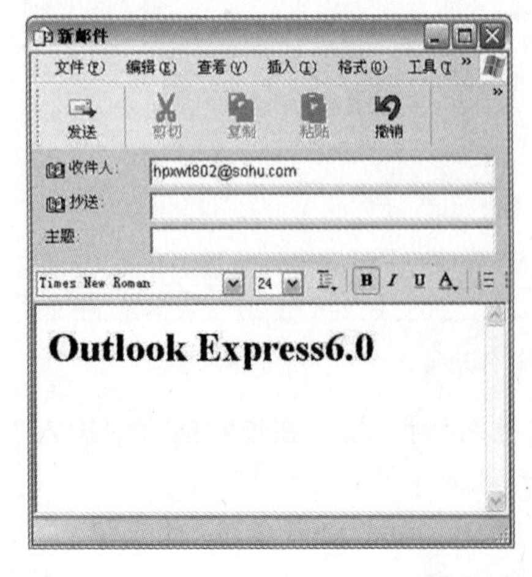

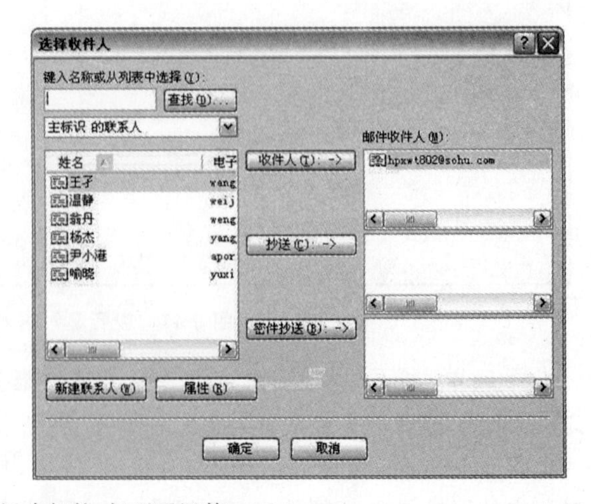

图 2-43　新建邮件，打开通讯簿

步骤 3:在“主题”文本框中输入邮件主题,当收件人收到邮件时,可以在收件箱中看到邮件的主题,便于预览。

步骤 4:将邮件正文输入到正文区中,利用正文区上方的格式栏,可以为当前邮件设置简单的文字格式。至此,就创建完成一封简单的电子邮件。

步骤 5:新邮件撰写完毕,单击工具栏上的“发送”按钮或运行“文件”菜单中的“发送”命令,便可将一封新邮件发送出去。如果是在脱机情况下发送邮件,则邮件并没有被立即发送出去,而是保存到“发件箱”文件夹中,待以后连接到 Internet 时,再进行发送。

3. 接收和阅读邮件

接收和阅读邮件的操作方法是:连接到 Internet 后,单击工具栏上的“发送和接收”按钮,Outlook Express 将会根据用户所建立的帐(账)号,建立与相应服务器的连接,并从邮件服务器上下载所收到的新邮件。

由于 Outlook Express 能够脱机阅读,邮件下载完成后,即可在单独的窗口或预览窗格中阅读邮件。在 Outlook Express 窗口中单击文件夹列表中的“收件箱”,打开“收件箱”文件夹。在“收件箱”文件夹中,上半部分是邮件列表,列出了所有接收到的邮件,下半部分是预览窗格,用来预览选定邮件的内容,如图 2-44 所示。

如果要打开一封邮件,在该邮件项目上双击鼠标即可。邮件上部显示出邮件的发件人、收件人、发送时间和主题,下面的文本框显示邮件正文,如图 2-45 左所示。

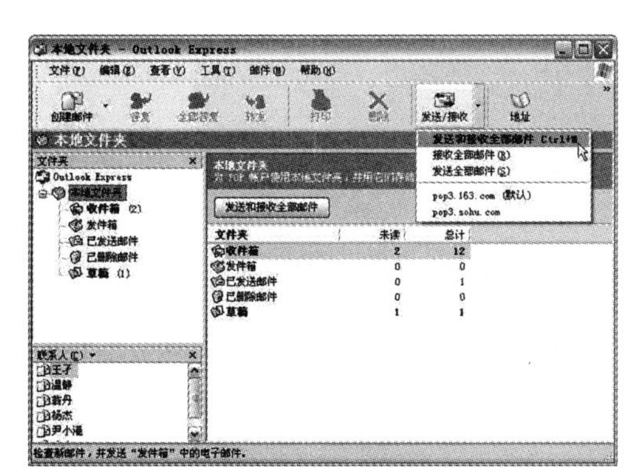

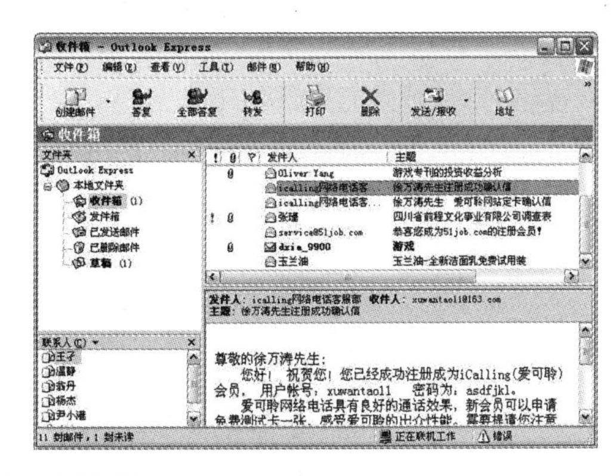

图 2-44　收取、阅读邮件

用户在邮件窗口中可以阅读、打印、另存或删除邮件。如果用户需要查看有关邮件的所有信息,如发送邮件的时间等,可选择“文件”菜单的“属性”命令,打开“属性”对话框进行查看,如图 2-45 右所示。

如果要将邮件存储在文件系统中,选择“文件”菜单中“另存为”命令,打开“另存为”对话框,然后选择格式(邮件、文件或 HTML)和存储位置,并单击“保存”按钮进行储存。

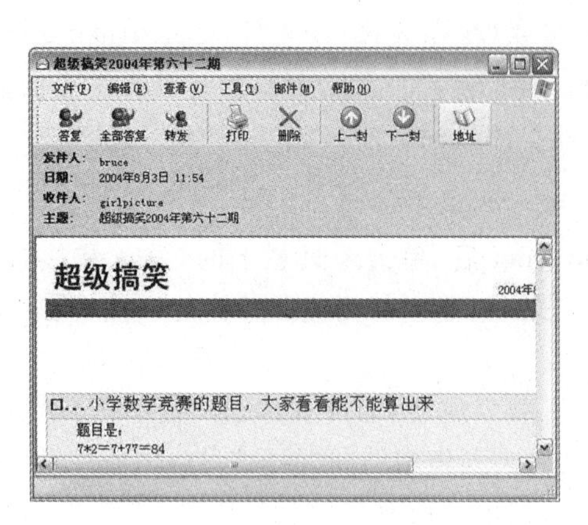

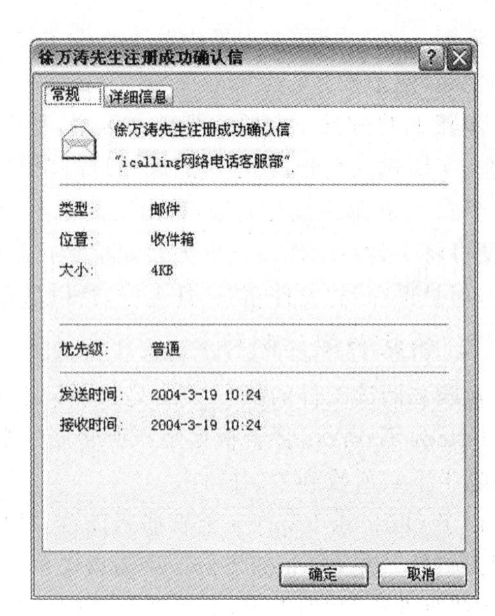

图 2-45　选择“文件”|“属性”

4. 下载邮件的附件

Outlook Express 在默认情况下，为了保证电脑的安全，将邮件的附件都进行了屏蔽与删除操作。按照下面的方法，能够打开并保存附件：

步骤 1：打开含有附件的邮件窗口，如图 2-46 左所示。

步骤 2：执行“邮件”|“转发”命令，弹出如图 2-46 右所示的窗口。在这个窗口中，会清楚地看到邮件中被隐蔽了的附件。

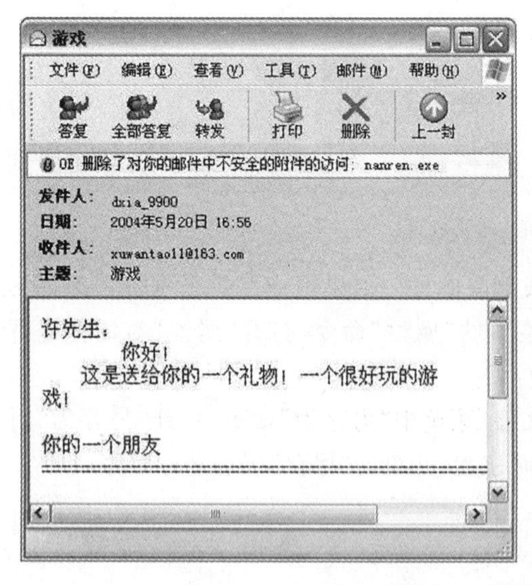

图 2-46　被隐藏的邮件附件

步骤 3：用鼠标双击这个附件，系统会弹出一个对话框，提示是选择打开附件还是保存附件到磁盘上，如图 2-47 左所示。

步骤 4：选择“保存到磁盘”单选项，单击“确定”按钮，在弹出的“附件另存为”对话框中选

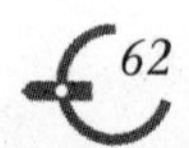

择附件的存放位置和保存名称，如图 2-47 右所示。

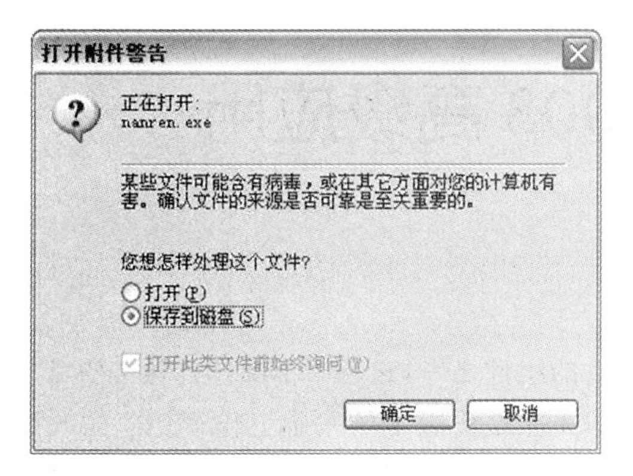

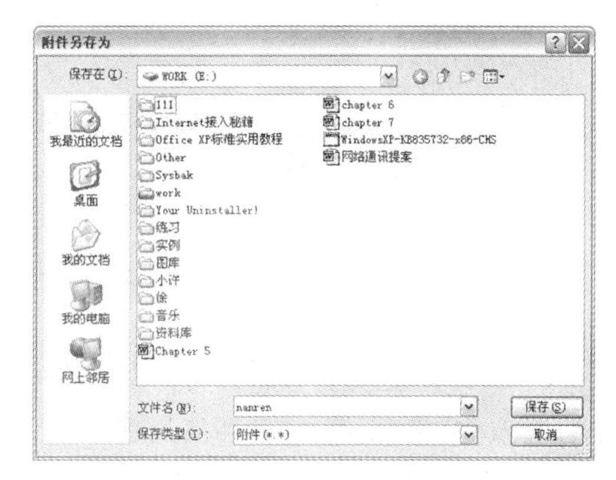

图 2-47 保存邮件附件

步骤 5：单击“保存”按钮，即可把附件保存到本地硬盘上。

5. Outlook Express 属性设置

Outlook Express 中的所有属性的设置全部可以通过执行“工具”|“选项”命令，跳出“选项”对话框进行设置，如图 2-48 所示。如要求“自动显示含有未读邮件的文件夹”，只需在“常规”选项卡中的“自动显示含有未读邮件的文件夹”前打勾，单击“确定”按钮即可。

图 2-48 “选项”对话框

第3章 Word 2003 高级应用

Word 2003 是美国微软公司产品 Office 2003 的组件之一，它适用于制作各种文档，比如信件、传真、公文、报纸、书刊和简历等。Word 2003 在之前版本的基础上作了相应的改进，增加了许多新功能，例如它增强了协同工作的功能，并引入了 XML 的概念，使多用户协同工作时沟通更加方便，并且共享信息也变得非常容易。Word 2003 改进的目的就是给用户一个更为合理和友好的界面环境和各种强大的功能，为用户的学习和工作提供最大的方便。

然而，熟悉了 Word 2003 的文字输入和简单的格式化编辑功能，只是具备了 Word 2003 使用功能的初级知识。Word 2003 的高级应用则是对它的高层次探索，使用户在提高办公自动化工作效率的同时，还能享受艺术与技术完美结合的感觉。

本章以简单的基础知识介绍为开篇，向读者介绍了 Word 2003 的一些基础知识，然后以大量图文并茂的案例，从易到难，深入浅出，重点介绍了 Word 2003 的高级应用部分，内容丰富翔实。

3.1 Word 2003 窗口及组成

Word 2003 窗口由标题栏、菜单栏、工具栏、工作区和状态栏等部分组成，如图 3-1 所示。在 Word 2003 窗口的工作区中可以对创建或打开的文档进行各种编辑、排版的操作。

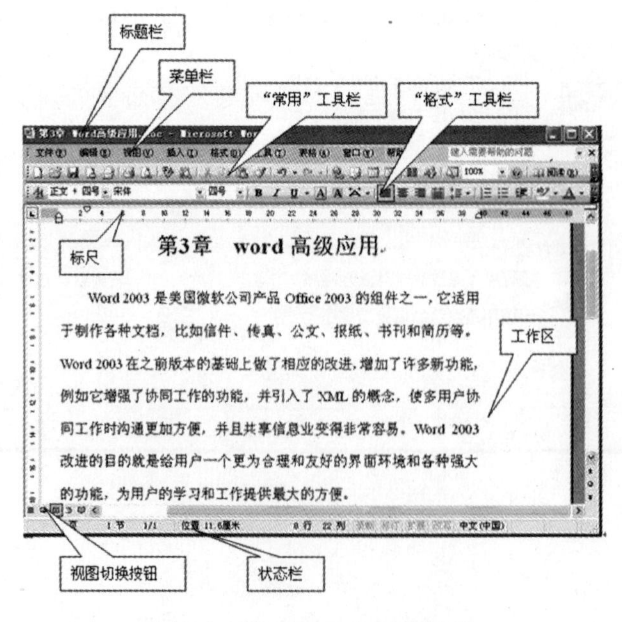

图 3-1 Word 2003 窗口的组成

1. 标题栏

标题栏是Word 2003窗口中最上端的一栏。标题栏中含有“控制菜单”图标、窗口标题，最小化、最大化(或还原)和关闭按钮。

2. 菜单栏

标题栏下方是菜单栏。菜单栏中含有“文件”、“编辑”、“帮助”等9个菜单项，对应每个菜单项，包含有若干个命令组成的下拉菜单，单击菜单栏中的菜单项可弹出相应的下拉菜单。这些下拉菜单包含了Word 2003的各种功能，例如“文件”下拉菜单中包含了有关文件操作的各种命令，“表格”下拉菜单中包含了有关表格操作的各种命令等。

3. “常用”工具栏

在“常用”工具栏中集中了28个Word 2003操作的常用命令按钮，它们以形象化的图标表示。Word 2003对每个命令按钮表示的功能提供了简明的屏幕提示，只要将鼠标指针指向某一命令按钮稍停片刻，就会显示该按钮功能的简明提示。

4. “格式”工具栏

在“格式”工具栏中，以下拉列表框和形象化的图标方式列出了常用的排版命令，可对文字的样式、字体、字号、对齐方式、颜色、段落编号等进行排版。

提示:除在窗口默认出现的“常用”工具栏和“格式”工具栏外，还有诸如“绘图”、“表格与边框”等19种工具栏，可单击“视图”下拉菜单中的“工具栏”级联菜单中的相应工具栏名来显示或隐藏。

5. 工作区

工作区是指格式工具栏以下和状态栏以上的一个区域。在Word 2003窗口的工作区中可以打开一个文档，并对它进行文本键入、编辑或排版等操作。Word 2003可以打开多个文档，每个文档都有一个独立窗口，并在任务栏中有一对应的文档按钮。

6. 状态栏

状态栏位于Word 2003窗口的最下端。它用来显示当前的一些状态，如当前光标所在的页号、行号、列号和位置等。

7. 标尺

标尺有水平和垂直两种。在普通视图下只能显示水平标尺，只有在页面视图下才能显示水平和垂直两种标尺。

标尺除了显示文字所在的实际位置、页边距尺寸外，还可以用来设置制表位、段落、页边距尺寸、左右缩进、首行缩进等。

8. 视图与视图切换按钮

所谓“视图”简单说就是查看文档的方式。同一个文档可以在不同的视图下查看，虽然文档的显示方式不同，但是文档的内容是不改变的。Word 2003有5种视图:普通视图、页面视图、Web版式视图、大纲视图和阅读版式视图，用户可以根据对文档的操作需求不同来采用不同的视图。视图之间的切换可以使用“视图”下拉菜单中的命令，但更简洁的方法是使用左下端的视图切换按钮，如图3-2所示。

提示:图 3-2 中带方框的图标("页面视图")指明当前的视图状态。

图 3-2 视图切换按钮

(1)普通视图

普通视图多用于文字处理工作,如输入、编辑、格式的编排和插入图片等。普通视图基本上实现了"所见即所得"的功能。但在普通视图下不能插入页眉、页脚,不能分栏显示、首字下沉,绘制图形的结果不能真正显示出来。

普通视图可以显示一些页面视图中不直接显示的文本格式。例如,在普通视图中,页与页之间的分页符用一条虚线表示,节与节之间的分节符用双行虚线表示,而分页符、分节符这些符号在页面视图中无法直接查看。

普通视图下占有计算机资源少,响应速度快,可以提高工作效率,适于文本录入和简单的编辑。

(2)Web 版式视图

使用 Web 版式视图,无需离开 Word 2003 即可查看 Web 页在 Web 浏览器中的效果。文档将显示为一个不带分页符的长页,并且文档和表格将自动调整以适应窗口的大小,图形位置与在 Web 浏览器中的位置一致,还可以看到背景。如果使用 Word 2003 打开一个html 页面,Word 2003 将自动转入 Web 版式视图。

(3)页面视图

页面视图主要用于版面设计,页面视图显示所得文档的每一页面都与打印所得的页面相同,即"所见即所得"。在页面视图下可以像在普通视图下一样输入、编辑和排版文档,也可以处理页边距、文本框、分栏、页眉和页脚、图片和图形等。但在页面视图下占有计算机资源相对较多,导致处理速度变慢。

(4)大纲视图

大纲视图是以大纲形式提供文档内容的独特显示,是层次化组织文档结构的一种方式。

大纲视图适合于编辑文档的大纲,以便能审阅和修改文档的结构。在大纲视图中,可以折叠文档以便只查看到某一级的标题或子标题,也可以展开文档查看整个文档的内容。

在大纲视图下,"大纲"工具栏替代了水平标尺,如图 3-3 所示。大纲工具栏右侧是关于主控文档和子文档的设置按钮,这些按钮只能在大纲视图中显示,其他 4 种视图的工具栏中都不包含主控文档的相关设置按钮。使用相应按钮可以容易地"折叠"或"展开"文档,对大纲中各级标题进行"上移"或"下移"、"提升"或"降低"、插入子文档等调整文档结构的操作。

【例 3-1】 已知有三个 Word 文档"1. doc"、"2. doc"、"3. doc",要求把 3. doc 作为主控文档,并在此文档之后分别把 1. doc 和 2. doc 作为子文档插入,构成新的文档,并保存。具体步骤如下:

步骤 1:打开 3. doc,并切换到大纲视图。

步骤 2:把光标放在文档最后,并点击插入子文档按钮,找到并选中 1. doc,单击确定按钮。

步骤 3:点击插入子文档按钮,找到并选中 2.doc,单击确定按钮

步骤 4:单击“保存”按钮 即可

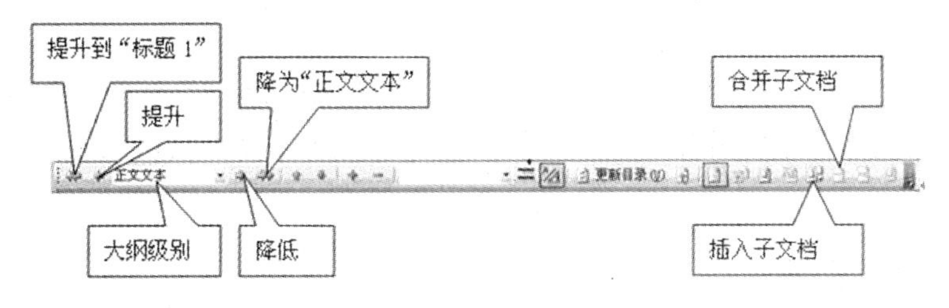

图 3-3　“大纲”工具栏

(5)阅读版式视图

在 Word 2003 中增加了独特的“阅读版式”,该视图方式下最适合阅读长篇文章。阅读版式将原来的文章编辑区缩小,而文字大小保持不变。如果字数多,它会自动分成多屏。在该视图下同样可以进行文字的编辑工作,视觉效果好,眼睛不会感到疲劳。阅读版式视图的目标是增加可读性,可以方便地增大或减小文本显示区域的尺寸,而不会影响文档中字体大小。想要停止阅读文档时,请单击“阅读版式”工具栏上的“关闭”按钮或按 Esc 键或按 Alt+C 键,可以从阅读版式视图切换出来。如果要修改文档,只需在阅读时简单地编辑文本,而不必从阅读版式视图切换出来。

9. 任务窗格

任务窗格是 Word 2003 新增的功能,如图 3-4 所示,用户需要执行的命令在“任务窗格”显示。“任务窗格”每次显示一个“任务”信息,任务执行完毕后,任务窗格会自动隐藏。单击任务窗格名称,在弹出的“任务窗格”列表中包括了“开始工作”等 10 多个任务。

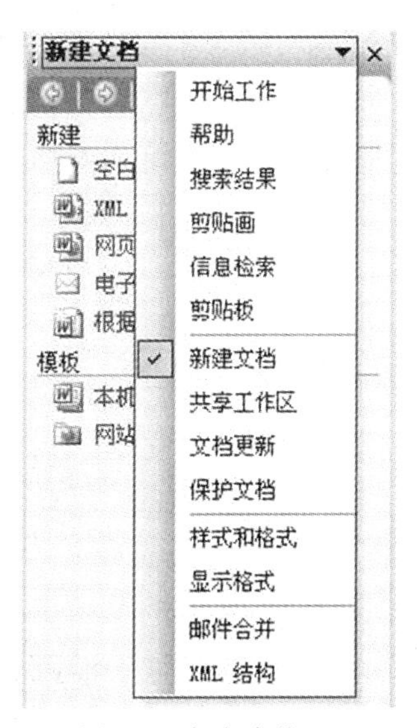

图 3-4　任务窗格

(1)显示/隐藏任务窗格

显示或隐藏任务窗格可通过如下几种方式实现:

执行“视图”|“任务窗格”命令可显示任务窗格。

执行“格式”|“样式和格式”命令,可显示任务窗格。

执行“文件”|“新建”命令,可显示任务窗格。

单击任务窗格右上角的 按钮可关闭窗格。

(2)移动任务窗格

在任务窗格左上角有一个 按钮,用鼠标拖动 到编辑区,任务窗格将浮动成为一个独立的小窗口。

10. Word 2003 的帮助功能

Microsoft Word 2003 的每一个应用软件都提供联机帮助,当实际操作中遇到问题时,提醒用户要充分利用其求助功能。

3.2 Word 2003 排版

文档经过编辑、修改后，通常需要进行排版，才能使之成为一篇图文并茂、赏心悦目的文章。Word 2003 提供了丰富的排版功能，本节介绍文字格式设置、段落的排版、版面设置和样式设置等。

3.2.1 文字格式设置

文字格式设置主要指的是字体、字形和字号。此外，还可以给文字设置颜色、边框、加下划线和改变文字间距等。设置文字格式的方法有两种，一种是用“格式”工具栏（如图 3-5 所示）中的“字体”、“字号”、“加粗”、“倾斜”、“下划线”、“字符边框”、“字符底纹”和“字体颜色”等按钮来设置文字的格式，另一种是执行“格式”|“字体”命令，跳出“字体”对话框（如图 3-6 所示），来设置文字的格式。

图 3-5 “格式”工具栏

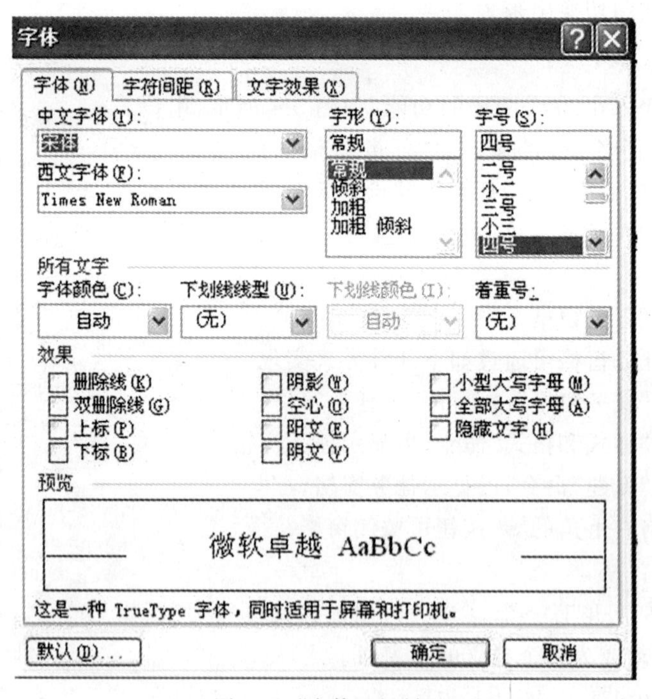

图 3-6 “字体”对话框

Word 2003 默认的字体格式：汉字为宋体、五号，西文为 Times New Roman、五号。在设置字体时，先选定要设置格式的文本，然后选择一种方式来设置即可。

除此之外，Word 2003 还可以将一部分文字设置的格式复制到另一部分文字上，使其具有相同的格式。设置好的格式如果觉得不满意，也可以清除它。使用“常用”工具栏中的“格式刷”按钮 可以实现格式的复制。

1. 格式的复制

复制格式的具体步骤如下：

步骤1：选定已设置格式的文本。

步骤2：单击“常用”工具栏中的 。

步骤3：将鼠标指针移动到要复制格式的文本开始处。

步骤4：拖动鼠标直到要复制格式的文本结束处，放开鼠标左键就完成格式的复制。

提示：

上述方法的格式刷只能使用一次。如果想多次使用，应双击“常用”工具栏中的 ，此时“格式刷”就可使用多次。如要取消“格式刷”功能，只要再单击“常用”工具栏中的“格式刷”按钮一次即可。

2. 格式的清除

如果对于所设置的格式不满意，可以清除所设置的格式，恢复到 Word 2003 默认的状态。逆向使用格式刷就可以清除已设置的格式。也就是说，把 Word 2003 默认的字体格式复制到已设置的文字上去。另外，也可以用组合键清除格式。其操作步骤是：选定需清除格式的文本，按组合键 Ctrl＋Shift＋Z 即可。

3.2.2 段落的排版

一篇文章是否简洁、醒目和美观，除了文字格式的合理设置外，段落的恰当编排也是很重要的。这里主要介绍段落左右边界的设置、段落对齐方式的设置、行间距和段间距的设定、给段落添加项目符号和段落编号以及制表位的设定等编排技术。

1. 段落的左右边界的设置

段落左边界是指段落的左端与页面左边距之间的距离。同样，段落的右边界是指段落的右端与页面右边距之间的距离（以厘米或字符为单位）。Word 2003 默认以页面左、右边距为段落的左、右边界，即页面左边距与段落左边界重合，页面右边距与段落右边界重合。

可以用“格式”工具栏或执行“格式”|“段落”命令设置段落的左、右边界。

（1）使用“格式”工具栏设置

单击“格式”工具栏中的“减少缩进量” 按钮或“增加缩进量” 按钮可缩进或增加段落的左边界。这种方法由于每次的缩进量是固定不变的，因此灵活性差。

（2）执行“格式”|“段落”命令设置

具体步骤如下：

步骤1：选定设置的左右边界的段落。

步骤2：执行“格式”|“段落”命令，打开“段落”对话框，如图3-7所示。

步骤3：在“缩进和间距”选项卡中，单击“缩进”选项组下的“左”或“右”文本框的增减按钮 ，设定左、右边界的字符数。

步骤4：单击“特殊格式”列表框的下拉按钮，选择“首行缩进”、“悬挂缩进”或“无”确定段落首行的格式。

步骤5：在“预览”框中查看，确认排版效果满意后，单击“确定”按钮；若排版效果不理想，则可单击“取消”按钮取消本次设置。

段落
缩进和间距(I) 换行和分页(P) 中文版式(H)
常规
对齐方式(G): 两端对齐 大纲级别(O): 正文文本
缩进
左(L): 0 字符 特殊格式(S): 度量值(Y):
右(R): 0 字符 (无)
如果定义了文档网格，则自动调整右缩进(D)
间距
段前(B): 0 行 行距(N): 设置值(A):
段后(E): 0 行 单倍行距
在相同样式的段落间不添加空格(M)
如果定义了文档网格，则对齐网格(W)
预览
制表位(T)... 确定 取消

图 3-7 “段落”对话框

(3)用鼠标拖动标尺上的缩进标记

在普通视图和页面视图下，Word 2003 窗口中可以显示一水平标尺。标尺给页面设置、段落设置、表格大小的调整和制表位的设定都提供了方便。在标尺的两端有可以用来设置段落左、右边界的可滑动的缩进标记，标尺的左端有上、中、下三个缩进标记：上面的顶向下的三角形 是首行缩进标记，中间的顶向上三角形 是悬挂缩进标记，下面的小矩形 是左缩进标记，标尺右端有一个顶向上的三角形 是右缩进标记(参考图 3-1)。

使用鼠标拖动这些标记可以对选定的段落设置左、右边界和首行缩进的格式。如果在拖动标记的同时按住 Alt 键，那么在标尺上会显示出具体缩进的数值，使用户一目了然。

2. 段落属性的设置

段落的某些属性设置在“格式”工具栏中有显示，如“两端对齐”、“居中”、“右对齐”等。其所有属性都可以在“段落”对话框中设置(参见图 3-7)。

提示：段落的左右边界、特殊格式、段间距和行距的单位可以设置为“字符”/“行”或“厘米”/“磅”。对度量单位的设置可以执行“工具”|“选项”命令，在“选项”对话框“常规”选项卡的“度量单位”下拉列表框中选定，如图 3-8 所示。另外，也可以直接在设置值的同时键入单位即可，如“段前”中键入“0.5 厘米”，即把选中段落的段前间距设置为 0.5 厘米。除此之外，对文档的安全性的设置也是在此设置，比如设置打开文档密码等。

【例 3-2】 已知文档 hello.doc，对文档进行格式设置，要求中文字体为“楷体_gb2312”，西文字体为“Times New Roman”，字号为四号；段落为首行缩进 2 字符，段前 0.5 行，段后 0.5 行，行距为“20 磅”；并且设置该文档的“打开文档密码”为“654321”，“修改文档密码”为“123456”。具体步骤如下：

步骤 1：打开 hello.doc，选中文档内容，执行“格式”|“字体”命令，打开“字体”对话框，参

看图 3-6,按要求设置字体,单击确定按钮。

步骤 2:执行“格式”|“段落”命令,打开“段落”对话框,参看图 3-7,按要求设置段落,单击确定按钮。

步骤 3:执行“工具”|“选项”命令,打开“选项”对话框,选择“安全性”选项卡,如图 3-9 所示。

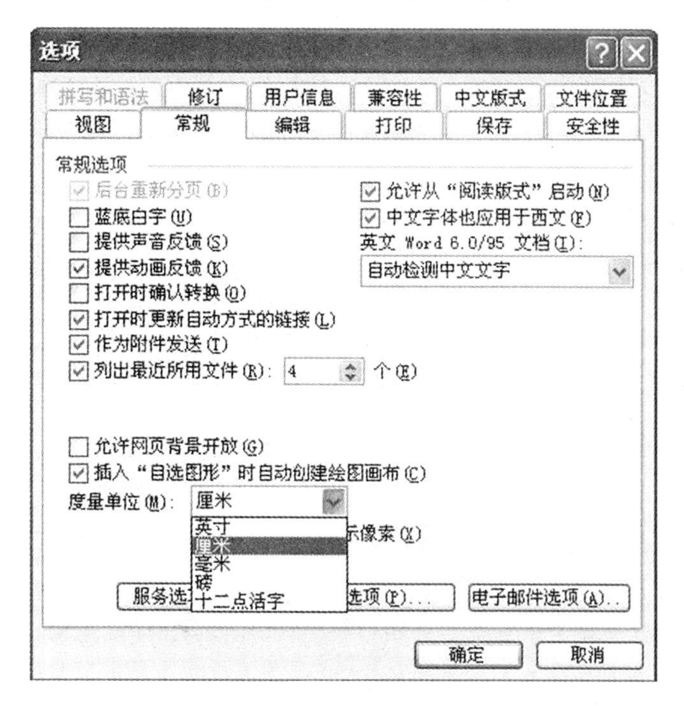

图 3-8 “选项”对话框

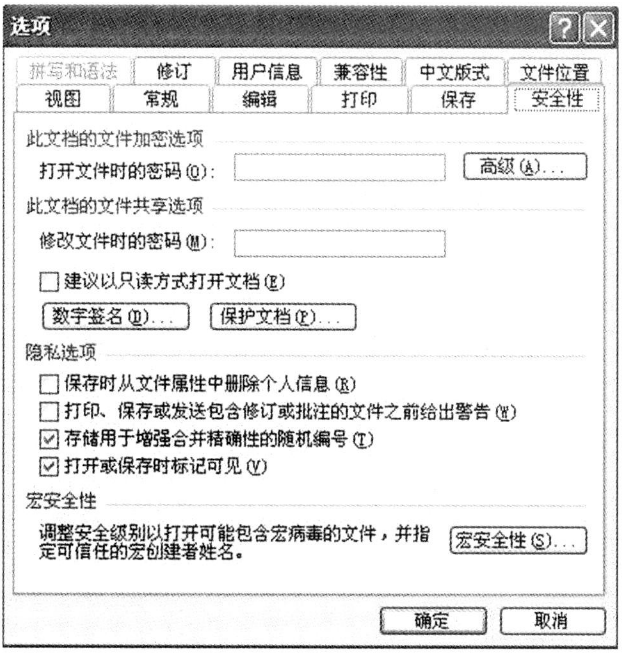

图 3-9 “安全性”选项卡

步骤 4:分别在“打开文件时的密码”处输入“654321”,“修改文件时的密码”处输入“123456”,单击确定按钮。

步骤 5:单击“保存”按钮 即可。

3. 项目符号和段落编号

编排文档时,在某些段落前加上编号或某种特定的符号(称项目符号),可以提高文档的可读性。手工输入段落编号或项目符号不仅效率不高,而且在增、删段落时还需要修改编号顺序,容易出错。在 Word 2003 中,可以在键入时自动给段落创建编号或项目符号,也可以给已键入的各段文本添加编号或项目符号。

(1)在键入文本时,自动创建编号或项目符号

在键入文本时,自动创建编号或项目符号的方法是:在键入文本时,先输入一个星号“*”,后面跟一个空格,然后输入文本。当输入完一段按回车键后,星号会自动改变成黑色圆点的项目符号,并在新的一段开始处自动添加同样的项目符号。这样,逐段输入,每一段前都有一个项目符号,最新的一段前也有一个项目符号。如果要结束自动添加项目符号,可以按 Backspace 键删除插入点前的项目符号,或再按一次回车键。

在键入文本时自动创建段落编号的方法是:在键入文本时,先输入如:“1.”、“(1)”、“一、”等格式的起始编号,然后输入文本。当按回车键时,在新的一段开头处就会根据上一段的编号格式自动创建编号。重复上述步骤,可以对键入的各段建立一系列的段落编号。如果要结束自动创建编号,可以按 Backspace 键删除插入点前的编号,或再按一次回车键即可。在这些建立了编号的段落中,删除或插入某一段落时,其余的段落编号会自动修改,不必人工干预。

(2)对已键入的各段文本添加编号或项目符号

执行“格式”|“项目符号和编号”命令或单击“格式”工具栏中的“项目符号”按钮,给已有的段落添加编号或项目符号。其操作步骤如下:

步骤 1:选定要添加段落编号的各段落。

步骤 2:打开“项目符号和编号”对话框。

步骤 3:在“项目符号和编号”对话框的选项卡中,选择需要添加的选项卡,再选择其中一种样式,如图 3-10 所示,单击“确定”即可。

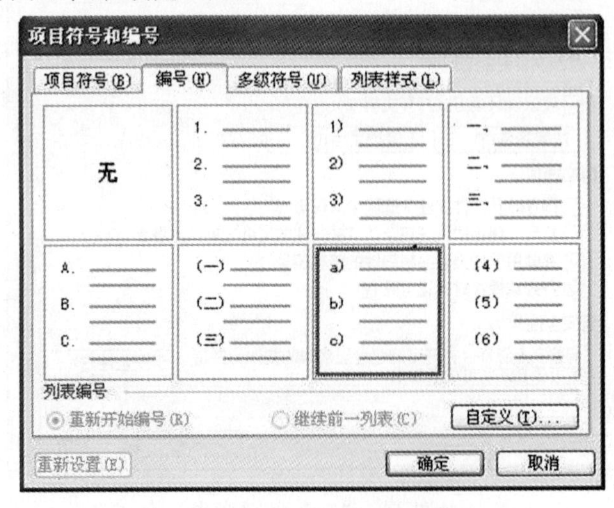

图 3-10 “项目符号和编号”对话框

4. 制表位的设定

按Tab键后,插入点移动到的位置称为制表位。初学者往往用插入空格的方法来达到各行文本之间的列对齐。更加简单的方法是按Tab键来移动插入点到下一制表位,这样很容易做到各行文本的列对齐。Word 2003中,默认制表位是从标尺左端开始自动设置,各制表位间的距离是2.02字符。另外,还提供了5种不同的制表位,可以根据需要选择并设置各制表位间的距离。

【例3-3】 已知一Word文档bh.doc,对其中出现"1、"、"2、"、"3、"的地方进行自动编号,编号格式为"1)"、"2)"、"3)",具体步骤如下:

步骤1:打开文档bh.doc。

步骤2:按住"Ctrl"键不放,选中所有出现"1、"、"2、"、"3、"的段落。

步骤3:放开"Ctrl"键,执行"格式"|"项目符号和编号"命令,打开"项目符号和编号"对话框。

步骤4:打开"编号"选项卡,选中"1)"、"2)"、"3)"格式,单击"确定"按钮。

步骤5:分别删除原有的"1、"、"2、"、"3、"标识。

步骤6:单击"保存"按钮 即可。

3.2.3 版面设计

一篇文档要美观规范,仅仅进行简单的格式化操作是不够的,必须要对文档进行整体的版面设计,通过编排达到文档的整体效果。

一个文档的页面中包含了许多页面元素,具体包括:纸张、页边距、版式、页眉和页脚、页码、文字、图片、标注、书签、目录以及索引等。

1. 页面设置

纸张的大小、页边距确定了可用文本区域。文本区域的宽度是纸张的宽度减去左、右页边距,文本区的高度是纸张的高度减去页上、下边距。版面设计的基本元素如图3-11所示。

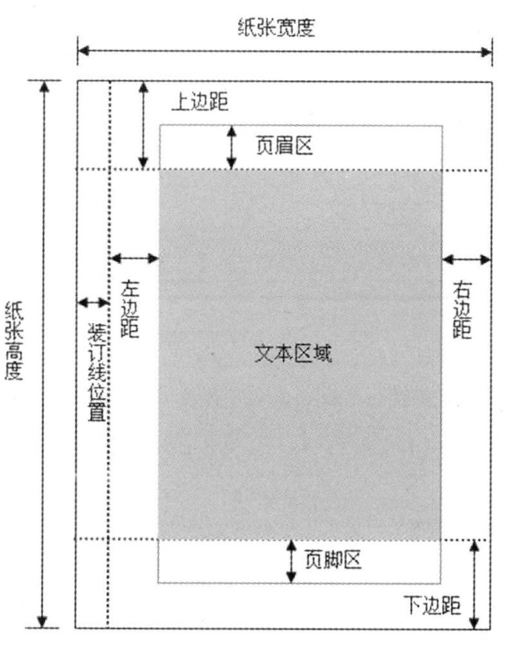

图3-11　版面设计基本元素

文章的页面设置，可以通过执行"文件"|"页面设置"命令，打开"页面设置"对话框。对话框中包含有"页边距"、"纸张"、"版式"和"文档网格"四个选项卡，用来设置纸张类型、页边距和方向等。

(1)页边距设置

在"页边距"选项卡中，如图 3-12 所示，可以设置上、下、左、右页边距和页眉页脚距边界的位置。用户经常需要在页边距上增加额外的空间以便于装订，该空间与页边距之间的分割线被称为"装订线"，它可以在上部，也可以在左侧。

"方向"给出了文档的显示方式：纵向、横向。"页码范围"给出了文档多页时的选项：普通、对称页边距、拼页、书籍折叠页、反向书籍折页，可根据需求选择相应的方式。

"应用于"列表框中可选"本节"、"插入点之后"或"整篇文档"。这是一个经常被用户忽略的功能，但实际应用中却非常实用。在页面设置的各个选项卡中，都有"应用于"列表框，来设置格式的应用位置。

若在文档中选中某些文字再进行页面设置，则"应用于"下拉菜单中会变成"所选文字"、"所选节"、"整篇文档"，选择"所选文字"则可为其设置新的页面参数。

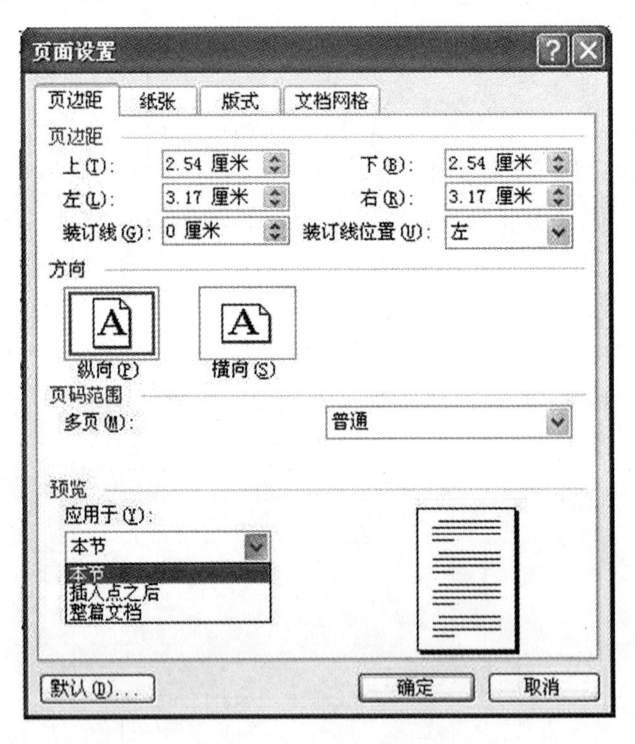

图 3-12 "页边距"选项卡

【例 3-4】 已知一 Word 文档 ymsz.doc，共有 4 页构成，对文档进行页面设置，要求页面方向为横向；页左、右边距为 3.17 厘米，上、下边距为 2.14 厘米；并且在纸上进行拼页打印。具体操作如下：

步骤 1：打开文档 ymsz.doc。

步骤 2：执行"文件"|"页面设置"命令，打开"页面设置"对话框。

步骤 3：把"页边距"选项卡(参看图 3-12)中的"方向"处选中"横向"；"页边距"处的左、

右边距为 3.17 厘米，上、下边距为 2.14 厘米；“页码范围”中的“多页”处选中“拼页”；“应用于”处选中“整篇文档”。

步骤 4：单击“确定”按钮。

步骤 5：单击“保存”按钮 即可。

(2)纸张设置

在“纸张”选项卡可以对纸张大小、纸张来源和应用位置进行设置，如图 3-13 所示。单击“纸张大小”列表框右侧的向下箭头，在其下拉列表框中选取用于打印的纸型，有 A4、B5 等选项，也可以在自定义窗口中键入自己定义的纸张宽度和高度。

纸张的规格不尽相同，其中 A4 规格为 21cm×29.7cm，B5 规格为 17.6cm×25cm，16K 规格为 19.69cm×27.31cm。

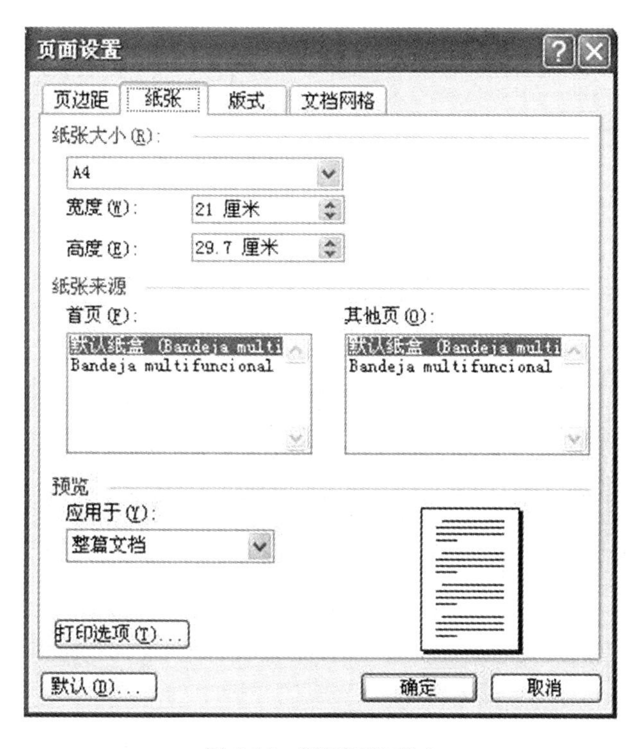

图 3-13 “纸张”选项卡

【例 3-5】 已知 Word 文档 ymsz.doc，对文档进行页面设置，要求页面的纸张类型为 16 开，。具体操作如下：

步骤 1：打开文档 ymsz.doc。

步骤 2：执行“文件”|“页面设置”命令，打开“页面设置”对话框。

步骤 3：把“纸张”选项卡中的“纸张大小”选中“16 开(18.4 厘米×26 厘米)”。

步骤 4：单击“确定”按钮。

步骤 5：单击“保存”按钮 即可。

(3)“版式”设置

在“版式”选项卡中，如图 3-14 所示，我们还可以设置有关页眉和页脚的高度、页面垂直对齐方式、行号、边框等。

在“页眉和页脚”区域，可以设置页眉、页脚为奇偶页不同或首页不同，这样就能对不同页设置不同的页眉或页脚，也可以设置页眉和页脚距边界的尺寸。

注意：是距离页边界的尺寸而不是页眉、页脚本身的尺寸。

在“页面”区域的“垂直对齐方式”下拉列表框中，可以设置4种垂直对齐文本的方式：顶端对齐、居中、两端对齐、底端对齐。

图3-14 “版式”选项卡

【例3-6】 已知Word文档ymsz.doc，对文档进行页面设置，要求页面节的起始位置从奇数页开始，并且奇偶页的页眉不同，页面的垂直对齐方式为底端对齐，并对每行添加行号，每节行号都从1开始。具体操作如下：

步骤1：打开文档ymsz.doc。

步骤2：执行“文件”|“页面设置”命令，打开“页面设置”对话框。

步骤3：在“版式”选项卡中的“节的起始位置”处，选中“奇数页”；“页眉和页脚”处，在“奇偶页不同”前打勾；“页面”区域的“垂直对齐方式”处，选中“底端对齐”。

步骤4：单击“行号”按钮，跳出“行号”对话框，如图3-15所示，在“添加行号”前打勾；“编号方式”处选中“每节重新编号”，单击“确定”按钮，返回“页面设置”对话框。

图3-15 “行号”对话框

步骤5：单击“确定”按钮。

步骤6：单击“保存”按钮即可。

(4)“文档网格”设置

在“文档网格”选项卡中可对页面中的行和字符进行进一步设置，如图3-16所示。在“文字排列”中可以设置文字方向和页面的栏数。

在“网格”中，可选择“只指定行网格”、“指定行和字符网格”、“文字对齐字符网格”。例如：在此选择“指定行和字符网格”，可以设置每行字符数、字符的跨度、每页的行数、行的跨度。字符与行的跨度将根据每行每页的字符数自动调整。

在“文档网格”选项卡的下方有两个按钮，分别是“绘图网格”和“字体设置”。其中“绘图网格”比较实用，如果选中“在屏幕上显示网格线”，则可显示网格效果。网格线作为一种辅助线，能够作为文字或者图形的对齐参照，使得文档整体在设计时更加美观。

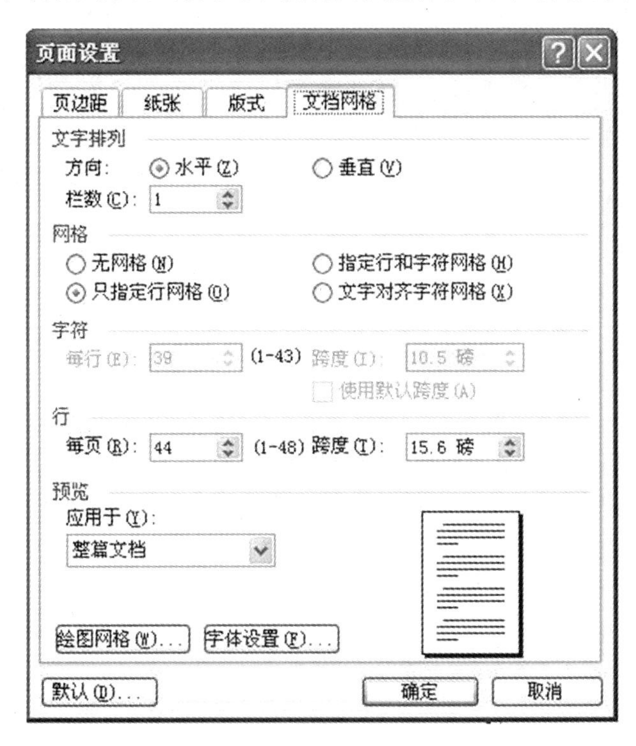

图3-16 “文档网格”选项卡

【例3-7】 已知Word文档hello.doc，共由两节组成，第一页为一节，第二页之后为一节，对此文档进行设置，要求第一页文字方向为竖排文本，上下左右均居中对齐，第二页开始每页行数为38行，每行有35个字符。具体步骤如下：

步骤1：打开文档hello.doc。

步骤2：光标放在第一页，执行“文件”|“页面设置”命令，打开“页面设置”对话框。

步骤3：在“文档网格”选项卡中的文字排版处，选中“垂直”；“应用于”处，选中“本节”；在“页边距”选项卡中的“方向”处，选中“纵向”。

步骤4：单击“确定”按钮。

步骤5：光标放在第二页，执行“文件”|“页面设置”命令，打开“页面设置”对话框。

步骤6：在“文档网格”选项卡的“网格”处，选中“指定行和字符网格”；在“字符”处“每行”后面输入“35”，在“行”处“每页”后面输入“38”；“应用于”处选择“插入点之后”。

步骤7：单击“确定”按钮。

步骤8：单击“保存”按钮 即可。

2. 分隔设置

在 Word 2003 中，文字和标点符号组成了段落，一个或者多个段落组成了页面和节。Word 2003 为段落与段落的分隔提供了换行符，为页面与页面的分隔提供了分页符，为节与节的分隔提供了分节符，还提供了分栏符来对页面进行分栏操作，以完成不同的排版要求。

(1)分节

在建立新文档时，Word 2003 将整篇文档默认为一节，在同一节中只能应用相同的版面设计。为了版面设计的多样化，可以将文档分隔成任意数量的节，用户可以根据需要为每节设置不同的格式。那么，"节"是什么？"节"其实是一篇文档版面设计的最小单位，可为节单独设置页边距、纸型或方向、页码、行号等多种格式类型。"节"通常用"分节符"来表示，在"普通"视图方式下，分节符是两条水平的虚线，Word 2003 会自动把当前节的页边距、页眉和页脚等被格式化了的信息保存在分节符中。执行"插入"|"分隔符"命令，打开"分隔符"对话框，如图 3-17 所示。在"分隔符"对话框的"分节符类型"区域，提供了 4 种不同类型的分节符，用户可以根据需要选择分节符类型：

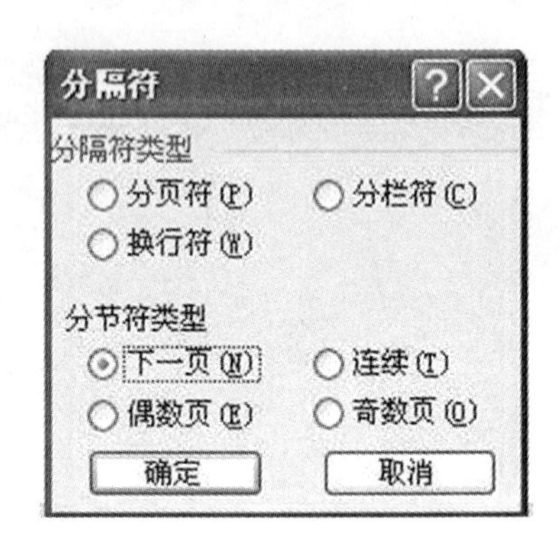

图 3-17 "分隔符"对话框

- 下一页：表示在当前插入点处插入一个分节符，新的一节从下一页开始。
- 连续：表示在当前插入点处插入一个分节符，新的一节从下一面开始。
- 偶数页：表示在当前插入点插入一个分节符，新的一节从偶数页开始，如果这个分节符已经在偶数页上，那么，下面的奇数页是一个空页。
- 奇数页：表示在当前插入点插入一个分节符，新的一节从奇数页开始，如果这个分节符已经在奇数页上，那么，下面的偶数页是一个空页。

如果需要单独调整某些文字或者段落的页面格式，也可以先在文档中选取这些文字，再在"页面设置"中完成相关设置，并在"应用于"对话框中选中"所选文字"即可。

【例 3-8】 已知 Word 文档 fj. doc，共有 6 页组成，对该文档进行分节处理，要求，第 1、2 页为一节，3、4 页为一节，5、6 页为一节，使用"下一页"分节符类型即可。具体步骤如下：

步骤 1：打开文档 fj. doc。

步骤 2：把光标放在第 2 页最后，执行"插入"|"分隔符"命令，打开"分隔符"对话框，在"分节符类型"处选中"下一页"，并单击"确定"按钮。

步骤 3：把光标放在第 4 页最后，执行"插入"|"分隔符"命令，打开"分隔符"对话框，在"分节符类型"处选中"下一页"，并单击"确定"按钮。

步骤 4：单击"保存"按钮 即可。

(2)改变分隔符类型

在版面设计的过程中，有时会根据需要改变分隔符的类型，在"页面设置"对话框的"版式"选项卡中，可以更改分节符类型，如图 3-18 所示。

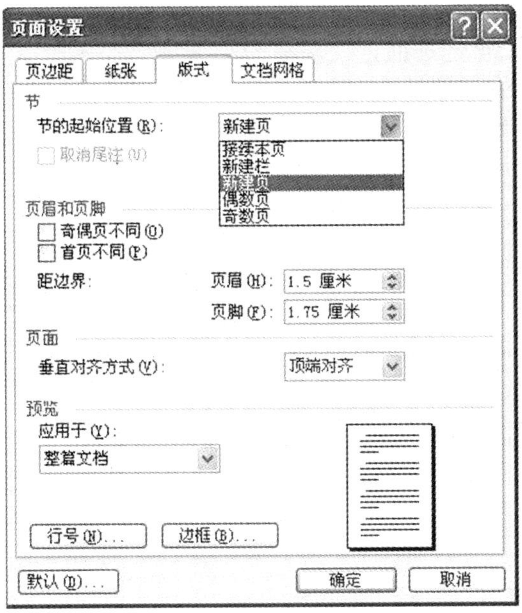

图 3-18 节的起始位置设置

【例 3-9】 把例题 3-8 中的 4、5 页之间的分隔符类型改为奇数页。

步骤 1：打开文档 fj.doc。

步骤 2：把光标放在第 4 页最后，执行“文件”|“页面设置”命令，在“页面设置”对话框的“版式”选项卡中的“节的起始位置”处选中“奇数页”，“应用于”处选中“插入点之后”，并单击“确定”按钮。

步骤 3：单击“保存”按钮 即可。

(3)分栏

对文档进行分节后，用户就可以在不同的节中设置不同的分栏效果了。为文档正文分栏的具体步骤如下：

步骤 1：将插入点定位在文档正文中需要分页的任意位置。

步骤 2：执行“格式”|“分栏”命令，打开“分栏”对话框，如图 3-19 所示。

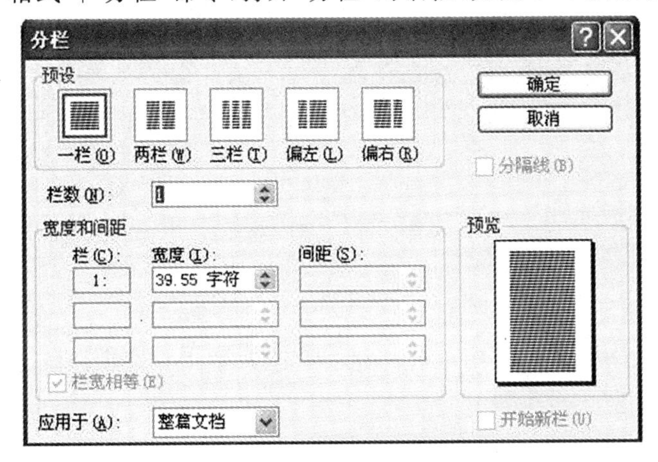

图 3-19 “分栏”对话框

步骤3:在“预设”选项区域中选中相应的选项。

步骤4:选中“栏宽相等”复选框,在“宽度”文本框中选择或输入数值17.78字符,此时,“间距”文本框中的数值会自动地变为4.02字符。

步骤5:选中“分隔线”复选框。

步骤6:在“应用于”下拉列表中选择“本节”。

步骤7:单击“确定”按钮。

技巧:使用“常用”工具栏中的“分栏”按钮可以快速建立宽度相同的栏,如图3-20所示。具体步骤如下:

步骤1:将鼠标定位在文档的任意位置,如果文档进行了分节,表示对当前节进行分栏;如果没有分节,表示对整篇文档分栏。

步骤2:单击“常用”工具栏上的“分栏”按钮,出现栏数列表。

步骤3:拖动鼠标选择所需的栏数,如果列表中的栏数不能满足要求,在窗口中继续拖动鼠标直至栏数符合要求,选中符合要求的栏数后松开鼠标即可。

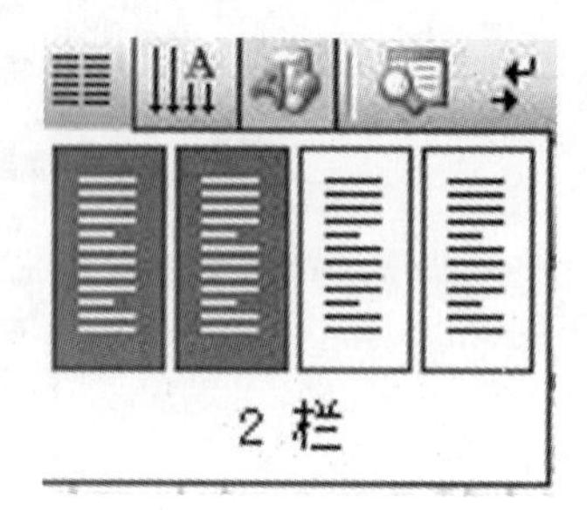

图3-20 “分栏”图标

3. 页眉和页脚

在书籍、杂志或各种论文的每页上方基本会有章节的标题等,这些就是页眉;下方则会有页码等,这些就是页脚。在分节后的文档页面中,可以对节进行个性化的页眉页脚设置。例如:在封面、目录页脚处不插入页码,从正文起始页开始插入页码等。这些可以通过“插入”菜单下的页码、日期和时间等完成,也可以手动输入完成,还可以通过插入“域”的方式完成,域在以后的内容中会详细讲解。

(1)创建页眉和页脚

执行“视图”|“页眉和页脚”命令,系统会自动切换至“页面视图”,文档中的文字会全部变暗,并以虚线框标出页眉区和页脚区,在屏幕上显示“页眉和页脚”工具栏,如图3-21所示。其中“插入自动图文集”中的内容包含创建日期、作者等,如图3-22所示。

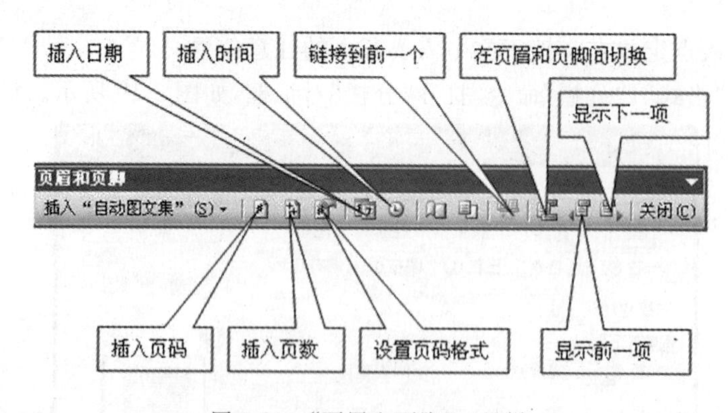

图3-21 “页眉和页脚”工具栏

【例3-10】 已知Word文档fj.doc,共有6页组成,要求在页脚处插入页码“第X页　共Y页”,并居中显示。具体步骤如下:

步骤1:打开文档fj.doc。

步骤2:执行"视图"|"页眉和页脚"命令,跳出"页眉和页脚"工具栏。

步骤3:单击"页眉和页脚"工具栏中的"在页眉和页脚间切换"图标 ,切换到页脚区域。

步骤4:打开"页眉和页脚"工具栏中的插入"自动图文集"菜单,选中其中的"第X页共Y页",单击工具栏中的"居中"按钮 。

步骤5:单击"保存"按钮 即可。

(2)奇偶页不同设置

有时不同的页面需要设置不同的页眉或页脚,将如何实现?

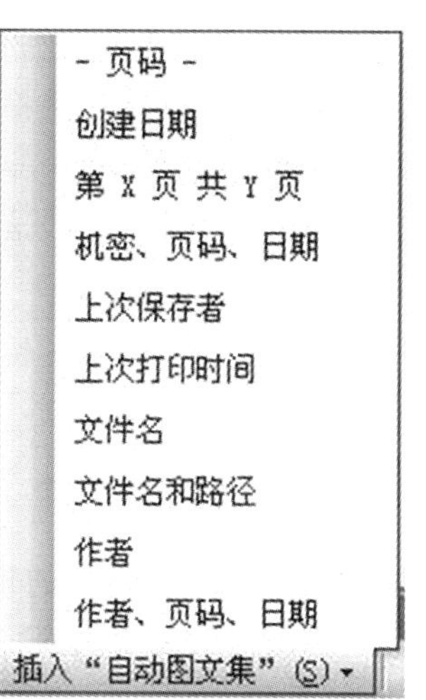

图3-22 插入"自动图文集"选项卡

【例3-11】 一篇毕业论文lw.doc中,要求奇数页的页眉为学校名称"浙江农林大学",偶数页的页眉为论文名称"中小企业信息化建设的风险管理和应对研究"。具体步骤如下:

步骤1:打开lw.doc。

步骤2:打开"页面设置"对话框。

步骤3:选中"版式"选项卡(见图3-14)。

步骤4:在"页眉和页脚"处选中"奇偶页不同",单击"确定"按钮。

步骤5:执行"视图"|"页眉和页脚"命令。

步骤6:分别在奇数页页眉处输入学校名称"浙江农林大学",偶数页页眉处输入论文名称"中小企业信息化建设的风险管理和应对研究"。

步骤7:单击"保存"按钮 即可。

(3)分节文档的页眉和页脚设置

在需要为文档的不同章节设置不同的页眉和页脚时,需要先将文档进行分节处理,分节后的文档的页眉和页脚设置更为灵活。

【例3-12】 一篇毕业论文lw.doc中,前3页的页脚没有,之后的页脚为数字格式的页码,并居中显示,这些将如何实现?具体操作步骤如下:

步骤1:打开lw.doc。

步骤2:把光标放在第3页最后面,插入分页符。

步骤3:执行"视图"|"页眉和页脚"命令。

步骤4:将光标放在第4页的页脚处,并单击"链接到前一个按钮",使得"与前一节相同"字样消失。

步骤5:光标位置不动,执行"插入"|"页码"命令,打开"页码"对话框,并在"对齐方式"处选中"居中",单击"确定"按钮。

步骤6:单击"保存"按钮 即可。

(4)使用"域"插入页眉和页脚

域是引导Word 2003在文档中自动插入文字、图形、页码等的一组代码,关于域的使用将在后面的内容中详细介绍。

3.3 样式设置

样式是存储在 Word 2003 中的一级段落或字符的格式化指令。Word 2003 中的样式分为字符样式和段落样式。

字符样式是指用样式名称来标识字符格式的组合。字符样式只作用于段落中选定的字符,如果要突出段落中的部分字符,那么可以定义和使用字符样式。字符样式只包含字体、字形、字号、字符颜色等字符格式的信息。

段落样式是指用某一个样式名称保存的一套段落格式,一旦创建了某个段落样式,就可以为文档中的一个或几个段落应用该样式。段落样式包括段落格式、制表符、边框、图文框、编号、字符格式等信息。

样式不仅可以规范全文格式,更与文档大纲逐级对应,可由此创建题注、注释、页码的自动编号、文档的目录、索引等。

3.3.1 样式

样式是指一组已命名的格式组合,即用来修饰某一类段落的参数组合。当用户将一种样式应用于某些段落或字符时,系统会快速完成段落后字符的格式编排。使用样式的方式有两种,具体如下:

1. 利用样式列表使用样式

在使用样式时,同样可以利用样式列表使用样式,首先将鼠标定位在标题上,单击"格式"工具栏中的样式组合框 正文 + 首行 右侧的下三角箭头,出现一个样式列表,在样式列表中单击所需样式即可。

2. 利用"样式和格式"任务窗格使用样式

Word 2003 的"样式和格式"任务窗格提供了方便地使用样式的用户界面,如图 3-23 所示。

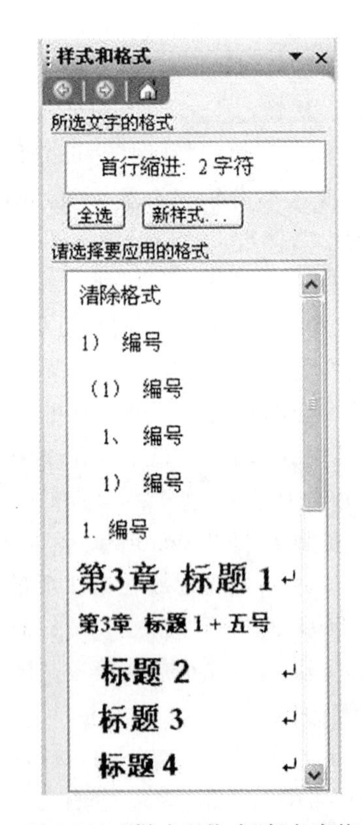

图 3-23 "样式和格式"任务窗格

在"样式和格式"任务窗格中,可以完成多种操作,具体如下:

(1)创建样式

Word 2003 提供了许多常用的样式,如正文、脚注、各种标题、索引、目录、行号等,对于一般的文档这些内置样式还是能够满足需要的,但在编辑一篇复杂的文档时,这些内置的样式显然捉襟见肘,用户可以自己定义新的样式来满足特殊排版格式的需要。

【例 3-13】 在编辑文档时经常要使用到一种落款的段落样式,为了提高文档的编辑效率,用户可以创建一个"落款"的新样,要求字体为楷体,字号为小四,颜色为红色;段落为首行缩进 2 字符,段前 1 行。具体步骤如下:

步骤1:执行“格式”|“样式和格式”命令,打开“样式和格式”任务窗格,在任务窗格中单击“新样式”按钮,打开“新建样式”对话框,如图3-24所示。

步骤2:在“属性”区域的“名称”文本框中,输入“落款”,在“样式类型”的下拉列表框中,选择“段落”,在“样式基于”的下拉列表框中,选择“正文”,在“后续段落样式”的下拉列表框中,选择“正文”。

步骤3:单击“格式”按钮弹出一个菜单,在菜单中单击“字体”选项,打开“字体”对话框,选择“字体”选项卡,如图3-6所示。

步骤4:在“中文字体”列表中,选择“楷体_GB2312”,在“字形”列表中,选择“常规”,在“字号”列表中,选择“小四”,在“字体颜色”下拉列表中,选择“红色”,单击“确定”按钮,返回到“新建样式”对话框。

步骤5:再次单击“格式”按钮,在弹出的菜单中,单击“段落”选项,打开“段落”对话框,如图3-7所示。

步骤6:在“特殊格式”处选中“首行缩进”,后面选中“2字符”;在“间距”区域的“段前”文本框中选择或输入1行,单击“确定”按钮,返回到“新建样式”对话框,单击“确定”按钮,新创建的样式已经出现在“样式和格式”任务空格中了。

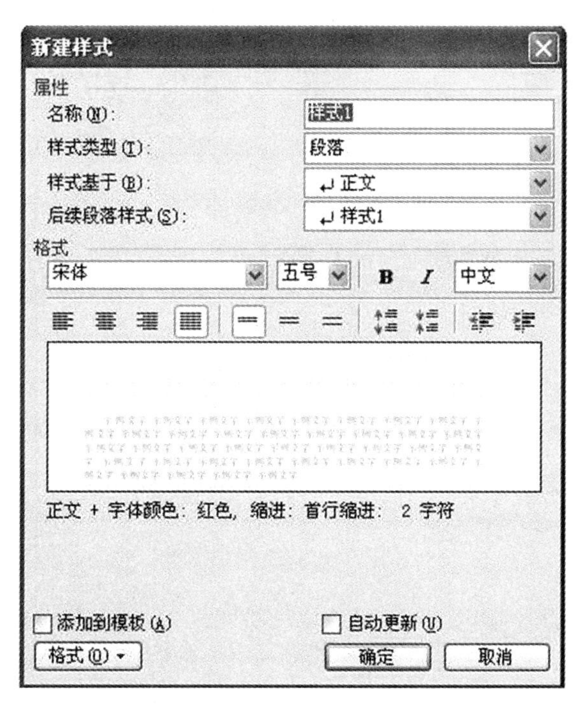

图3-24 “新建样式”对话框

提示:所谓基准样式(样式基于),就是新建样式在其基础上进行修改的样式,后续段落样式就是应用该段落样式后面段落默认的样式。如果创建的样式的格式较为简单,用户可以直接在“新建样式”对话框的“格式”区域进行设置。

(2)修改样式

如果用户对已有的样式不满意,可以对它进行修改,对于内置样式和自定义样式都可以进行修改,修改样式后,Word 2003会自动使文档中使用这一样式的文本格式都进行相应的改变。

【例 3-14】 在文档 lw. doc 中，对已有的样式“标题 1”进行修改，对“标题 1”样式进行居中，并添加多级符号，格式为“第 X 章”，其中 X 为阿拉伯数字的 1、2、3 格式。具体步骤如下：

步骤 1：在 lw. doc 文档中执行“格式”|“样式和格式”命令，打开“样式和格式”任务窗格，在“请选择要应用的格式”列表中，单击“标题 1”样式右侧的下三角箭头，弹出一个菜单，如图 3-25 所示。

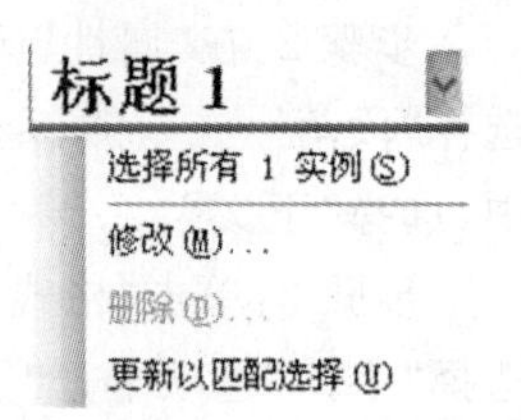

图 3-25　下拉箭头选项

步骤 2：在菜单中单击“修改”选项，打开“修改样式”对话框，如图 3-26 所示。

步骤 3：在“修改样式”对话框中单击“格式”按钮，弹出一个菜单，在菜单中单击“编号”，打开“项目符号和编号”对话框，如图 3-10所示。

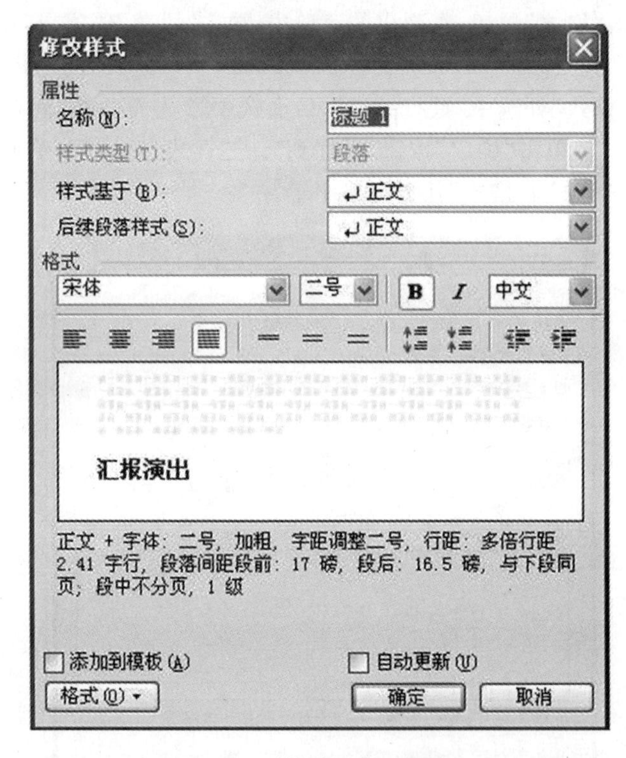

图 3-26　“修改样式”对话框

步骤 4：单击“多级符号”选项卡，在设置区域中首先单击最后一个按钮，然后单击“自定义”按钮，在“编号样式”处选中“1，2，3，…”，单击“确定”按钮，返回“项目符号和编号”对话框。

步骤 5：单击“确定”按钮，返回“修改样式”对话框，在“修改样式”对话框中的“格式”处选中居中按钮，单击“确定”按钮。

第1章　标题 1↵

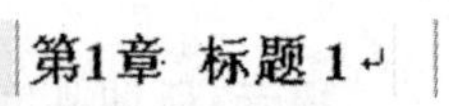

图 3-27　“标题 1”样式修改后

修改标题 1 样式后，在“请选择要应用的格式”列表中的标题 1 格式会发生相应的变化，并且修改的样式自动替换原来的样式，如图 3-27 所示。

技巧：用户在进行排版时，如果发现某样式不符合文档的要求，用户也可以直接在文档中对样式进行修改，例如，在例题 3-14 中，文档中已经应用了修改后的“标题 1”的样式后，发

现该样式不大符合文档的要求，需要字体是“黑体”，此时，可以在文档中直接对它进行修改，具体步骤如下：

步骤1：首先选中应用了“标题1”样式的标题，此时，在“样式和格式”任务窗格中的“请选择所用样式”列表中的“标题1”样式周围有一蓝色边框来突出显示。

步骤2：在“格式”工具栏“字体”组合框的下拉列表中，选择“黑体”，单击“居中”按钮。

步骤3：此时，用户会发现在“样式和格式”任务空格中的“请选择所用样式”列表中出现了两种新样式，如图3-28所示。

步骤4：单击“标题1”样式右侧的下三角箭头，出现一个菜单(见图3-25，单击“更新以匹配选择”选项，则“标题1”样式被更新，新出现的两种样式同时在任务窗格中消失，变成新的更改为“黑体”后的样式，如图3-29所示，并且文中所有用到“标题1”样式的段落都会同步更改为更新后的新样式。

图3-28 两种新样式

第1章 标题 1

图3-29 全文匹配后样式

(3)删除样式

为了使文档更加美观，用户在编辑文档时创建了许多的样式，样式列表一拉一长串，如不进行有效的管理，恐怕使用起来更麻烦。下面就介绍一下如何对样式进行有效的管理，使样式真正能够方便自己。

没用的样式用户是没必要留它的，删除无用的样式使样式列表不再臃肿是最佳的选择，在删除样式时系统内置的样式是不能被删除的，只有用户自己创建的样式才可以被删除。

删除样式的具体步骤如下：

步骤1：执行“格式”|“样式和格式”命令，打开“样式和格式”任务窗格。

步骤2：在任务窗格中，单击要删除样式右侧的下三角箭头，在下拉菜单中单击“删除”命令。

步骤3：此时，系统将弹出“警告”对话框，单击“是”按钮，则样式被删除，它将从样式列表中消失。

3.3.2 文档注释与交叉引用

Word 2003 提供了脚注、尾注、题注等文档注释方式，用户可以轻易地为文章中的内容添加注解。

脚注一般作为文档中某些字符、专有名词或术语的注释；而尾注则是置于文档的结尾，可用于列出参考文献等。

题注主要是针对文字、表格和图形的混合编排的大型文稿。题注一般设定在对象的上下两边，给对象添加带编号的注释说明。

一旦对文档内容添加了带有编号或符号项的注释内容，相关正文内容就需要设置引用说明，以保证注释与文字的对应关系，这一引用关系称为交叉引用。

1. 脚注和尾注

脚注和尾注都不是文档的正文，但它们仍然是文档的一个组成部分，都起到对文档补充说明的作用。脚注一般出现在每一页的末尾，而尾注一般出现在整篇文档的结尾处。脚注和尾注都包含两个部分：注释标记和注释文本。注释标记出现在正文文本中，一般是一个上角标记字符，用来表示脚注或尾注的存在，注释详细的注释正文部分。

(1)添加脚注和尾注

在 Word 2003 中，用户可以很方便地为文档添加脚注和尾注，方法相同。

【例 3-15】 在文档 Photoshop. doc 中，对文档中首次出现"Photoshop"的地方添加脚注"Photoshop 是一款图像处理软件"。具体步骤如下：

步骤 1：选中文档中首次出现"Photoshop"的地方。

步骤 2：执行"插入"|"引用"|"脚注和尾注"命令，如图 3-30 所示，出现"脚注和尾注"对话框，如图 3-31 所示。

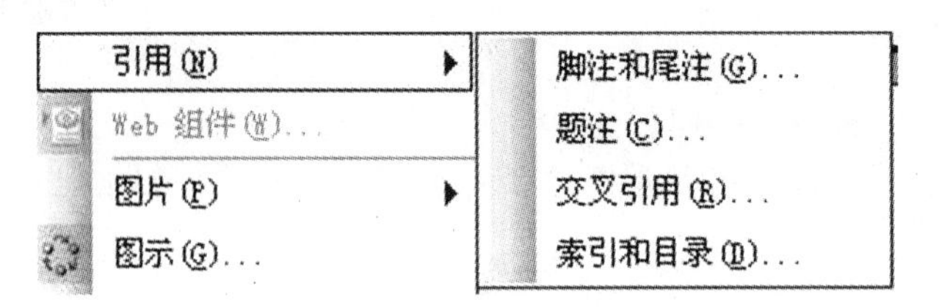

图 3-30 "引用"子菜单

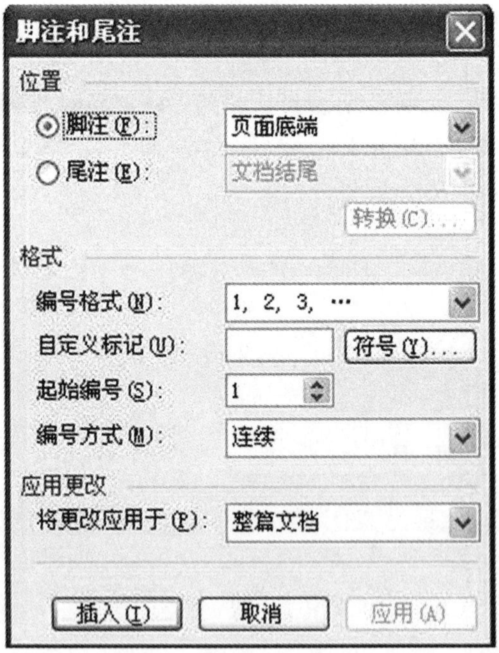

图 3-31 "脚注和尾注"对话框

步骤 3：在"位置"区域，选择"脚注"单选按钮，在后面的下拉列表中，选择"页面底端"，在"格式"区中的"编号格式"下拉列表中，选择一个编号格式，在"起始编号"栏中，输入起始的编号，在"编号方式"列表中，选择"连续"。

步骤 4：单击"插入"按钮，即可在插入点位置插入脚注标记，光标自动跳转至脚注编辑区，在编辑区输入"Photoshop 是一款图像处理软件"。

步骤 5:单击“保存”按钮 即可。

(2)移动、删除脚注和尾注

在插入脚注或尾注时,如果不小心把脚注或尾注插错了位置,用户可以使用移动脚注或尾注位置的方法来改变脚注或尾注位置。移动脚注或尾注中需用鼠标选定要移动的脚注或尾注的注释标记,并将它拖动到所需的位置即可。

删除脚注或尾注只要选定需要删除的脚注或尾注的注释标记,然后按“Delete”键即可。进行移动或删除操作后,Word 2003 都会自动重新调整脚注或尾注的编号。例如:删除了编号为 1 的脚注,无需手动调整编号,Word 2003 会自动将 1 以后的所有脚注的编号前移一位。

(3)查看和修改脚注和尾注

若要查看脚注或尾注,只要把鼠标指向要查看的脚注或尾注的注释标记,页面中将出现一个文本框显示注释文本的内容。

修改脚注和尾注的注释文本都需要在脚注、尾注区进行,选择“视图”菜单中的“脚注”命令,打开“查看脚注”对话框,在对话框中,选择要查看的注释区,单击“确定”按钮即可进入相应的脚注或尾注区,然后,用户就可以对它们进行修改了。

提示:如果文档中只包含脚注或尾注,在执行“视图”|“脚注”命令后,即可直接进入脚注区或尾注区。

(4)转换脚注和尾注

脚注和尾注之间可以互相转换。例如将在示例文档中插入的脚注转化为尾注,具体步骤如下:

步骤 1:执行“插入”|“引用”|“脚注和尾注”命令,弹出“脚注和尾注”对话框。

步骤 2:在对话框中,单击“转换”按钮,弹出“转换注释”对话框。

步骤 3:在对话框中,选择“脚注全部转换成尾注”单选按钮。

步骤 4:单击“确定”按钮,返回“脚注和尾注”对话框,单击“关闭”按钮。

2. 题注和交叉引用

题注是添加到表格、图表、公式或其他项目上的编号标签,比如“图 1-1”、“表 2-3”等。当用户在文档中插入表格、图表或其他项目时可以利用题注对其进行添加标注。交叉引用是对文档其他内容的引用,比如“请参阅图 1-1”,用户可以利用标题、脚注、书签、题注等创建交叉引用。

(1)添加题注

在图文混排的文档中,用户难免要对表格、图片等内容添加标注,例如,在示例文档 lw.doc 中,用户要为表格和图片添加标注,用户可以利用 Word 2003 的题注功能来完成,并且 Word 2003 还可以自动地为题注添加编号。

1)为图片添加题注

【例 3-16】 下面给示例文档 Photoshop.doc 中的图片添加题注,在图片下方为图片添加题注,题注格式为“图 x-y * * * *”,其中 x 为章序号,“* * * *”为题注内容,按需要填写,并居中显示。具体操作如下:

步骤 1:在文档中单击图片,选中图片。

步骤 2:执行“插入”|“引用”|“题注”命令,打开“题注”对话框,如图 3-32 所示。

步骤 3:单击“新建标签”按钮,打开“新建标签”对话框,如图 3-33 所示。

步骤4:在“标签”文本框中输入标签的名称“图”,单击“确定”按钮,关闭该对话框,返回到“题注”对话框,此时,在“题注”对话框的“标签”文本中即可看到刚才创建的标签。

步骤5:单击“编号”按钮,打开“题注编号”对话框,如图3-34所示,在“格式”下拉列表中设置编号的格式,在这里选择“1,2,3,…”,在“包含章节号”前打勾。

步骤6:设置完成后,单击“确定”按钮,关闭该对话框,返回到“题注”对话框。

步骤7:在“题注”对话框的“题注”文本框中会自动出现“图1-1”文本,在该文本的后面输入相应的题注内容,例如“Photoshop界面图”,在“位置”下拉列表中选择“所选项目下方”选项。

步骤8:设置完成后,单击“确定”按钮,在图片下方便添加了题注“图1-1　Photoshop界面图”。

步骤9:光标放在题注行,选择“格式”工具栏中的居中按钮。

步骤10:选中其他各图,分别重复上述步骤2、7、8、9,步骤7中的题注内容需根据图片需要进行修改。

2)为表格添加题注

【例3-17】 下面给示例文档Photoshop.doc中的表格添加题注,在表格上方为表格添加题注,题注格式为“表x-y＊＊＊＊”其中x为章序号,“＊＊＊＊”为题注内容,按需要填写,并居中显示。具体步骤如下:

步骤1:选中需要添加题注的表格。

步骤2:执行“插入”|“引用”|“题注”命令,打开“题注”对话框,如图3-32所示。

图3-32　“题注”对话框

步骤3:单击“新建标签”按钮,在“标签”文本框中输入标签的名称“表”,单击“确定”按钮,返回到“题注”对话框,此时,在“题注”对话框的“标签”文本中即可看到刚才创建的标签。

步骤4:单击“编号”按钮,打开“题注编号”对话框,在“格式”下拉列表中设置编号的格式,在这里选择“1,2,3,…”,在“包含章节号”前打勾。

步骤5:设置完成后,单击“确定”按钮,关闭该对话框,返回到“题注”对话框。

步骤6:在“题注”对话框的“题注”文本框中会自动出现“表1-1”文本,在该文本的后面输入相应的题注内容,例如“工资表”,在“位置”下拉列表中选择“所选项目上方”选项。

步骤7:设置完成后,单击“确定”按钮,在图片上方便添加了题注“表1-1　工资表”。

步骤8:光标放在题注行,选择“格式”工具栏中的居中按钮

步骤9:选中其他各表,分别重复上述步骤2、6、7、8,步骤6中的题注内容需根据表格需

要进行修改。

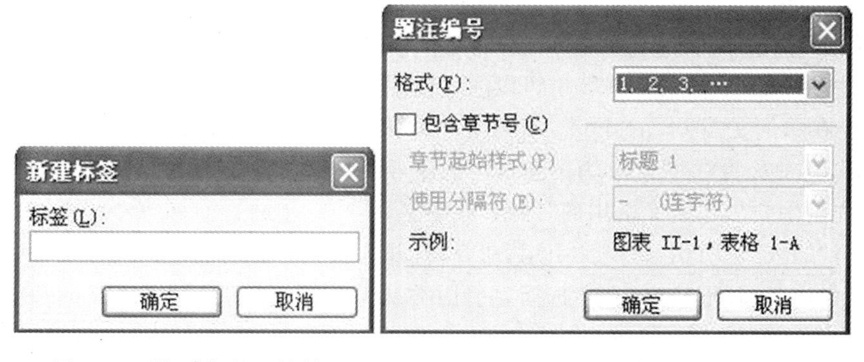

图 3-33　“新建标签”对话框　　　　图 3-34　“题注编号”对话框

提示:使用手工创建题注用户需要对每一个需要添加题注的图片、表格等项目逐一添加,Word 2003 还提供了自动插入题注的功能,用户在插入表格和图片前,首先设置题注的格式和样式,然后 Word 2003 会按照要求自动添加题注。具体步骤如下:

步骤 1:执行“插入”|“引用”|“题注”命令,打开“题注”对话框。

步骤 2:在对话框中单击“自动插入题注”按钮,打开“自动插入题注”对话框,如图 3-35 所示。

图 3-35　“自动插入题注”对话框

步骤 3:在“插入时添加题注”列表框中,选择希望自动添加题注的项目类型,例如选择“Microsoft Word 表格”。

步骤 4:在“选项”区域对要自动添加的题注进行设置。

步骤 5:单击“确定”按钮,这样每次在文档中插入表格时,Word 2003 都会自动为它添加题注。

注意:设置自动添加题注必须要在插入图、表之前,如果文档中已插入了某些图、表,则再设置自动添加题注后,只会对后面插入的图、表自动添加,前面已有的那些图、表则需手动一个一个添加。

(2)添加交叉引用

在文档的组织过程中,为了保持文档的条理性和有序性,有时会在文中的不同地方引用文档中其他位置的内容,在 Word 2003 中可以通过使用交叉引用的功能来实现这种引用。

【例 3-18】 在示例文档 Photoshop. doc 中的"如下图所示"的位置添加交叉引用,改为"如图 x-y 所示",其中 x 为章序号,y 为图在章中的序号。具体步骤如下:

步骤 1:首先选中要创建交叉引用的"下图"二字。

步骤 2:执行"插入"|"引用"|"交叉引用"命令,打开"交叉引用"对话框,如图 3-36 所示。

步骤 3:在"引用类型"下拉列表中,选择要引用类型为"图",在"引用内容"下拉列表中,选择要引用的具体内容为"只有标签和编号",在"引用哪一个题注"列表框中,选择相应的题注,选中"插入为超链接"复选框。

步骤 4:单击"插入"按钮,Word 2003 即可在指定的位置插入交叉引用。

步骤 5:单击"关闭"按钮,关闭"交叉引用"对话框。

将鼠标移至插入交叉引用的位置,将会出现如图 3-37 所示的屏幕提示,如果按下 Ctrl 键不放,然后将鼠标移到插入的交叉引用内容的位置,鼠标会变成小手状,此时单击鼠标,Word 2003 即可自动定位到被引用的项目所在的位置。

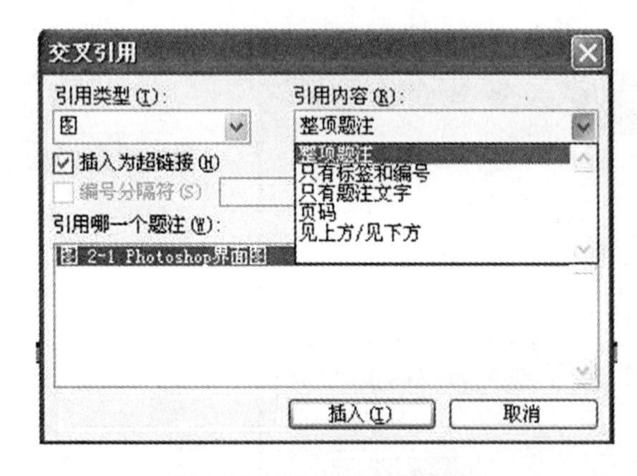

图 3-36 "交叉引用"对话框

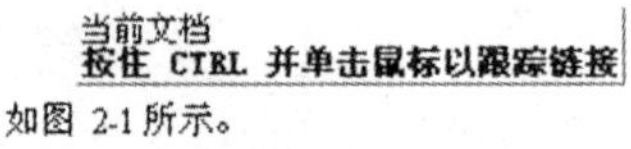

当前文档
按住 CTRL 并单击鼠标以跟踪链接
如图 2-1 所示。

图 3-37 "交叉引用"示例

提示:如果想要删除插入的交叉引用,只需在文档中直接删除插入的交叉引用部分的内容即可。

3.3.3 目录和索引

当用户浏览一篇文档时,如果有一个目录,用户将会很快知道自己要找的东西在哪里,从而节省查找的时间。目录的功能就是列出文档中各级标题以及各级标题所在的页码,通过目录,用户可以对文章的大致纲要有所了解。

1. 提取目录

Word 2003 具有自动编制目录的功能,对于一篇章节标题规范的文档可以从文档中把目录提取出来,提取出来的目录可以根据不同的需要插在不同的地方。

使用提取目录的前提条件是,对文档已经进行了样式设置,各种级别的样式已经设置完整。

【例3-19】 在示例文档 Photoshop.doc 的第一页插入一个目录。具体步骤如下：

步骤1：将插入点定位在文档的头部，执行“插入”|“分隔符”命令，打开“分隔符”对话框。

步骤2：在“分节符类型”区域选中“下一页”单选按钮，单击“确定”按钮，在文档的前面插入新的一页，并且把光标放在新的一页上，并输入“目录”二字。

步骤3：执行“格式”|“索引和目录”命令，在打开的“索引和目录”对话框中选择“目录”选项卡，如图3-38所示。

步骤4：在“格式”下拉列表中选择目录的格式为“来自模板”，用户可以在“打印预览”框中看到该格式的目录效果。

步骤5：在“显示级别”文本框中指定目录中显示的标题层数为“3”。

步骤6：选中“显示页码”复选框，在目录每一个标题的后面显示页码。

步骤7：选中“页码右对齐”复选框，让目录中的页码右对齐。

步骤8：在“制表符前导符”下拉列表框中，指定标题与页码之间的分隔符。

步骤9：单击“确定”按钮，目录将被提取出来并插入到文档中。

步骤10：单击“保存”按钮 即可。

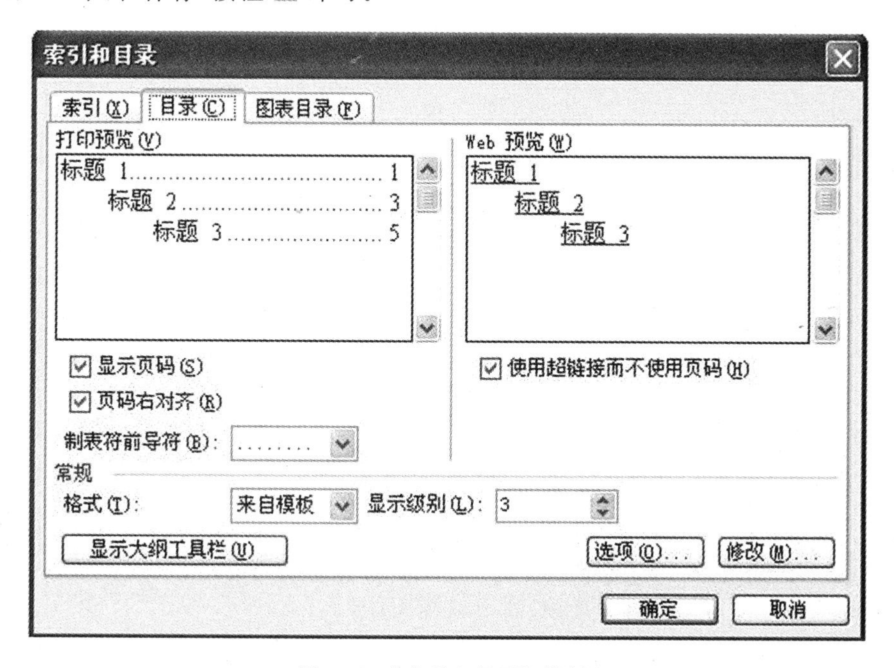

图3-38 “索引和目录”对话框

2. 修改目录

如果用户认为上面提取出的目录格式太单一，可以在提取目录时对目录的格式进行修改。具体步骤如下：

步骤1：将插入点定位在刚提取出的目录的后面。

步骤2：执行“插入”|“引用”|“索引和目录”命令，在打开的“索引和目录”对话框中选择“目录”选项卡。

步骤3：在“格式”列表中选择“来自模板”，然后单击“修改”按钮，出现“样式”对话框，如图3-39所示。

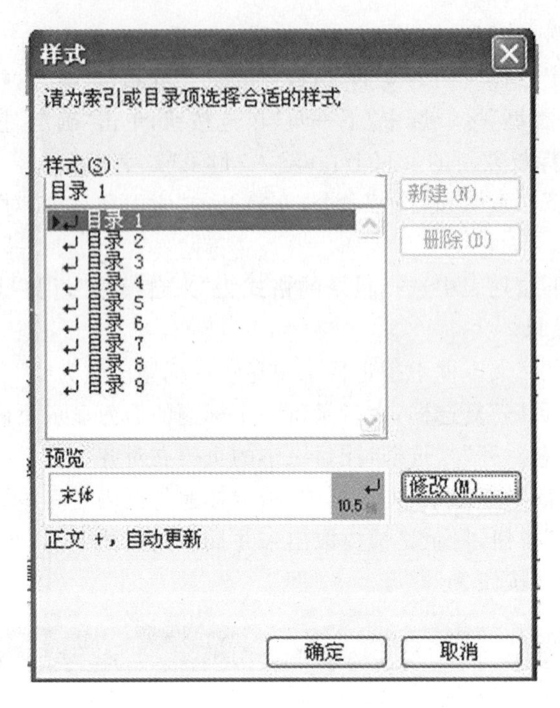

图 3-39 “样式”对话框

步骤 4:在“样式”列表中选择要修改的目录样式,首先选择“目录 1”,单击“修改”按钮,进入到“修改样式”对话框,如图 3-26 所示。

步骤 5:单击“格式”按钮,出现一个菜单,在菜单中选择“字体”,出现“字体”对话框。

步骤 6:在对话框的“中文字体”下拉列表中,选择“华文行楷”,在“字号”下拉列表中,选择“小四”,单击“确定”按钮,返回“修改样式”对话框,单击“确定”按钮,返回“样式”对话框。

步骤 7:在“样式”列表中选择“目录 2”,单击“修改”按钮,进入到“修改样式”对话框,在“格式”区域的“字体”下拉列表中选择“楷体”,在“字号”下拉列表中选择“小四”,单击“确定”按钮,返回“样式”对话框。

步骤 8:在“样式”列表中选择“目录 3”,单击“修改”按钮,进入到“修改样式”对话框,在“格式”区域的“字体”下拉列表中选择“仿宋”,在“字号”下拉列表中选择“五号”,单击“确定”按钮,返回“样式”对话框。

图 3-40 提示信息窗口

步骤 9:单击“确定”按钮,原来插入的目录被自动选中,同时显示出一个是否替换当前目录的提示对话框,如图 3-40 所示。

步骤 10:单击“是”按钮,当前目录被替换为修改后的样式。

3. 图表目录

使用图表目录的前提条件是已经对各种对象添加了题注。例如,在前面用户为示例文档 lw. doc 中的表格和图片添加了题注,这样,用户就可以提取出图表目录,方便文档的管理。

【例 3-20】 为示例文档 Photoshop. doc 中的图或表创建图表目录的步骤如下:

步骤1:将插入点定位在想要提取出图表目录的下面一行。

步骤2:选择“格式”|“索引和目录”命令,在打开的“索引和目录”对话框中选择“图表目录”选项卡,如图3-41所示。

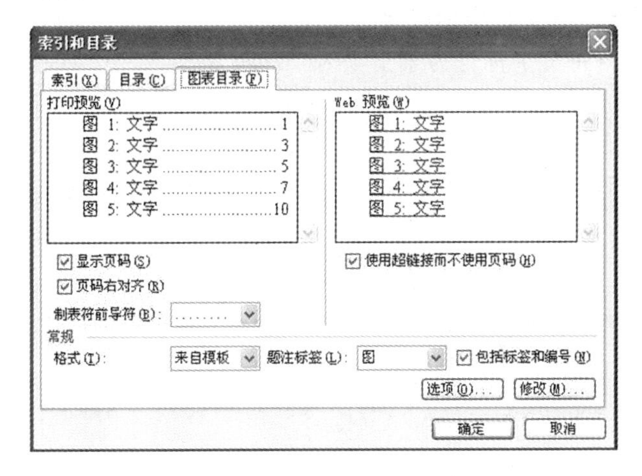

图3-41　“图表目录”选项卡

步骤3:在“格式”下拉列表中选择目录的格式为“来自模板”,用户可以在“打印预览”框中看到该格式的目录效果。

步骤4:在“题注标签”文本框中选择需要的题注标签为“图”(如果是提取表的目录,此处标签则选择“表”)。

步骤5:选中“显示页码”复选框,在目录每一个标题的后面显示页码。

步骤6:选中“页码右齐”复选框,让目录中的页码右对齐。

步骤7:在“制表符前导符”下拉列表框中指定标题与页码之间的分隔符。

步骤8:单击“确定”按钮,图表目录将被提取出来并插入到文档中。

4. 更新目录

目录被提取出来以后,如果在文档中出现了新的目录项或在文档中进行增加或删除文本操作时引起了页码的变化,此时,可以更新目录。更新目录的具体步骤如下:

步骤1:在提取目录的上方或左侧单击鼠标选中目录,被选中的目录变暗。

步骤2:在目录上单击鼠标右键,在弹出的快捷菜单中选择“更新域”命令,打开“更新目录”对话框,如图3-42所示。

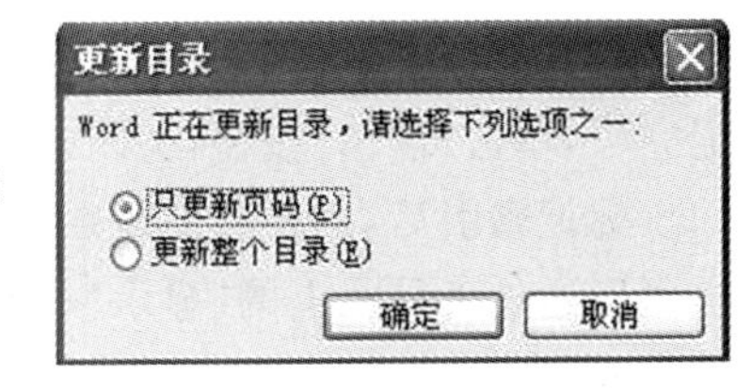

图3-42　“更新目录”对话框

步骤3:在对话框中如果选择“只更新页码”单选按钮,则只更新目录中的页码,原目录格式保留;如果选择“更新整个目录”单选按钮则重新编辑更新后的目录。

步骤4:单击“确定”按钮,系统将对目录进行更新。

在更新的过程中,系统将询问是否要替换目录,单击“是”,则删除当前的目录并插入新的目录;单击“否”,将在另外的位置插入新的目录,一般单击“是”。

5. 制作文档的索引

在文档中,用户可以为一些专业的词语做个目录,这种为词语做的目录叫索引。有了这些索引，用户将会很快知道自己想要的词语在哪里，从而节省时间。在 Word 2003 中，为文档编制的索引列出了一篇文档中的词条和主题，以及它们出现的页码。

(1)标记索引项

要编制索引，需要先在文档中标记索引项，然后再生成索引。索引项是文档中标记索引中特定文字的域代码，将文字标记为索引项时，Word 将插入一个具有隐藏文字格式的 XE (索引项)域。

在文档中标记索引项的具体操作步骤如下：

步骤 1：选中要标记索引的词语或短语，例如选择示例文档 lw. doc 中的“资源管理器”。

步骤 2：执行“插入”|“引用”|“索引和目录”命令，打开“索引和目录”对话框，选择“索引”选项，如图 3-43 所示。

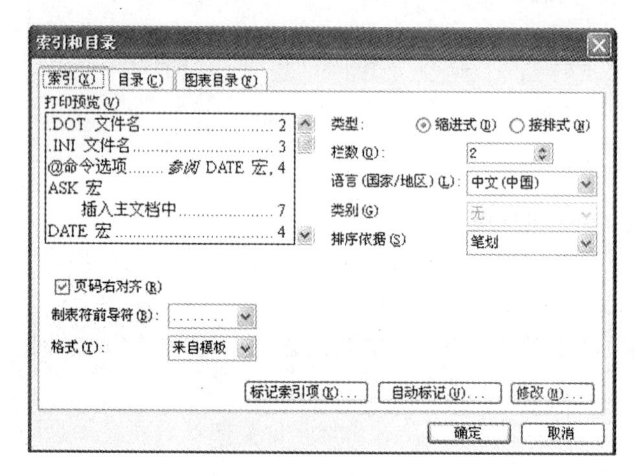

图 3-43 “索引”选项卡

步骤 3：单击“标记索引项”按钮，打开“标记索引项”对话框，如图 3-44 所示。

步骤 4：在“索引”选项组的“主索引项”文本框中，显示了要建立索引的文本内容“资源管理器”，用户也可以输入其他的文本内容。在“选项”区域中，选择“当前页”单选按钮，在“页码格式”区域选中“加粗”和“倾斜”两个复选框。

步骤 5：单击“标记”按钮，在文档中的索引项的位置建立索引。

步骤 6：用户可以继续选中其他的词语，然后在“标记索引项”对话框中进行设置，索引标记完毕，单击“取消”按钮，关闭对话框。

标记索引后，用户会发现在用户所标的词语后面都会出现一些符号，这是域的符号，用户可以通过工具栏上的“显示”|“隐藏编辑标记”按钮 ，来控制域的可见状态。

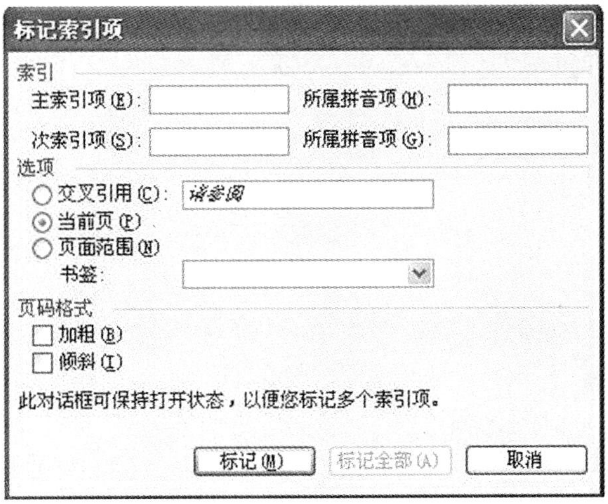

图 3-44 “标记索引项”对话框

(2)自动索引

如果有大量关键词需创建索引,采用标记索引项命令逐一标记显得繁琐。Word 2003 允许用户将所有索引项存放在一张2列的表格中,再由自动索引命令导入,实现批量化索引项标记,这个含表格的 Word 文档被称为索引自动标记文件。下面以例题来讲解自动索引的标记。

【例 3-21】 已知文档“国家介绍.doc”,对文档中所有出现“中国”的地方标记索引项“China”,所有出现“日本”的地方标记索引项“Japan”,所有出现“美国”的地方标记索引项“America”,索引自动标记文件命名为“我的索引.doc”。具体步骤如下:

步骤1:创建索引自动标记文件“我的索引.doc”并打开,在文档中插入一个两列的表格,行数根据所需标记索引项的关键词的个数确定,如本题中有3个关键词“中国”、“美国”和“日本”,则表格需要3行,即创建一个3行2列的表格。

步骤2:在第一列表格中分别键入要标记索引项的关键字,第二列则分别键入第一列中对应的索引项,如图3-45所示。

中国	China
日本	Japan
美国	America

图 3-45 自动索引文件“我的索引.doc”文档内容

步骤3:保存索引自动标记文件“我的索引.doc”,并关闭。

步骤4:打开文档“国家介绍.doc”。

步骤5:执行“插入”|“引用”|“索引和目录”命令,打开“索引和目录”对话框,选择“索引”选项,如图3-43所示。

步骤6:单击“自动标记”按钮,打开“打开索引自动标记文件”对话框中选择要使用的索引文件“我的索引.doc”,如图3-46所示,单击“打开”按钮即可。

当执行完上述操作后,Word 会在整篇文档中搜索出所有索引文件中第一列的文字的确切位置,并且使用第二列中与其相对应的索引项进行标记。被标记后的显示效果如图3-47所示。

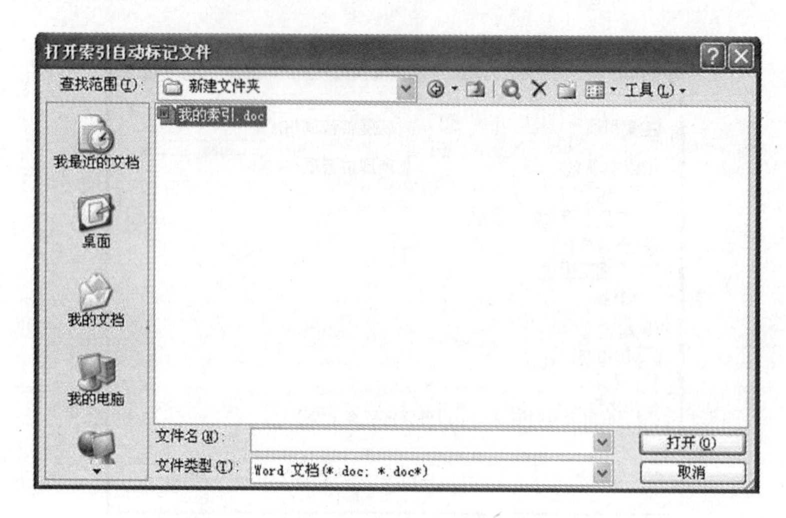

图 3-46 “打开索引自动标记文件”对话框

注意:如果被索引文本在一个段落中重复出现多次,则只会对此段落中首次出现的匹配项作标记。

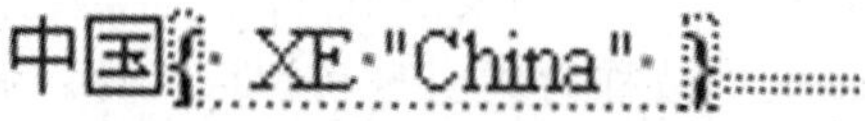

中国{ XE "China" }

图 3-47 被标记后的显示效果

(3)建立索引

手动或自动标记索引后,还没有真正结束,还需要生成索引。

【例 3-22】 在例题 3-21 中标记过索引项的文档中,在最后一页为标记的索引项建立索引的具体步骤如下:

步骤 1:将光标定位到文档中要建立索引的位置最后一页。

步骤 2:执行“插入”|“引用”|“索引和目录”命令,打开“索引和目录”对话框,选择“索引”选项卡。

步骤 3:在“类型”区域中选中“缩进式”单按钮,在“栏数”数值框中输入 2,选中“页码右对齐”复选框。

步骤 4:单击“确定”按钮,在文档中建立索引,如图 3-48 所示。

图 3-48 示例文档的索引

提示:如果对现有的索引样式不满意,可以对它进行修改,具体的修改方式和修改目录的样式相同,用户可以自己试一试。

6. 书签

Word 2003 也有书签的功能。Word 2003 的书签是为了进行引用而命名的位置或选定的文本,Word 2003 以指定的名称标记这个位置或选定的文本,用户可以用书签在文档中跳

转到特定的位置，书签不显示在屏幕上，也不能打印出来。

书签就是为文档中指定的位置或选中的文本添加一个特定标记。在 Word 2003 中的书签是一个虚拟标记，是为了便于以后引用而标识和命名的位置或文本。

(1)标识书签

【例 3-23】 已知一文档 sq. doc，在文档中第一次出现"Word 2003 的高级应用"的地方设置为书签，书签命名为"mark"。具体步骤如下：

步骤 1：选中文档中第一次出现的"Word 2003 的高级应用"。

步骤 2：执行"插入"|"书签"命令，打开"书签"对话框，如图 3-49所示。

步骤 3：在对话框中的"书签名"文本框中输入新建立的书签名"mark"。

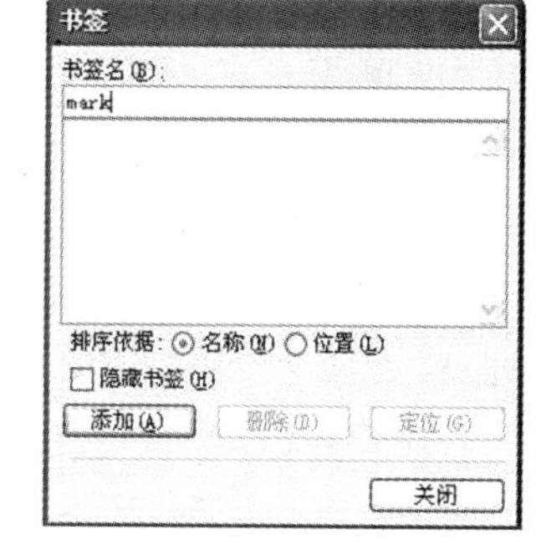

图 3-49 "书签"对话框

步骤 4：单击"添加"按钮，书签将被添加到文档中。

注意：书签名中可以出现字母、数字、下划线、汉字等，但必须以字母或汉字开头。

(2)定位书签

插入书签的目的是为了定位文档。例如用户要在示例文档中定位到书签名"mark"的位置，具体步骤如下：

步骤 1：执行"编辑"|"定位"命令或是直接按"F5"键，打开"查找和替换"对话框。

步骤 2：在"定位目标"列表中选择"书签"。

步骤 3：在"请输入书签名称"文本框中输入"mark"或在下拉列表中选择书签"mark"如图 3-50 所示。

步骤 4：单击"定位"按钮，即可将插入点定位到书签所在的位置。

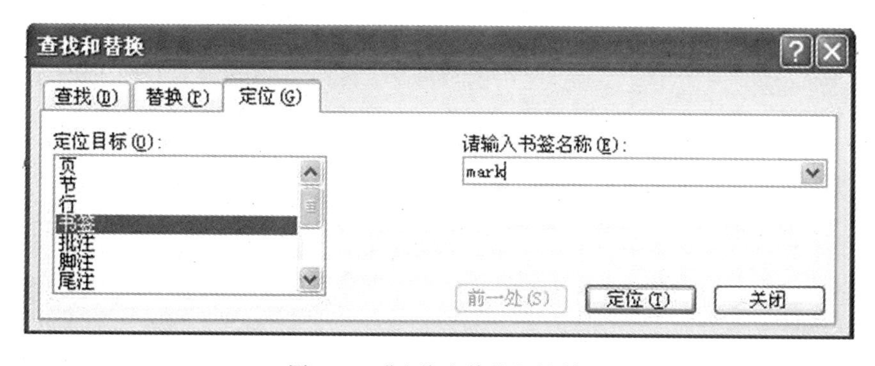

图 3-50 "查找和替换"对话框

提示：用户页可以利用"书签"对话框进行书签的定位。具体步骤如下：

步骤 1：执行"插入"|"书签"命令，打开"书签"对话框。

步骤 2：在书签列表中选择"mark"。

步骤 3：单击"定位"按钮，即可将插入点定位到书签所在的位置。

(3)删除书签

为了方便书签的管理应用，用户可以根据需要将无用的书签删除。具体步骤如下：

步骤 1：执行“插入”|“书签”命令，打开“书签”对话框。

步骤 2：在“书签名”列表框中选中要删除的书签，单击“删除”按钮。

步骤 3：单击“关闭”按钮。

3.3.4 模板

1. 应用模板

模板是一类特殊的文档，它为生成的文档提供样板。任何 Word 文档都是以模板为基础的，模板决定文档的基本结构和文档设置。基于同一模板创建的文档具有例如字体、页面设置、样式、自动图文集词条、工具栏和快捷键等相同的设置。

用户在创建文档时，可能要创建一些专业性较强的文档，如简历、公文等，如果用户对该类文档的样式不太熟悉，那么创建它是比较麻烦的事情。利用 Word 2003 提供的模板功能，用户就可以轻松地创建出比较专业的文档。

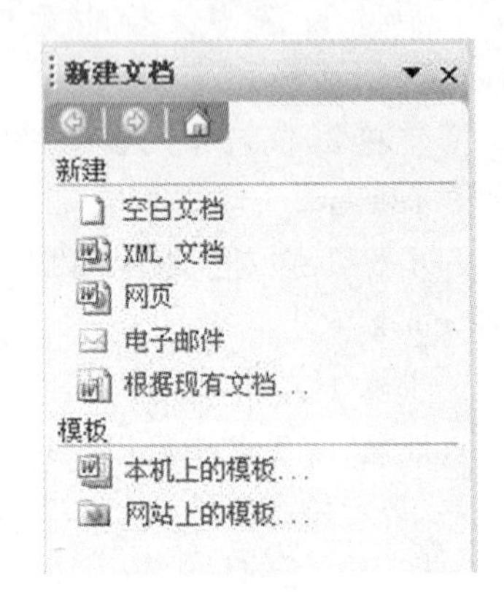

图 3-51 “新建文档”任务窗格

【例 3-24】 用户要创建一份专业型简历，利用模板创建的具体步骤如下：

步骤 1：执行“文件”|“新建”命令，打开“新建文档”的任务窗格，如图 3-51 所示。

步骤 2：在“模板”区域单击“本机上的模板”选项，打开“模板”对话框，选择“其他文档”选项卡，如图 3-52 所示。

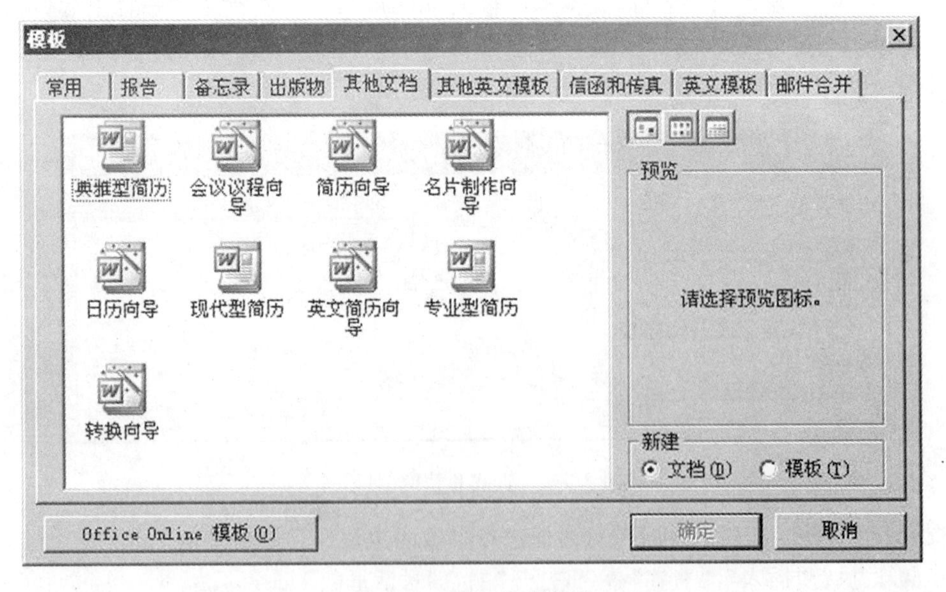

图 3-52 “模板”对话框

步骤 3：在列表中，选择“专业型简历”模板，在“新建”区域选择“文档”单选按钮，单击“确定”按钮，即创建一个专业简历。

步骤 4：在创建的简历文档中进行必要的编辑，一份专业型简历就创建好了。

2. 创建模板

Word 2003 提供的模板很有可能不符合用户的需要，此时，用户可以自己创建一个合适的模板，下次做类似的文档时，用户可以只简单地输入内容。创建模板时可以利用现有的文件创建模板，也可以直接创建模板文件。

(1)根据现有的文件创建模板

【例 3-25】 修改已有“现代型简历”模板，将其中“传真”处修改为“手机”，并另存到桌面上，另存为模板类型，命名为“我的简历”。具体步骤如下：

步骤 1：执行“文件”|“新建”命令，打开“新建文档”的任务窗格，如图 3-51 所示。

步骤 2：在“模板”区域单击“本机上的模板”选项，打开“模板”对话框，选择“其他文档”选项卡。

步骤 3：在列表中，选择“现代型简历”模板，如图 3-52 所示，在“新建”区域选择“模板”单选按钮，单击“确定”按钮，即打开一个“现代型简历”模板。

步骤 4：把“传真”处修改为“手机”，在其后的“[传真号码]”处点击右键，选择“更新域”，跳出“域”对话框，如图 3-53 所示，把“显示文字”处的“传真”二字修改为“手机”，单击“确定”按钮。

步骤 5：执行“文件”|“另存为”命令，打开“另存为”对话框。

步骤 6：在保存类型下拉列表中选择“文档模板”，此时，“保存位置”将会自动转到“Templates”目录，在“保存位置”处选中“桌面”。

步骤 7：在“文件名”文本框中输入“我的简历”，单击“保存”按钮。

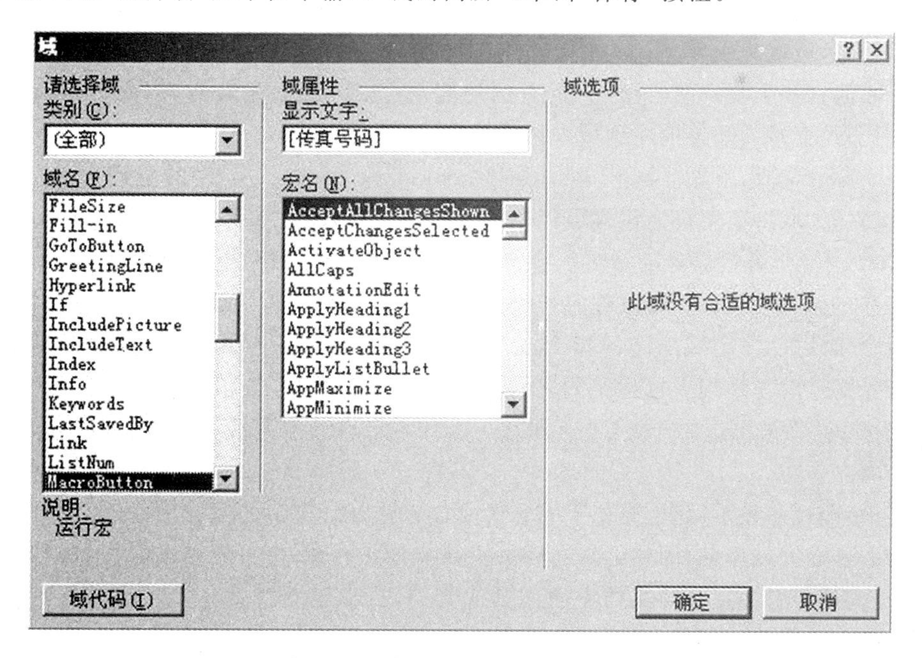

图 3-53 “域”对话框中显示文字设置

(2)直接创建模板文件

用户可以像创建普通文档一样来创建模板文件，然后，对它进行设置并保存。例如用户要创建一个空白的模板文件，然后，将它设置为备忘录的格式，并将它保存为模板文件。具体步骤如下：

步骤1：执行“文件”|“新建”命令，打开“新建文档”的任务窗格。

步骤2：在“模板”区域单击“本机上的模板”选项，打开“模板”对话框。

步骤3：选择“常用”选项卡，在列表中选择“空白文档”，在“新建”区域中选中“模板”单选按钮。

步骤4：单击“确定”按钮，打开一个空白模板文档，此时，在标题栏上将显示为“模板”字样。

步骤5：在模板文档中输入模板需要包含的内容，并设置格式。

步骤6：执行“文件”|“保存”命令，打开“另存为”对话框。

步骤7：在“保存类型”文本框中系统自动选择文档的保存类型为“文档模板”，“保存位置”将会自动转到“Templates”目录。

步骤8：在“文件名”文本框中输入“备忘录”，单击“保存”按钮。

经过保存后新建的模板“备忘录”便会出现在“模板”对话框中的“常用”选项卡里。

3.4 域和修订

3.4.1 域的概念

1. 什么是域

简单地讲，域就是引导 Word 在文档中自动插入文字、图形、页码或其他信息的一组代码。每个域都有一个唯一的名字，它具有的功能与 Excel 中的函数非常相似。在前面的介绍中，我们已经直接或间接地用到域来插入日期、页码等。

域由3部分构成，形如“{Seq Identifier [Bookmark][Switches]}”的关系式，在 Word 中称为“域代码”。域特征字符为包含域代码的大括号“{}”，不过它不能使用键盘直接输入，而是按下 Ctrl+F9 组合键输入的域特征字符，或执行“插入”|“域命令自动建立”。

域名称：上式中的“Seq”即被称为“Seq 域”，Word 2003 提供了9大类共75种域。

域指令和开关：设定域工作的指令或开关。例如上式中的“Identifier”和“Bookmark”，前者是为要编号的一系列项目指定的名称，后者可以加入书签来引用文档中其他位置的项目。“Switches”称为可选的开关，域通常有一个或多个可选的开关，开关与开关之间使用空格进行分隔。

域结果：即域的显示结果，类似于 Excel 函数运算以后得到的值。域可以在无需人工干预的条件下自动完成任务，例如编排文档页码并统计总页数，按不同格式插入日期和时间并更新，通过链接与引用在活动文档中插入其他文档，自动编制目录、关键词索引、图表目录，实现邮件的自动合并与打印，创建标准格式分数、为汉字加注拼音等。

2. 域的分类

Word 2003 提供了9大类共75种域。

(1)编号

编号域用于在文档中插入不同类型的编号。在“编号”类别下共有10种不同域，如

表3-1所示。

表3-1　编号类

域　名	用　途
AutoNum	将段落顺序编号
AutoNumLgl	对法律和技术类出版物自动进行段落编号
AutoNumOut	自动以大纲样式对段落进行编号
Barcode	插入邮政条码(美国邮政局使用的机器可读地址形式)
ListNum	在段落中的任意位置插入一组编号
Page	在 PAGE 域所在处插入页码
RevNum	插入文档的修订次数,该信息来自“文件”菜单的“属性”对话框中的“统计信息”选项卡
Section	插入当前节的编号
SectionPages	插入一节的总页数
Seq(Sequence)	对文档中的章节、表格、图表和其他项目按顺序编号

【例3-26】 已知一文档国家介绍.doc,该文档已经作了分节处理,要求使用域在该文档的页眉处插入节序号,页脚处插入页码。具体步骤如下:

步骤1:执行“视图”|“页眉和页脚”,跳出“页眉和页脚”工具栏。

步骤2:光标放在页眉处,执行“插入”|“域”,打开“域”对话框,如图3-53所示。

步骤3:在“类别”处选中“编号”,在其下选项中选择“Section”,“格式”处选择“1,2,3,…”,如图3-54所示,单击“确定”按钮。

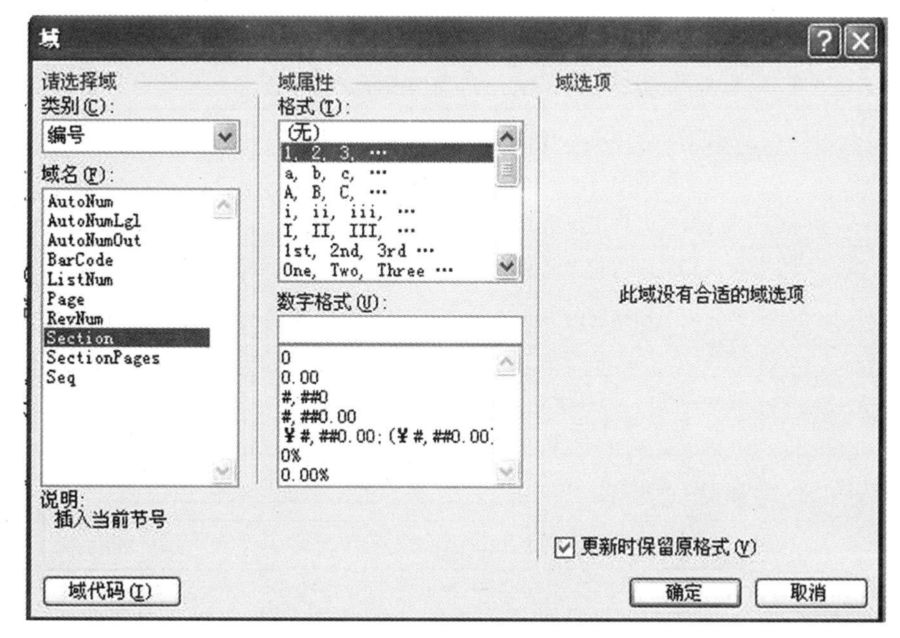

图3-54　Section 域属性设置

步骤 4:光标切换到页脚处,执行“插入”|“域”,打开“域”对话框。

步骤 5:在“类别”处选中“编号”,在其下选项中选择“Page”,“格式”处选择“1,2,3,…”,如下图 3-54 所示,单击“确定”按钮。

步骤 6:关闭“页眉和页脚”工具栏。

步骤 7:单击“保存”按钮 即可。

(2)等式和公式

等式和公式域用于执行计算、操作字符、构建等式和显示符号。在“等式和公式”类别下共有 4 种不同域,如表 3-2 所示。

表 3-2 等式和公式类

域 名	用 途
=(Formula)	计算表达式结果
Advance	将 ADVANCE 域后面的文字的起点向上、下、左、右或指定的水平或垂直位置偏移
Eq	生成数学公式
Symbol	插入 ANSI 字符集中的单个字符或一个字符串

(3)链接和引用

链接和引用域用于将外部文件与当前文档链接起来,或将当前文档的一部分与另一部分链接起来。在“链接和引用”类别下共有 11 种不同域,如表 3-3 所示。

表 3-3 链接和引用类

域 名	用 途
AutoText	插入指定的“自动图文集”词条
AutoTextList	为活动模板中的“自动图文集”词条创建下拉列表
Hyperlink	插入带有提示文字的超级链接,可以从此处跳转至其他位置
IncludePicture	插入指定的图形
IncludeText	插入命名文档中包含的文字和图形
Link	将从其他应用程序复制来的信息通过 OLE 链接到源文件
NoteRef	插入用书签标记的脚注或尾注引用标记,以便多次引用同一注释或交叉引用脚注或尾注
PageRef	插入书签的页码,作为交叉引用
Quote	将指定文字插入文档
Ref	插入指定的书签
StyleRef	插入具有指定样式的文本

【例 3-27】 已知一文档 photoshop. doc,论文已排版完成,每一章章名样式为标题 1,并且有章序号,设置页眉,使得每页的页眉都显示当前章的章序号和章名。具体步骤如下:

步骤 1:执行“视图”|“页眉和页脚”,跳出“页眉和页脚”工具栏。

步骤 2:光标放在页眉处,执行“插入”|“域”,打开“域”对话框。

步骤 3:在“类别”处选中“链接和引用”,在其下选项中选择“StyleRef”,“样式名”处选择“标题 1”,域选项处在“插入段落编号”处打勾,如图 3-55 所示,单击“确定”按钮,此时,页眉处插入了章序号。

步骤 4:光标位置不动,执行“插入”|“域”,打开“域”对话框。

步骤 5:在“类别”处选中“链接和引用”,在其下选项中选择“StyleRef”,“格式”处选择“标题 1”,单击“确定”按钮,此时,页眉处接着插入了章名。

步骤 6:关闭“页眉和页脚”工具栏。

步骤 7:单击“保存”按钮 即可。

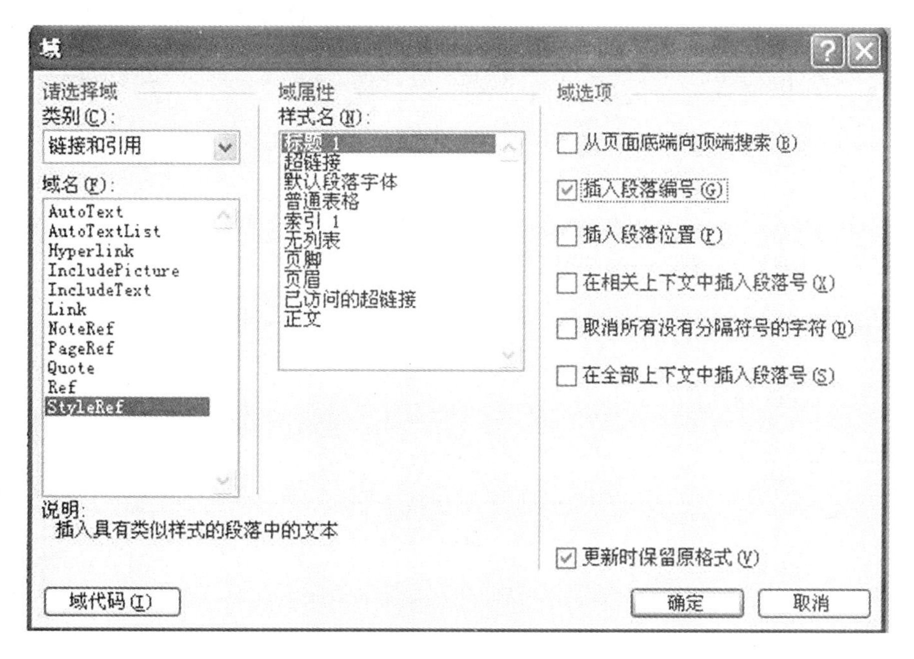

图 3-55 StyleRef 域属性设置

(4)日期和时间

在“日期和时间”类别下有 6 种不同域,如表 3-4 所示。

表 3-4 日期和时间类

域 名	用 途
CreateDate	插入第一次以当前名称保存文档时的日期和时间
Date	插入当前日期
EditTime	插入文档创建后的总编辑时间,以分钟为单位
PrintDate	插入上次打印文档的日期
SaveDate	用“文件”菜单中“属性”对话框的“统计信息”选项卡的信息(指其中“修订次数”一项),插入文档最后保存的日期和时间
Time	插入当前时间

【例 3-28】 已知一文档 sq.doc，在该文档的最后面使用域插入该文档的创建时间。具体操作如下：

步骤 1：光标放在文档最后处，执行"插入"|"域"，打开"域"对话框。

步骤 2：在"类别"处选中"日期和时间"，在其下选项中选择"CreateDate"域，如图 3-56 所示，单击"确定"按钮，此时，文档最后便插入了该文档的创建时间。

步骤 3：单击"保存"按钮 即可。

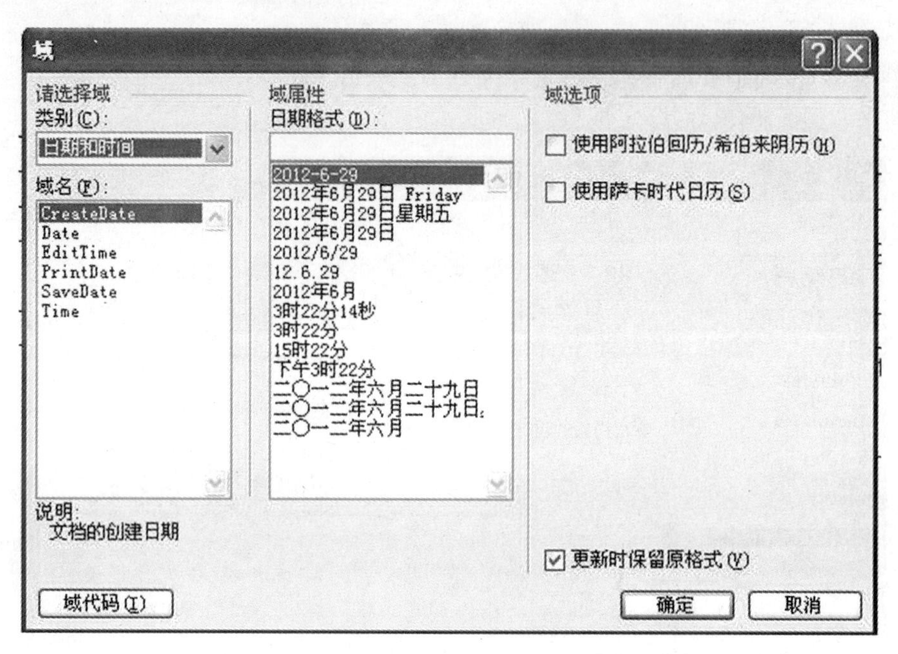

图 3-56 CreateDate 域属性设置

(5)索引和目录

索引和目录域用于创建和维护目录、索引和引文目录。在"索引和目录"类别下共有 7 种不同域，如表 3-5 所示。

表 3-5 索引和目录类

域　名	用　途
Index	建立并插入一个索引
RD	用来在根据 TOC、TOA 或 INDEX 域创建目录、引文目录或索引时，识别要包含的文件
TA	定义引文目录项的文本和页码
TC	定义显示在目录或表格、图表及其他类似项目列表中的项目的文本和页码
TOA	生成并插入引文目录
TOC	建立一个目录
XE	为索引项定义文本和页码

(6)文档信息

文档信息域对应于文件属性的“摘要”选项卡上的内容。“文档信息”类别下共有14种不同域,如表3-6所示。

表3-6 文档信息类

域 名	用 途
Author	插入文档作者的姓名
Comments	插入当前文档或模板的“文件”菜单中“属性”对话框“摘要信息”选项卡“备注”框中的内容
DocProperty	插入“文件”菜单中的“属性”对话框中的文件信息
FileName	插入文档文件名,此文件名记录在“文件”菜单的“属性”对话框中的“常规”选项卡内
FileSize	插入按字节计算的文档大小
Info	插入记录于“文件”菜单中的“属性”对话框中有关活动文档或模板的信息
Keywords	插入活动文档或模板的“属性”对话框中“摘要信息”选项卡上“关键字”框内的内容
LastSavedBy	插入最后更改并保存文档的修改者姓名,该姓名来自“文件”菜单中的“属性”对话框的“统计信息”选项卡
NumChars	插入文档包含的字符数,该数字来自“文件”菜单的“属性””对话框中“统计信息”选项卡
NumPages	插入文档的总页数,该数字来自“文件”菜单的“属性”对话框中“统计信息”选项卡
NumWords	插入文档的总字数,该数字来自“文件”菜单的“属性”对话框中“统计信息”选项卡
Subject	插入“摘要信息”选项卡“主题”框的内容
Template	插入文档模板的文件名,该信息来自“文件”菜单中“属性”对话框的“摘要信息”选项卡
Title	插入“摘要信息”选项卡“标题”框的内容

【例3-29】 已知一文档sq.doc,在该文档的最后面插入新的一页,使用域在该页插入以下内容,第一行插入该文档的作者名为“张三”,第二行插入该文档的大小(KB),第三行插入该文档的总字数。具体操作如下:

步骤1:光标放在文档最后处,执行“插入”|“分隔符”,打开“分隔符”对话框,插入“下一页”分隔符。

步骤2:光标放在新的一页上,输入“作者:”光标位置不变,执行“插入”|“域”,打开“域”对话框。

步骤3:在“类别”处选中“文档信息”,在其下选项中选择“Author”域,在“新名称”处填写“张三”,如图3-57所示,单击“确定”按钮,此时,便插入了本文的作者名。

步骤4:按回车键,输入“文档大小:”光标位置不变,执行“插入”|“域”,打开“域”对话框。

步骤5:在“类别”处选中“文档信息”,在其下选项中选择“FileSize”域,在“域选项”处选中“以KB表示的文件大小”,如图3-58所示,单击“确定”按钮,此时,便插入了本文的大小。

步骤6:按回车键,输入“总字数:”光标位置不变,执行“插入”|“域”,打开“域”对话框。

步骤 7:在“类别”处选中“文档信息”,在其下选项中选择“NumWords”域,如图 3-59 所示,单击“确定”按钮,此时,便插入了本文的总字数。

步骤 8:单击“保存”按钮 即可。

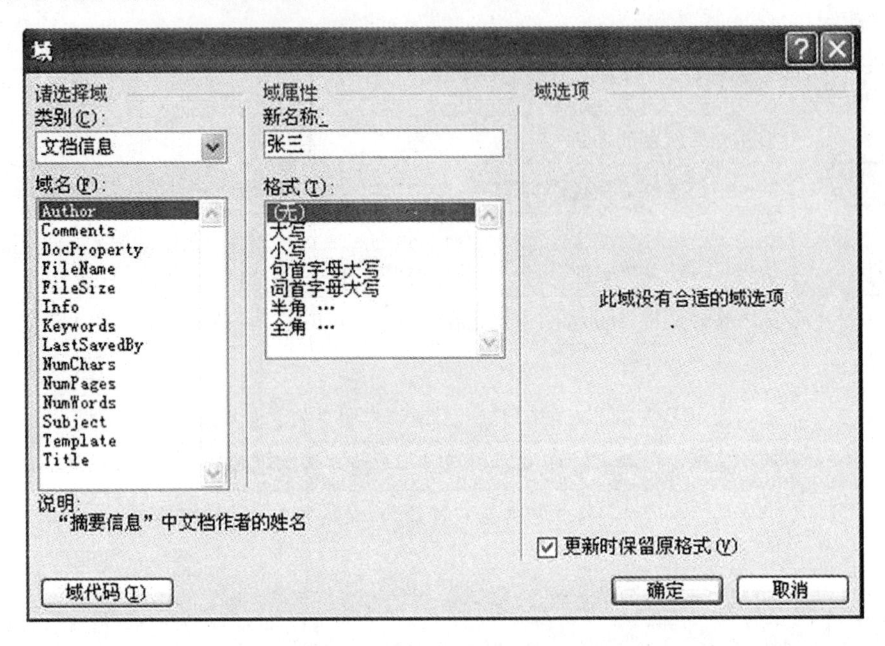

图 3-57 Author 域属性设置

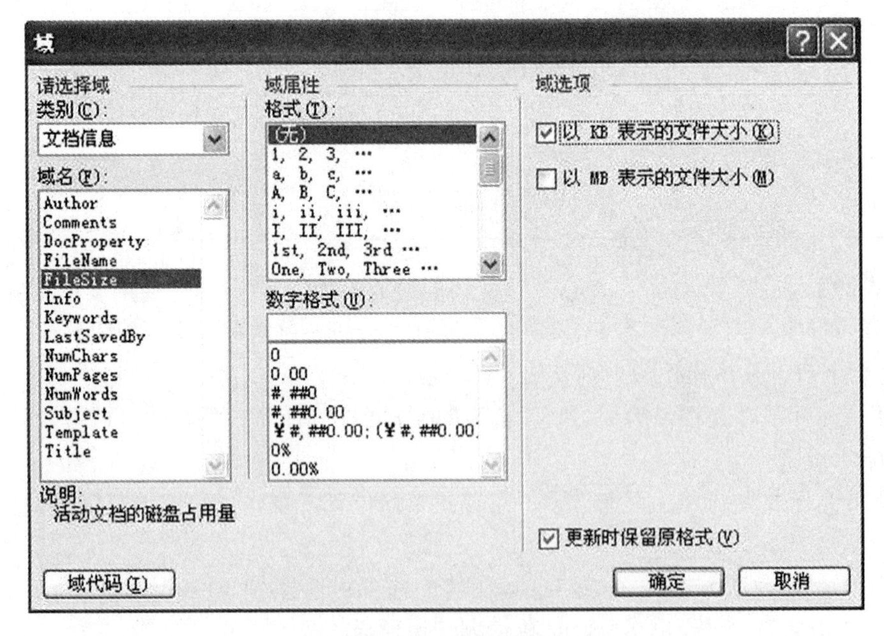

图 3-58 FileSize 域属性设置

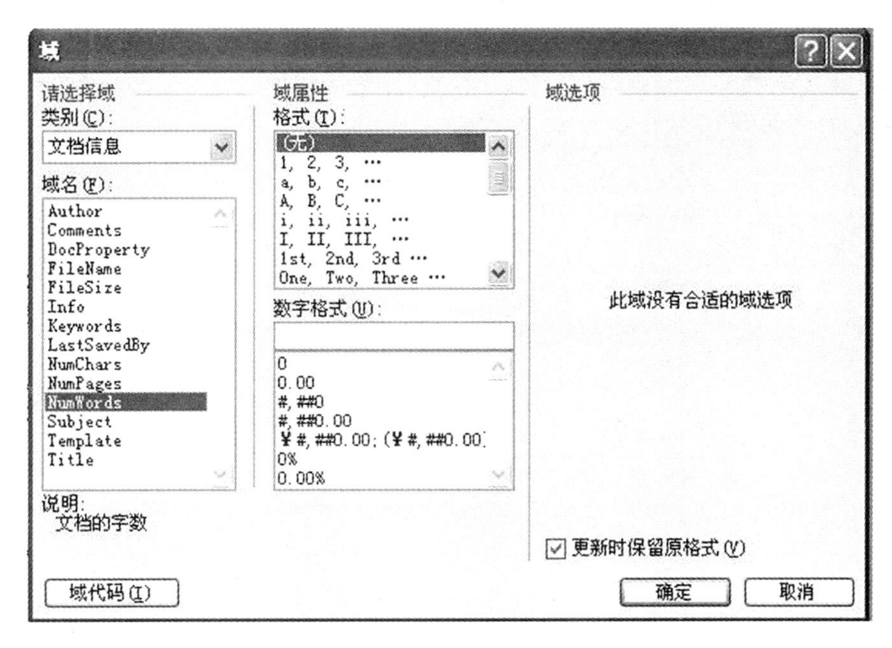

图 3-59　NumWords 域属性设置

(7)文档自动化

大多数文档自动化域用于构建自动化的格式,该域可以执行一些逻辑操作并允许用户运行宏、为打印机发送特殊指令转到书签。在“文档自动化”类别下共有 6 种不同域,如表 3-7 所示。

表 3-7　文档自动化类

域　名	用　途
Compare	比较两个值,如果比较结果为真,则显示“1”,如果为假,则显示“0”
DocVariable	插入赋予文档变量的字符串
GoToButton	插入跳转命令,以方便查看较长的联机文档
If	比较二值,根据比较结果插入相应的文字
MacroButton	插入宏命令
Print	将打印控制代码字符发送到选定的打印机,Word 只有在打印文档时才显示结果

(8)用户信息

用户信息域对应于“选项”对话框中的“用户信息”选项卡。在“用户信息”类别下共有 3 种不同域,如表 3-8 所示。

表 3-8　用户信息类

域　名	用　途
UserAddress	插入“用户信息”选项卡“通讯地址”框中的地址
UserInitials	插入从“用户信息”选项卡“缩写”框中得到的缩写
UserName	插入从“用户信息”选项卡“姓名”框中得到的用户姓名

(9)邮件合并

邮件合并域用于在合并"邮件"对话框中选择"开始邮件合并"后出现的文档类型以构建邮件。在"邮件合并"类别下共有14种不同域,如表3-9所示。

表3-9 邮件合并类

域　名	用　途
AddressBlock	插入邮件合并地址块
Ask	提示输入信息并指定一个书签代表输入的信息
Compare	比较两个值,如果比较结果为真,则显示"1",如果为假,则显示"0"(零)
Database	在Word表格中插入一个数据库查询的结果
Fill-in	提示用户输入文字。用户的应答信息会打印在域中
GreetingLine	插入邮件合并问候语
If	比较两数值,并根据比较结果插入相应文字
MergeField	在邮件合并主文档中将数据域名显示在"《》"形的合并字符之中
MergeRec	将ERGEREC显示为一个域结果
MergeSeq	统计域与主控文档成功合并的数据记录数
Next	指示Word将下一个数据记录合并到当前生成的合并文档中,而不是重新开始一个新的合并文档
NextIf	比较两个表达式,如果比较结果为真,则Word把下一条数据记录合并到当前合并文档中
Set	定义指定书签名所代表的信息
SkipIf	SKIPIF域可以比较两个值;如果比较结果为真,那么SKIPIF取消当前合并文档,移至数据源的下一条数据记录,并开始一个新的合并文档;如果比较结果为假,那么Word将继续处理当前合并文档

3.4.2 域的操作

1. 插入域

在Word 2003中,域的插入有多种方法,具体如下:

(1)使用命令插入域

在Word中,高级的复杂域功能很难用手工控制,如"自动编号"和"邮件合并"、"题注"、"交叉引用"、"索引和目录"等。为了方便用户,9大类共74种域大都以命令的方式提供。

【例3-30】 已知一个班级的学生成绩单cj.xls,如表3-10所示,每位学生有英语、数学、计算机、体育4门成绩。利用邮件合并,建立范本文件fb.doc,如图3-60所示,生成所有学生的成绩单文件cjd.doc,如图3-61所示。具体步骤如下:

步骤1:新建一Word文档,命名为fb.doc,并打开。

步骤2:把图3-60中所有没有书名号"《》"的文字按相同格式输入,如图3-62所示。

步骤3：执行“工具”|“信函与邮件”|“显示邮件合并工具栏”命令，如图3-63所示，窗口中出现“邮件合并”工具栏，如图3-64所示。

步骤4：单击“邮件合并”工具栏中的打开数据源按钮，打开“选取数据源”对话框，如图3-65所示，找到并选中cj.xls，单击“打开”按钮，跳出“选择表格”对话框，如图3-66所示，选中学生成绩单所在的表Sheet1，单击“确定”按钮。

步骤5：把光标放在图3-62中出现“同学”二字的前面。

步骤6：单击“邮件合并”工具栏中的“插入域”按钮，跳出“插入合并域”对话框，如图3-67所示，“域”选择“姓名”，单击“插入”按钮。

步骤7：分别把光标放在相应的位置，重复执行步骤6共4次，“域”选择相应的名称即可，完成后得到如图3-60所示的结果，单击“保存”按钮。

步骤8：单击“邮件合并”工具栏中的“合并到新文档”按钮，跳出“合并到新文档对话框”，如图3-68所示，单击“确定”按钮，则生成如图3-61所示成绩单共三页。

步骤9：单击“保存”按钮，跳出“另存为”对话框，把文件名按要求命名为cjd.doc即可。

表3-10 学生成绩表

姓 名	英 语	数 学	计算机	英 语
张 三	85	85	63	89
李 四	89	97	91	92
王 五	60	51	87	45

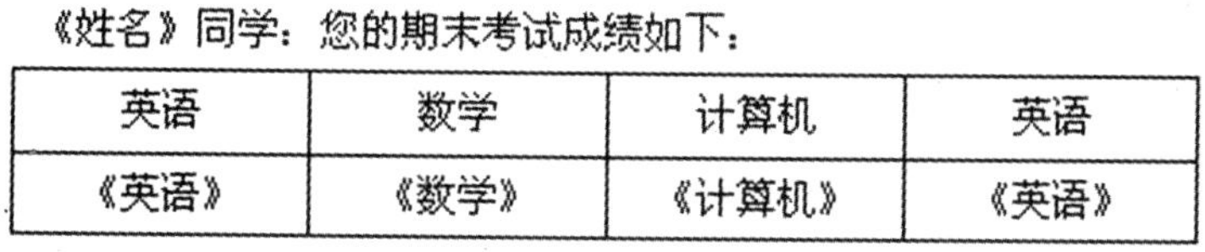

《姓名》同学：您的期末考试成绩如下：

英语	数学	计算机	英语
《英语》	《数学》	《计算机》	《英语》

图3-60 fb.doc文件内容

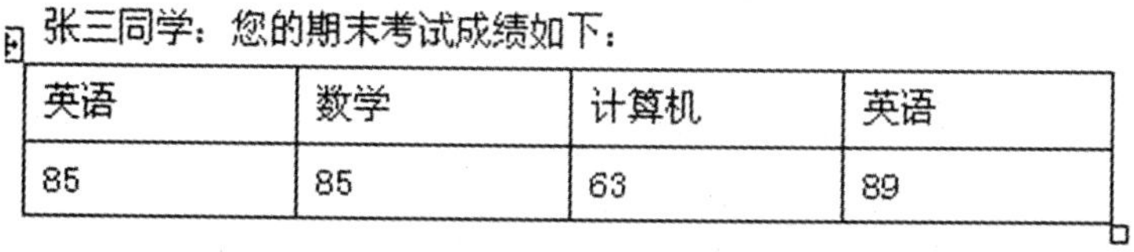

张三同学：您的期末考试成绩如下：

英语	数学	计算机	英语
85	85	63	89

图3-61 cjd.doc文件样式

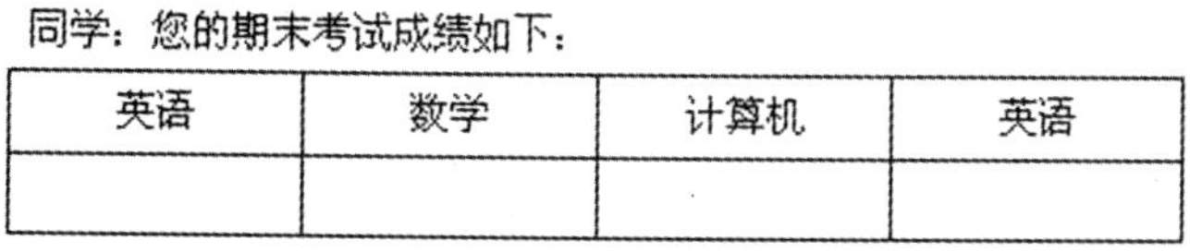

同学：您的期末考试成绩如下：

英语	数学	计算机	英语

图3-62 中间样式

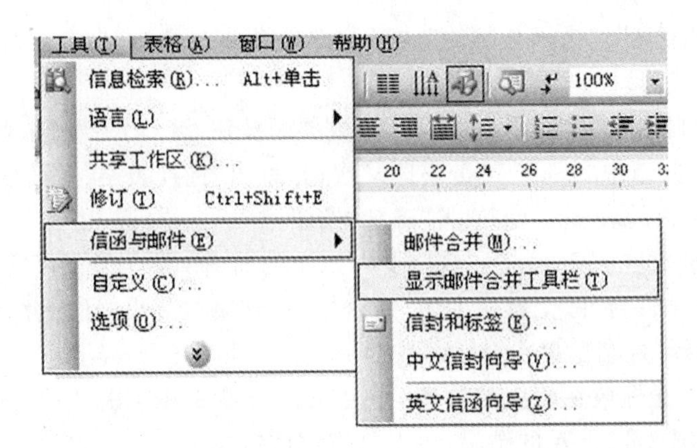

图 3-63 执行“工具”|“信函与邮件”|“显示邮件合并工具栏”

图 3-64 “邮件合并”工具栏

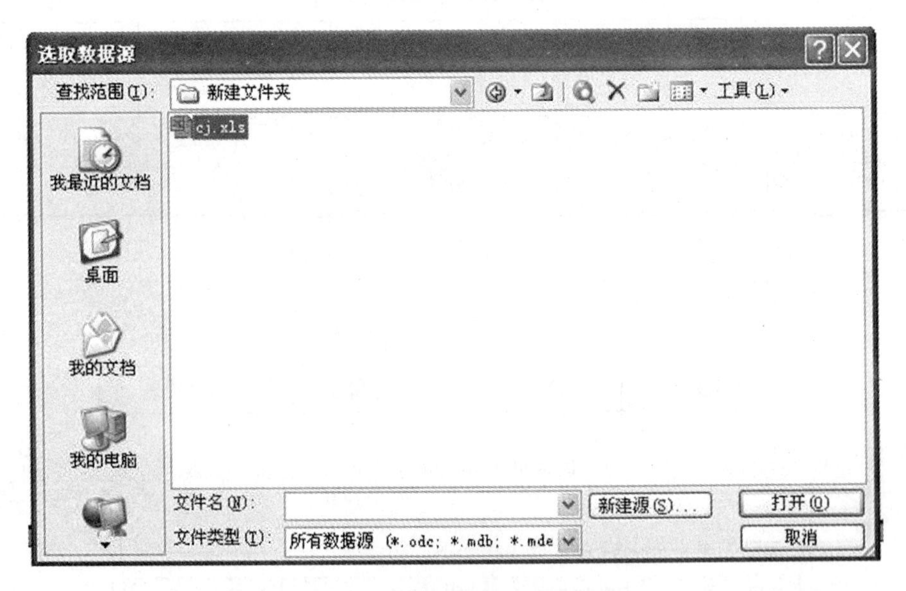

图 3-65 “选取数据源”对话框

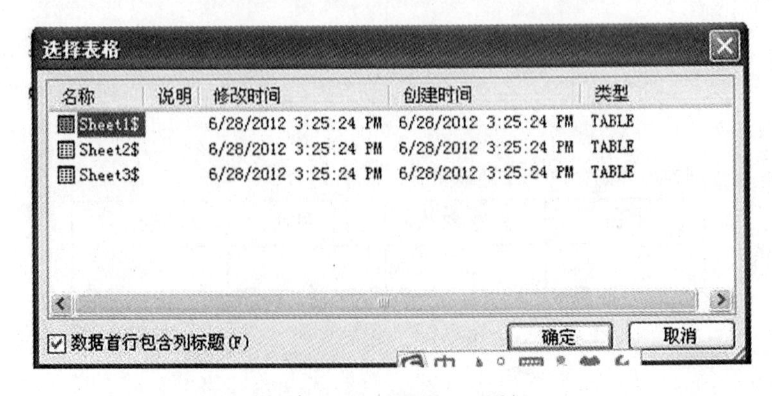

图 3-66 “选择表格”对话框

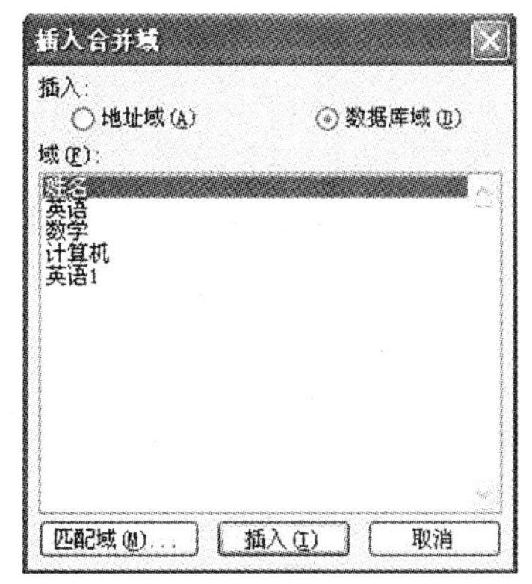

图 3-67　“插入合并域”对话框

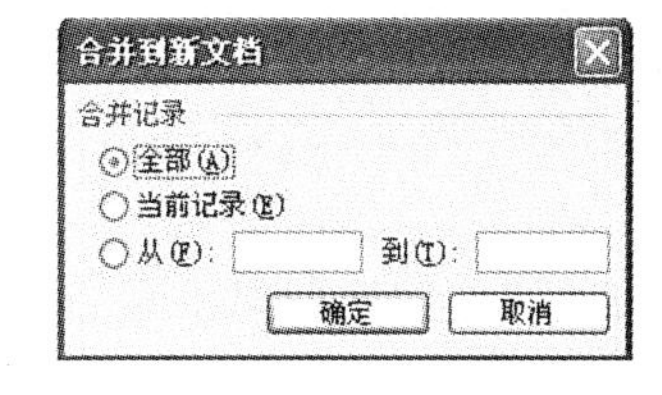

图 3-68　“合并到新文档”对话框

在“插入”菜单中提供有“域”命令，它适合一般用户使用，Word 提供的域都可以使用这种方法插入。你只需将光标放置到准备插入域的位置，单击“插入”|“域”命令，即可打开“域”对话框，如图 3-53 所示。

首先在“类别”下拉列表中选择希望插入的域的类别，如“编号”、“等式和公式”等。选中需要的域所在的类别以后，“域名”列表框会显示该类中的所有域的名称，选中欲插入的域名(例如“AutoNum”)，则“说明”框中就会显示“插入自动编号”，由此可以得知这个域的功能。对 AutoNum 域来说，你只要在“格式”列表中选中你需要的格式，单击“确定”按钮就可以把特定格式的自动编号插入页面。

你也可以选中已经输入的域代码，单击鼠标右键，然后选择“更新域”、“编辑域”或“切换域代码”命令，对域进行操作。

(2)使用键盘插入

如果你对域代码比较熟悉，或者需要引用他人设计的域代码，使用键盘直接输入会更加快捷。其操作方法是：把光标放置到需要插入域的位置，按下 Ctrl＋F9 组合键插入域特征字符；接着将光标移动到域特征代码中间，按从左向右的顺序输入域类型、域指令、开关等；结束后按键盘上的 F9 键更新域，或者按下 Shift＋F9 组合键显示域结果。

如果显示的域结果不正确，你可以再次按下 Shift＋F9 组合键切换到显示域代码状态，重新对域代码进行修改，直至显示的域结果正确为止。

(3)使用功能命令插入

由于许多域的域指令和开关非常多，采用上面两种方法很难控制和使用。为此，Word 2003 把经常用到的一些功能以命令的形式集成在系统中，例如“拼音指南”、“纵横混排”、“带圈文字”等，用户可以像普通 Word 命令那样使用它们。

2. 编辑域

(1)快速删除域

插入文档中的“域”被更新以后，其样式和普通文本相同。如果你打算删除某个或全部域，查找起来有一定困难(特别是隐藏编辑标记以后)。此时按下 Alt＋F9 组合键可以显示文档中所有的域代码(反复按下 Alt＋F9 组合键可在显示和更新域代码之间切换)，然后单击“编辑”|“查找”命令，在出现的对话框中单击“高级”按钮，将光标停留在“查找内容”框中，单击“特殊字符”按钮并从列表中选择“域”(^d 进入“查找内容”框)。单击“查找下一处”按钮

就可以找到文档中的域，找到之后将其选中再按下 Delete 键即可删除。

(2)修改域

修改域和编辑域的方法是一样的，你对域的结果不满意可以直接编辑域代码，从而改变域结果。按下 Alt＋F9(对整个文档生效)或 Shift＋F9(对所选中的域生效)组合键，可在显示域代码或显示域结果之间切换。当切换到显示域代码时，就可以直接对它进行编辑，完成后再次按下 Shift＋F9 组合键查看域结果。

(3)取消域底纹

默认情况下，Word 文档中被选中的域(或域代码)采用灰色底纹显示，但打印时这种灰色底纹是不会被打印的。如果你不希望看到这种效果，可以单击“工具”|“选项”命令，在出现的对话框中单击“视图”选项卡，从“域底纹”下拉列表中选择“不显示”选项即可。

(4)锁定和解除域

如果你不希望当前域的结果被更新，可以将它锁定。具体操作方法是：用鼠标单击该域，然后按下 Ctrl＋F11 组合键即可。如果你想解除对域的锁定，以便对该域进行更新，只要单击该域，然后按下 Ctrl＋Shift＋F11 组合键即可。

(5)解除域链接

如果一个域插入文档之后永远不需要再更新，可以解除域的链接，用域结果代替域代码即可。你只需要选中需要解除链接的域，按下 Ctrl＋Shift＋F9 组合键即可。

3. 更新域

在键盘输入域代码后，必须更新域后才能显示域结果，在域的数据源发生变化后，也需要手动更新域后才能显示最新的域结果。

(1)打印时更新域

在“选项”对话框“打印”选项卡中，将“更新域”打上“√”，在文档输出时会自动更新文档中所有的域结果。

(2)切换视图时自动更新域

在页面视图和 Web 版式视图方式切换时，文档中所有的域自动更新。

(3)手动更新域

选择要更新的域或包含所有要更新域的文本块，通过快捷菜单“更新域”或快捷键 F9 手动更新域。

3.4.3 文档修订

批注和修订是用于审阅他人文档的两种方法。批注是作者或审阅者为文档的一部分内容所做的注释，批注在审阅者添加注释，或对文本提出质疑时非常有用。Word 2003 在文档的页边距或“审阅窗格”中的气球上显示批注。修订用来显示对文档中所做的所有编辑更改位置的标记。启用修订功能时，作者或审阅者的每一次插入、删除、修改或是格式更改，都会被标记出来，用户可以根据需要接受或者拒绝所做的更改。

执行“视图”|“工具栏”|“审阅”命令，跳出“审阅”工具栏，如图 3-69 所示。与文档修订相关的操作可以通过“审阅”工具栏完成。

显示标记的最终状态 显示(S)

图 3-69 “审阅”工具栏

1. 批注操作

批注一般适用于多人协作完成一篇文档的情况。例如，在完成毕业论文的过程中，学生往往需要导师对论文进行多次审定，在对论文进行审阅时，如果对论文某些内容有不同看法或建议，可以插入批注，每个批注由审阅者名称开头，后面跟一个批注号及批注内容。论文作者阅读批注，对论文进行修改。批注操作一般有三种：插入批注、修改批注和删除批注。

(1)插入批注

【例3-31】 已知一文档国家介绍.doc，对文档中首次出现“中国”的地方添加一条批注，内容为“东方古国”。具体步骤如下：

步骤1：执行“视图”|“工具栏”|“审阅”，跳出“审阅”工具栏。

步骤2：选中所需插入批注文字：文档中第一次出现的“中国”二字。

步骤3：单击“审阅”工具栏中的插入批注按钮 ，跳出一个批注框。

步骤4：在批注框中输入批注文字“东方古国”即可。

(2)修改批注

具体步骤如下：

步骤1：在添加了批注的文本或对象处单击右键，选中“编辑批注”，光标会定位到相应的批注框中。

步骤2：修改相应批注内容。

注意：在页面视图或Web版式视图下，用户可以直接将光标定位在批注框中，步骤1可省。

(3)删除批注

对于文档中多余的批注，可以有选择性地进行单个或部分删除，也可以一次性删除所有批注。

1)删除单个批注

右击要删除的批注，单击“删除批注”即可。

2)删除所有批注

单击“审阅”工具栏中“拒绝所选修订”按钮右侧箭头，如图3-70所示，然后单击“删除文档中所有批注”即可。

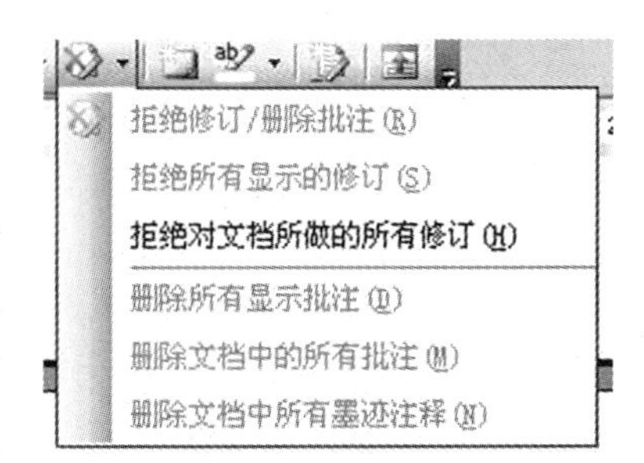

图3-70 “拒绝所选修订”下拉菜单

3)删除指定审阅者批注

要删除指定审阅者的批注，必须先单独显示该审阅者的批注，然后对所显示的批注进行删除。单击“审阅”工具栏中“显示”下的“审阅者”，将“所有审阅者”前的复选框中的“√”去掉，将要删除的审阅者前的复选框中打上“√”。接着单击“审阅”工具栏中“拒绝所选修订”按钮右侧箭头，然后单击“删除所有显示批注”，就将文中所有所选审阅者的批注给删除了。

4)显示或隐藏批注

单击“审阅”工具栏上的“显示”按钮右侧箭头，单击“批注”。若“批注”前有“√”，表示显示批注，反之则不显示批注。

2. 标记修订

修订功能可以对文档中所做的任何操作，对插入、修改、删除、改变格式等操作进行标记。标记修订可以防止误操作对文档带来的损害，提高了文档的严谨性。

执行“工具”|“修订”命令，或单击“审阅”工具栏中的“修订”按钮，文档将进入修订状态。在修订状态下，对文档的任何操作都会被标记出来。

【例 3-32】 已知一文档国家介绍.doc，对文档中首次出现“美国和英国”的地方添加一条修订，内容为：删除“和英国”。具体步骤如下：

步骤 1：执行“视图”|“工具栏”|“审阅”，跳出“审阅”工具栏。

步骤 2：单击“审阅”工具栏中的“修订”按钮。

步骤 3：找到首次出现“美国和英国”的地方，选中“和英国”三个字，直接删除即可。

3. 查看修订和批注

单击“审阅”工具栏上的“后一处修订或批注”按钮或“前一处修订或批注”按钮，逐项向后或向前查看文档中所做的修订或批注。

4. 审阅修订或批注

在查看修订和批注的过程中，作者可以接受或拒绝审阅者的修订，采纳或忽略审阅者的批注。

(1)审阅修订

1)接受修订

单击“审阅”工具栏上“接受所选修订”右侧箭头，下拉的“接受修订”、“接受所有显示的修订”和“接受所有修订”菜单命令，分别接受单个修订、某个审阅者的修订和所有审阅者的修订。

当接受修订时，它将从修订转为常规文字或是将格式应用于最终文本。接受修订后，修订标记自动被删除。

2)拒绝接受修订

单击“审阅”工具栏上“拒绝所选修订”右侧箭头，下拉的“拒绝修订”|“删除批注”、“拒绝所有显示的修订”和“拒绝对文档所做的所有修订”菜单命令，分别拒绝单个修订、某个审阅者的修订和所有审阅者的修订。

拒绝接受修订后，修订标记自动被删除。

(2)审阅批注

批注不是文档的一部分，作者只能参考批注的建议和意见。如果要将批注框内的内容直接用于文档，要通过复制、粘贴的方法进行操作。

5. 比较合并文档

如果一篇文档被修改过后不知道哪里修改过了，那么如何知道原文档中哪里修改过了呢？可以通过比较合并文档来完成。具体步骤如下：

步骤 1：打开原文档，执行“工具”|“比较合并文档”命令，在“比较合并文档”对话框中选择要比较的文档，即文档修改稿，单击“合并”按钮。两个文档的比较结果会以修订标记的形式显示在被比较的文档中。

步骤 2：通过“审阅”工具栏进行修订审阅，接受/拒绝每一处的修订。

第4章 Excel 2003 高级应用

Excel 2003 是微软办公套装软件 Office 2003 的一个重要的组成部分，它可以进行各种数据的处理、统计分析和辅助决策操作，广泛地应用于管理、统计、财经、金融等众多领域。

Excel 2003 最为显著的新特性：

①导入和导出 XML 文件及将数据映射到工作簿的特定单元格。

②引入“权限管理”功能，可以对工作簿的不同部分加以限制，只允许特定用户使用部分工作表。

③允许将某一范围数据转化为列表。

本章主要介绍了 Excel 2003 的基本知识、常用功能以及高级应用。

4.1 Excel 2003 与基本操作

4.1.1 Excel 2003 工作表的管理

1. 添加工作表

添加工作表时，会将工作表插入到选中工作表的右边，可以采用以下两种方法之一来添加新的工作表。

(1)执行“插入”|“工作表”命令，在工作簿中插入一个工作表，如图 4-1 所示。

(2)鼠标右键选定工作表标签，在弹出的快捷菜单里选择“插入”命令，如图 4-2 所示。打开“插入”对话框，从对话框中选择“工作表”，点击“确定”按钮插入新的工作表，如图 4-3 所示。

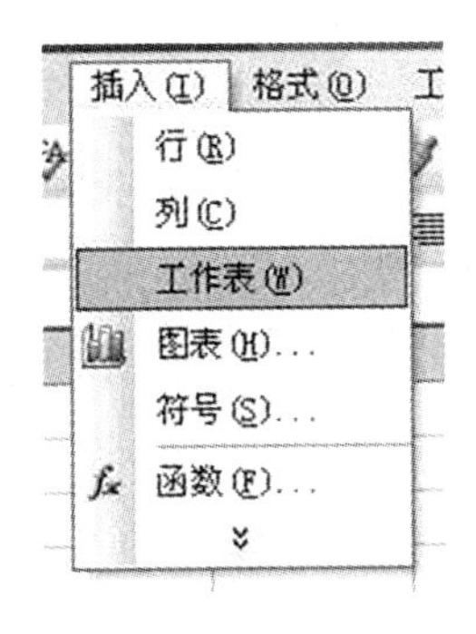

图 4-1 执行“插入”|“工作表”命令

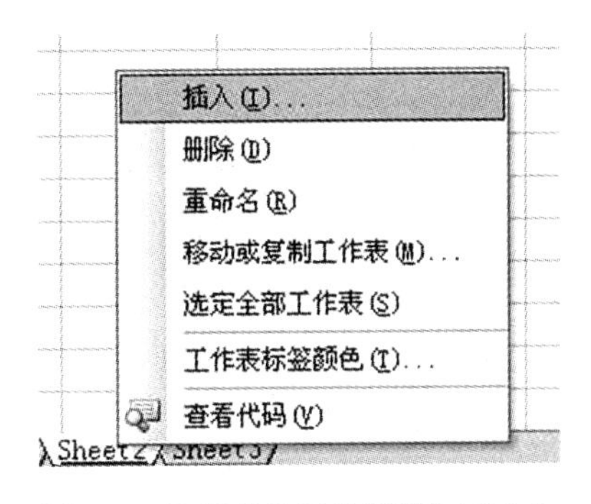

图 4-2 快捷菜单里选择“插入”命令

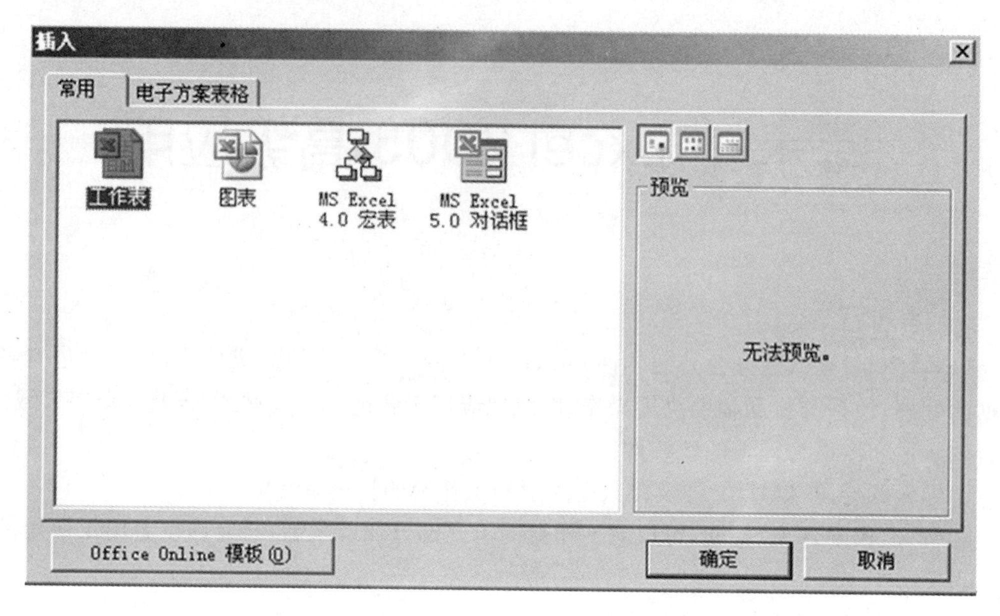

图 4-3 "插入"对话框

2. 删除工作表

有两种方式删除工作表,可以采用以下两种方法之一来删除新的工作表。

(1)选中要删除的工作表,执行"编辑"|"删除工作表"命令,如图 4-4 所示。

(2)鼠标右键选定工作表标签,在弹出的快捷菜单里选择"删除"命令,如图 4-5 所示。

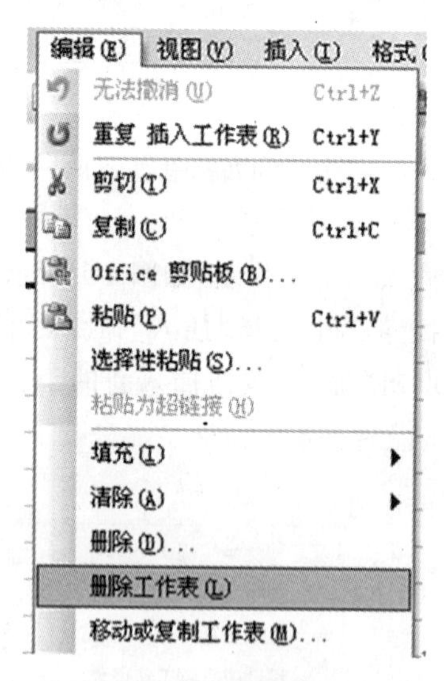

图 4-4 "编辑"菜单删除工作表

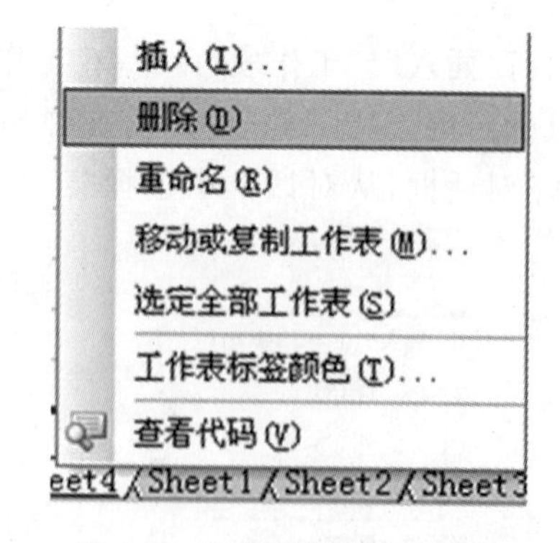

图 4-5 快捷菜单删除工作表

3. 工作表的移动和复制

(1)用鼠标拖动:鼠标放到要移动的工作表标签上,按住左键将工作表拖到目标位置。若在拖动同时按住 Ctrl 键,则为复制。

(2)菜单命令(可在不同工作簿之间移动):选中要移动(复制)的工作表→编辑→复制和

移动工作表→选择目标位置→确定。若在对话框中选中"建立副本"，则为复制。

4.1.2 Excel 2003 中数据的输入

在 Excel 工作表的单元格中，可以使用两种最基本的数据格式：常数和公式。常数是指文字、数字、日期和时间等数据，还可以包括逻辑值和错误值。每种数据都有它特定的格式和输入方法，为了使用户对输入数据有一个明确的认识，有必要来介绍一下在 Excel 中输入各种类型数据的方法和技巧。

1. 文本型数据的输入

Excel 单元格中的文本数据由中西文文字、字母、数字、空格和非数字字符组成，每个单元格中最多可容纳 32000 个字符数。虽然在 Excel 中输入文本和在其他应用程序中没有什么本质区别，但是还是有一些差异，比如我们在 Word、PowerPoint 的表格中，当在单元格中输入文本后，按回车键表示一个段落的结束，光标会自动移到本单元格中下一段落的开头；在 Excel 的单元格中输入文本时，按一下回车键却表示结束当前单元格的输入，光标会自动移到当前单元格的下一个单元格，出现这种情况时，如果你是想在单元格中分行，则必须在单元格中输入硬回车，即按住 Alt 键的同时按回车键。

在默认情况下，输入的文本型数据在单元格左对齐。输入文本型数据，一般不需要输入定界符双引号或单引号。如果输入的内容有数字和文字(或字符)，例如输入"100 元"，则认为是文本型数据。

输入数字串，例如输入职工号、邮政编码、产品代号等不需要计算的数字编号，可以输入文本型数据。只需要在数字串前面加一个单引号"'"(英文单引号)。例如：'010101 为文本型数据，自动左对齐，如图 4-6 所示。

A1		fx '110101	
	A	B	C
1	'110101		
2			

图 4-6　输入文本型数据

2. 数值型数据的输入

数值型数据一般由数字、小数点、正负号、￥、$、%、/、E、AM、PM 等组成。数值型数据的特点是可以进行算术运算。数值型数据的常用格式如图 4-7 所示。

	A	B	C	D
1	常规格式：	102	0.001	-12.3
2	科学计数法格式：	1.23457E+11		
3	日期和时间格式：	2012-6-6	14:12:12	

图 4-7　数值型数据的常用格式

在默认情况下，数值型数据在单元格右对齐，有效数字为 15 位(非 0 数字)。如果单元格中的数字、日期或者时间被"# # # # # #"代替，说明单元格的宽度不够，如果要显示其中的数值，只要增加单元格的宽度即可，如图 4-8 所示。

	A	B	C
1	####	######	######
2			

(a)代替前

	A	B	C
1	123456	2012-1-3	14:00:00
2			

(b)代替后

图 4-8 单元格中的数值型数据被“######”代替

输入分数，几乎在所有的文档中，分数格式通常用一道斜杠来分界分子与分母，其格式为“分子/分母”。在 Excel 中日期的输入方法也是用斜杠来区分年月日的，比如在单元格中输入“1/2”，按回车键则显示“1 月 2 日”。为了避免将输入的分数与日期混淆，我们在单元格中输入分数时，要在分数前输入“0”(零)以示区别，并且在“0”和分子之间要有一个空格隔开，比如我们在输入 1/2 时，则应该输入“0 1/2”。如果在单元格中输入“8 1/2”，则在单元格中显示“8 1/2”，而在编辑栏中显示“8.5”。

在单元格中输入负数时，可在负数前输入“－”作标识，也可将数字置在()括号内来标识，比如在单元格中输入“(88)”，按一下回车键，则会自动显示为“－88”。

在输入小数时，用户可以向平常一样使用小数点，还可以利用逗号分隔千位、百万位等。当输入带有逗号的数字时，在编辑栏并不显示出来，而只在单元格中显示。当你需要输入大量带有固定小数位的数字或带有固定位数的以“0”字符串结尾的数字时，可以采用下面的方法：执行“工具”|“选项”命令，打开“选项”对话框，单击“编辑”标签，选中“自动设置小数点”复选框，并在“位数”微调框中输入或选择要显示在小数点右面的位数，如果要在输入比较大的数字后自动添零，可指定一个负数值作为要添加的零的个数。比如要在单元格中输入“88”后自动添加 3 个零，变成“88000”，就在“位数”微调框中输入“－3”；相反，如果要在输入“88”后自动添加 3 位小数，变成“0.088”，则要在“位数”微调框中输入“3”。另外，在完成输入带有小数位或结尾零字符串的数字后，应清除对“自动设置小数点”复选框的选定，以免影响后边的输入；如果只是要暂时取消在“自动设置小数点”中设置的选项，可以在输入数据时自带小数点。

Excel 几乎支持所有的货币值，如人民币(￥)、英镑(￡)等。欧元出台以后，Excel 2003 完全支持显示、输入和打印欧元货币符号。用户可以很方便地在单元格中输入各种货币值，Excel 会自动套用货币格式，在单元格中显示出来。如果要输入人民币符号，可以按住 Alt 键，然后在数字小键盘上按“0165”即可。

Excel 是将日期和时间视为数字处理的，它能够识别出大部分用普通表示方法输入的日期和时间格式。用户可以用多种格式来输入一个日期，可以用斜杠“/”或者“－”来分隔日期中的年、月、日部分。比如要输入“2001 年 12 月 1 日”，可以在单元格中输入“2001/12/1”或者“2001－12－1”。如果要在单元格中插入当前日期，可以按键盘上的 Ctrl＋；组合键。

在 Excel 中输入时间时，用户可以按 24 小时制输入，也可以按 12 小时制输入。这两种输入的表示方法是不同的，比如要输入下午 2 时 30 分 38 秒，用 24 小时制输入格式为：2：30：38，而用 12 小时制输入时间格式为：2：30：38 p，注意字母“p”和时间之间有一个空格。如果要在单元格中插入当前时间，则按 Ctrl＋Shift＋；组合键。

【例 4-1】 快速整理个人通讯录。

这个例题要做的主要工作是，把联系人相应数据输入 Excel 工作表中，方便以后需要时使用，最终效果如图 4-9 所示。

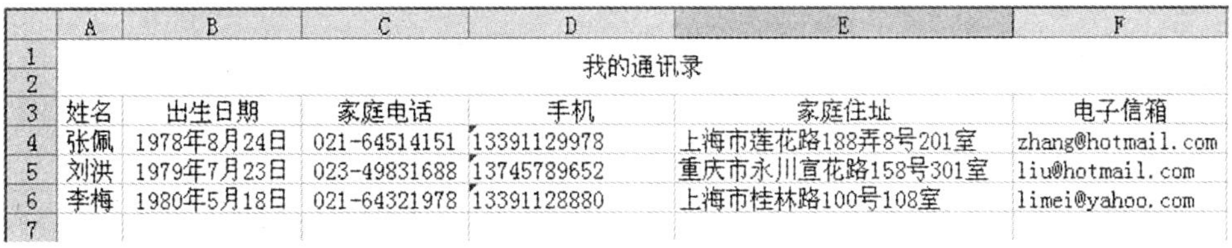

	A	B	C	D	E	F
1	我的通讯录					
2						
3	姓名	出生日期	家庭电话	手机	家庭住址	电子信箱
4	张佩	1978年8月24日	021-64514151	13391129978	上海市莲花路188弄8号201室	zhang@hotmail.com
5	刘洪	1979年7月23日	023-49831688	13745789652	重庆市永川宣花路158号301室	liu@hotmail.com
6	李梅	1980年5月18日	021-64321978	13391128880	上海市桂林路100号108室	limei@yahoo.com
7						

图 4-9 快速整理个人通讯录

操作方法与步骤：

步骤 1：建表。启动 Excel 2003，使用默认新建的工作簿和工作表。先修改 Sheet1 工作表的标签名称为"联系人通讯录"。将鼠标移至 Sheet1 标签处，单击鼠标右键，在弹出的菜单中选择"重命名"命令，原来的标签名称"Sheet1"显示为反白，如图 4-10 所示。这时输入"联系人通讯录"回车即可。

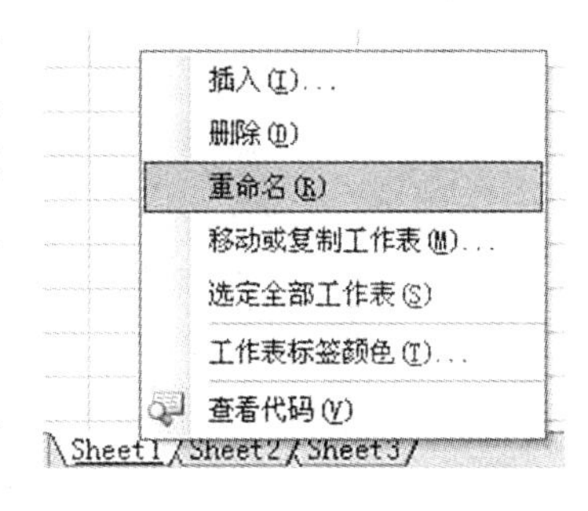

图 4-10 重命名工作表

注意：为什么要更改工作表标签的名称呢？这是因为，当一个工作簿包含多个工作表时，我们为每个工作表的标签命一个形象易懂的名字，方便我们的快速切换与管理。后面我们还将学习如何通过工作表的标签名称引用工作表单元格的数据。

步骤 2：输入联系人通讯录表的总标题。选中 A1 至 F2 单元格，如图 4-11 所示，单击格式工具栏上的"合并及居中"按钮，让 A1 至 F2 单元格合并成一格，然后输入联系人通讯录数据表总标题"我的通讯录"，回车即可。

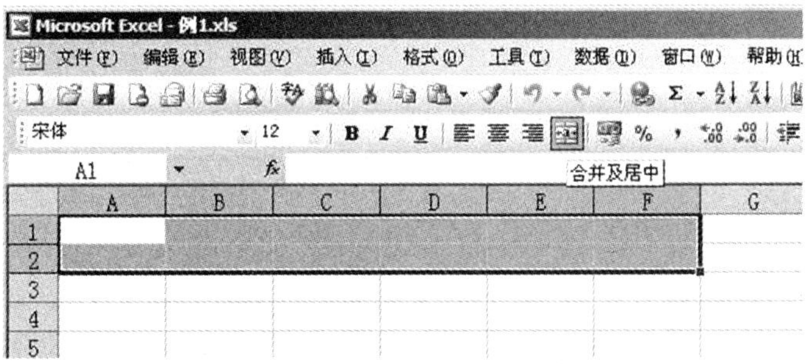

图 4-11 选中 A1 至 F2 单元格

步骤 3：建立字段。依次在 A3 至 F3 单元格内输入各列数据的标题"姓名"、"出生日期"、"家庭电话"、"手机"、"家庭住址"、"电子信箱"，如图 4-12 所示。

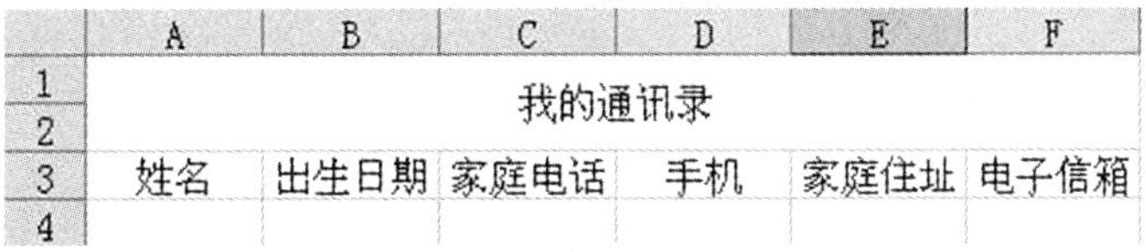

	A	B	C	D	E	F
1	我的通讯录					
2						
3	姓名	出生日期	家庭电话	手机	家庭住址	电子信箱
4						

图 4-12 建立字段

步骤 4:填入信息。接下来的工作就是在每行输入每个联系人的相应信息了。在输入之前我们可以先分析一下,其中“姓名”、“家庭电话”、“手机”、“家庭住址”、“电子信箱”各列所存放的数据都是文本类型的,而“出生日期”列所存放的数据类型为日期,所以属于数值类型的。

步骤 5:特殊格式数据的自动识别。下面主要说一下“出生日期”和“手机”列数据的输入。选中“B4”单元格,输入日期“1978/8/24”或“1978－8－24”,其中年、月、日之间的分隔符应该使用英文输入状态下的“/”或“－”,用这种方式输入,Excel 会自动将输入的数据识别为日期类型。不论用上述哪种分隔符,按下回车后单元格默认状态均显示“－”分隔符,可以通过设置“单元格格式”更改显示类型,如图 4-13 所示。

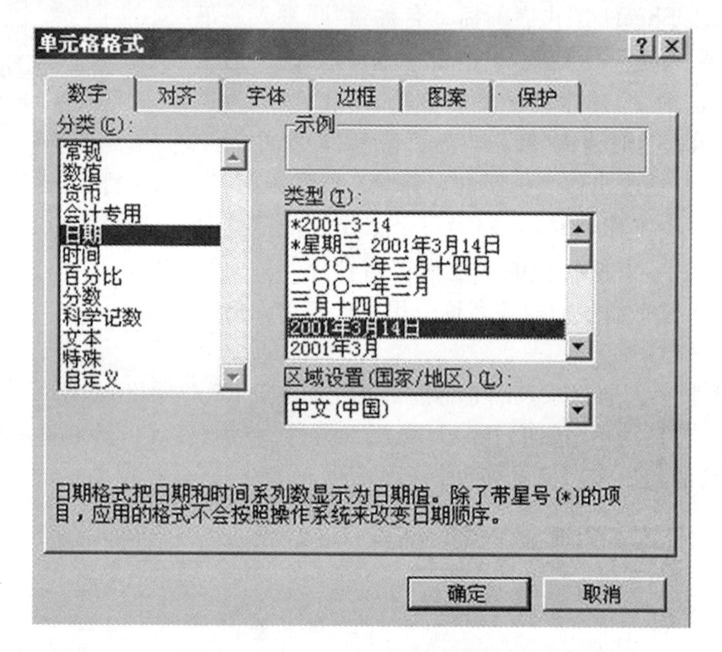

图 4-13　更改显示类型

“手机”列数据的输入,由于手机号码属于“文本”类型的数据,因此我们在输入数字前应该先输入英文状态下的字符“'”,用以将单元格的性质改变为文本,即“以文本形式存储的数字”,通俗地说就是告诉 Excel 别把输入的数字当成数值,而应该当成文本。如果 Excel 把输入的数字当成数值,当数字位数太大时,Excel 将用科学计数法显示它,那可就不合乎我们的要求了。

步骤 6:列宽调整。选中 E4 单元格,在其中输入联系人张佩的家庭住址。在默认情况下,我们可以看到输入的内容超出了单元格的列宽,如图 4-14 所示。

C	D	E	F	G
		家庭地址		
		上海市莲花路188弄8号301室		

图 4-14　内容超出了单元格的列宽

将鼠标指针移至列标 E 和 F 之间，鼠标指针变为一条竖线和左右箭头，这时按住鼠标左键，左右移动就可以调整列宽了。

最终通讯录，如图 4-9 所示。

3. 函数与公式

公式是 Excel 工作表中进行数值计算的等式。公式输入是以"＝"开始的。简单的公式有加、减、乘、除等计算，复杂一些的公式可能包含函数（函数：函数是预先编写的公式，可以对一个或多个值执行运算，并返回一个或多个值。函数可以简化和缩短工作表中的公式，尤其在用公式执行很长或复杂的计算时）、引用、运算符（运算符：一个标记或符号，指定表达式内执行的计算的类型。有数学、比较、逻辑和引用运算符等）和常量（常量：不进行计算的值，因此也不会发生变化）。公式与函数将在后面章节重点讲解。

4. 自动填充句柄的使用

Excel 中的自动填充功能是 Office 系列产品的一大特色。当表格中的行或列的部分数据形成了一个序列时（所谓序列，是指行或者列的数据有一个相同的变化趋势。例如：数字 2,4,6,8,…，时间 1 月 1 日、2 月 1 日……），我们就可以使用 Excel 提供的自动填充功能来快速填充数据。

（1）自动填充句柄的使用方法

对于大多数序列，都可以使用自动填充功能来进行操作，在 Excel 中便是使用"填充句柄"来自动填充。所谓句柄，是位于当前活动单元格右下方的黑色方块，你可以用鼠标拖动它进行自动填充，如图 4-15 所示。

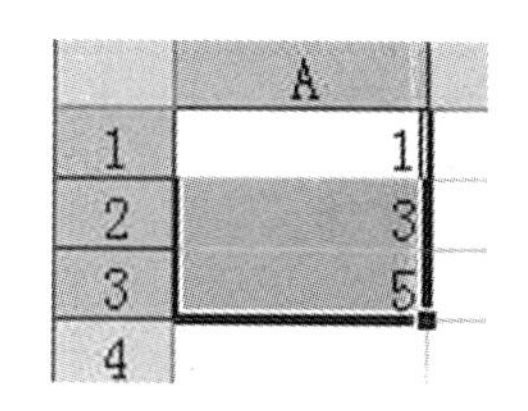

图 4-15　自动填充句柄

如果在你的 Excel 工作表中没有显示填充句柄，那么可以执行"工具"|"选项"命令，在弹出的窗口中选择"编辑"标签，最后在编辑标签中选择"单元格拖放功能"复选框，如图 4-16 所示。

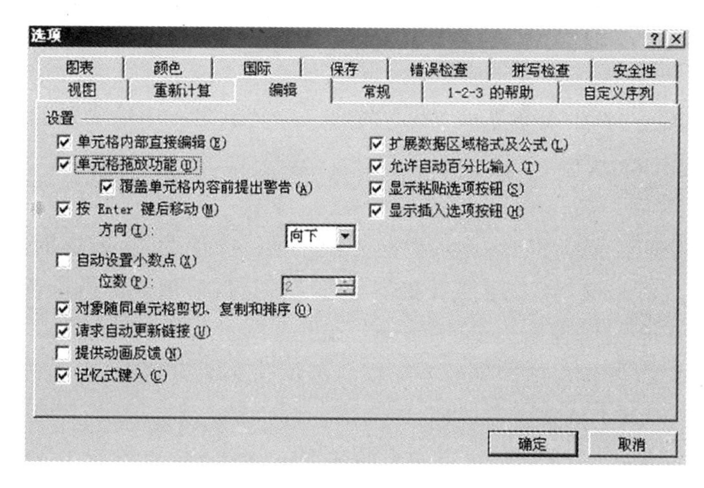

图 4-16　"单元格拖放功能"复选框

（2）复杂数据的自动填充

遇到复杂的数据，仅仅用鼠标拖动填充句柄是不可能完成填充的，这个时候，我们就要使用更复杂的填充功能。我们来看看使用复杂填充功能来填充一个等比数列“2,6,18,54,162”的例子。

步骤1:在单元格A1中输入“2”。

步骤2:用鼠标选择单元格A1～A5(切记,不是使用拖动填充句柄来选择)。

步骤3:执行“编辑”|“填充”|“序列(S)…”命令,出现序列对话框。

步骤4:在序列对话框中设置“序列产生在”为“列”,“类型”为“等比序列”,“步长值”为“3”。

步骤5:单击“确定”按钮。

执行完上面的操作以后,你就会发现单元格区域A1～A5填充了等比数列“2,6,18,54,162”。当然,你也可以这样操作进行其他的设置而产生不同的复杂填充。

(3)自定义填充功能

Excel的自动填充就不可能满足每个人的要求,因此,Excel提供了自定义填充功能。这样,用户就可以根据自己的需要来定义填充内容。

步骤1:执行“工具”|“选项”命令,在弹出的对话框中选择“自定义序列”标签,如图4-17所示。

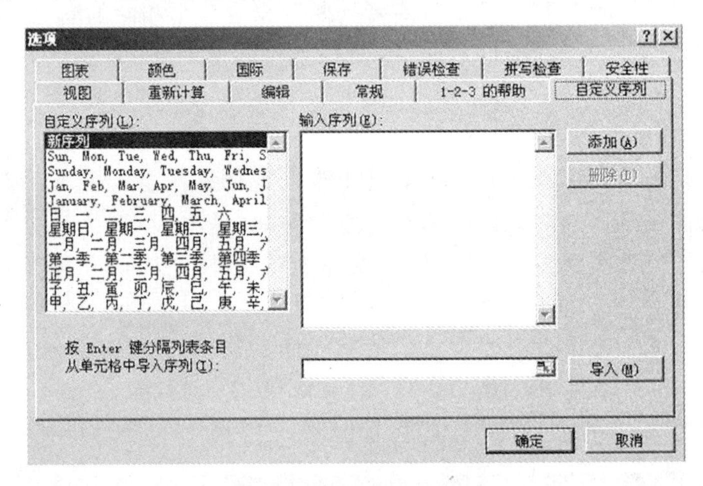

图4-17 “选项”对话框

步骤2:在“自定义序列”标签界面中,在“输入序列”编辑框中输入新的序列。

步骤3:单击“添加”按钮。

步骤4:单击“确定”按钮。

当然你也可以在已经制好的工作表中导入该序列。方法为:执行上面的1、2步骤,然后执行“导入”命令,或者点击“导入序列所在单元格”按钮,最后用鼠标进行选择就可以了。

(4)同时填充多个工作表

有的时候,我们需要将自己做好的一种样式填充到多个表格中,那么就要进行下面的操作。我们以创建工作簿为例来进行说明。

步骤1:创建一个新的工作表,在工作表的各个区域输入一些数字,或者使用前面讲述的填充功能来填充数据。

步骤2:选定前面的工作区域。

步骤3:按住“Ctrl”键,然后单击其他的工作表(多重选择其他工作表),在这里,我们选择“Sheet2”和“Sheet3”。

步骤4:执行“编辑”|“填充”|“至同组工作表(A)…”命令,看到一个对话框。

步骤5:在该对话框中选择要填充的方式,这里我们选择“全部”,然后单击“确定”。

执行完以上操作以后,工作表“Sheet1”的数据和格式就复制到“Sheet2”和“Sheet3”了。从上面的操作来看,这里的多重填充其实也就是“复制”。

4.1.3 Excel 2003工作表格式化

在Excel中由于工作表是由单元格组成的,因此,设置工作表格式也就是设置单元格格式。单元格格式的设置工作,大多可在“单元格格式”对话框上进行。打开该对话框的方法:执行“格式”|“单元格”命令,或者在工作表中右击,然后单击“设置单元格格式”,如图4-18所示。

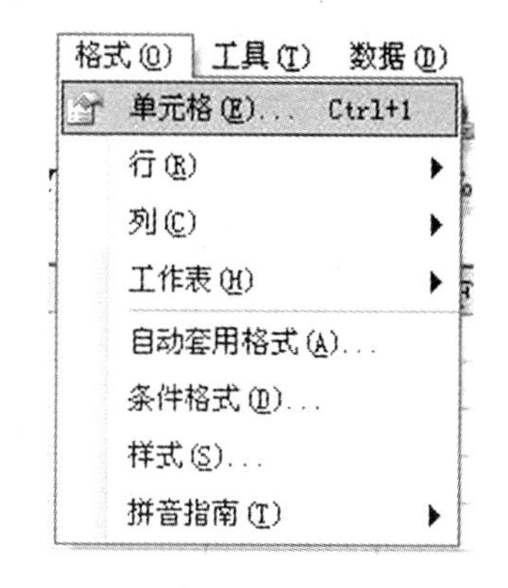

图4-18 “格式”|“单元格”命令

1. 调整行高、列宽

如果单元格内的信息过长,列宽不够,部分内容将显示不出来,或者行高不合适,可以通过调整行高和列宽,来达到要求。

(1)鼠标拖动设置行高、列宽

把光标移动到横(纵)坐标轴格线上,当变成双箭头时,按下鼠标左键,拖动行(列)标题的下(右)边界来设置所需的行高(列宽),这时将自动显示高度(宽度)值,调整到合适的高度(宽度)后放开鼠标左键。

如果要更改多行(列)的高度(宽度),先选定要更改的所有行(列),然后拖动其中一个行(列)标题的下(右)边界;如果要更改工作表中所有行(列)的宽度,单击全选按钮,然后拖动任何一列的下(右)边界。

注意:在行、列边框线上双击,即可将行高、列宽调整到与其中内容相适应。

(2)用菜单精确设置行高、列宽

选定所需调整的区域后,执行“格式”|“行”(或“列”)|“行高”(或“列宽”)命令,然后在“行高”(或“列宽”)对话框上设定行高或列宽的精确值。

(3)自动设置行高、列宽

选定需要设置的行或列,执行“格式”|“行”(或“列”)|“最合适的行高”(或“最合适的列宽”命令,系统将自动调整到最佳行高或列宽。

如果执行“格式”|“行”(或“列”)|“隐藏”命令,所选的行或列将被隐藏起来。执行“格式”|“行”(或“列”)|“取消隐藏”命令,则再现被隐藏的行或列。若在“行高”(或“列宽”)对话框上设定数值为0,那么,也可以实现整行或整列的“隐藏”。

2. 数字格式的设置

Excel提供了多种数字格式,在对数字格式化时,可以设置不同的小数位数、百分号、货币符号等来表示同一个数,这时屏幕上的单元格表现的是格式化后的数字,编辑栏中表现的是系统实际存储的数据。如果要取消数字的格式,可以执行“编辑”|“清除”|“格式”命令。

在Excel中,可以使用数字格式更改数字(包括日期和时间)的外观,而不更改数字本身。所应用的数字格式并不会影响单元格中的实际数值,Excel是使用该实际值进行计算的。

(1)用工具栏按钮格式化数字

选中包含数字的单元格,例如 12345.67 后,单击“格式”工具栏上的“货币样式”、“百分比样式”、“千位分隔样式”、“增加小数位数”、“减少小数位数”等按钮,可设置数字格式,如图 4-19所示。

图 4-19 工具栏按钮格式化数字

(2)用“单元格格式”格式化数字

选定需要格式化数字所在的单元格或单元格区域后,单击右键,然后单击“设置单元格格式”,如图 4-20 所示。

在“单元格格式”对话框的“数字”选项卡上,“分类”框中可以看到 11 种内置格式,如图 4-21 所示。其中:

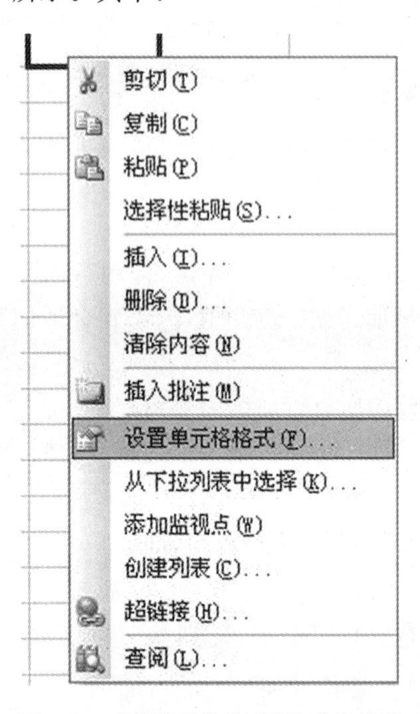

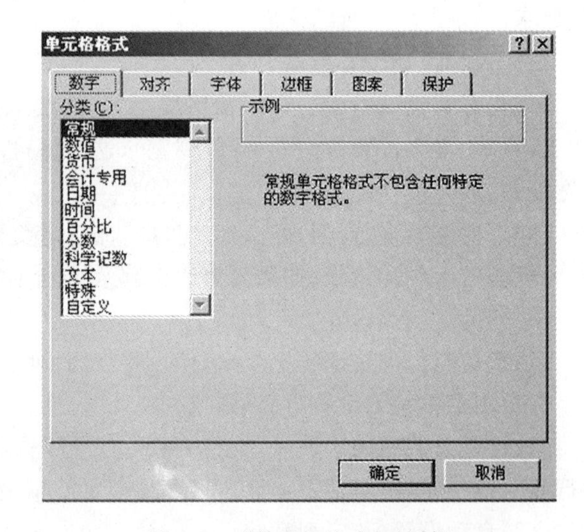

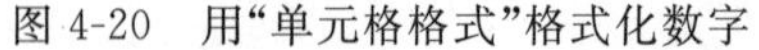

图 4-20 用“单元格格式”格式化数字　　图 4-21 “单元格格式”对话框

常规“数字格式”是默认的数字格式。对于大多数情况,在设置为“常规”格式的单元格中所输入的内容可以正常显示。但是,如果单元格的宽度不足以显示整个数字,则“常规”格式将对该数字进行取整,并对较大数字使用科学记数法。

“会计专用”、“日期”、“时间”、“分数”、“科学记数”和“文本”、“特殊”等格式的选项则显示在“分类”列表框的右边。

如果内置数字格式不能按需要显示数据,则可使用“自定义”创建自定义数字格式。自定义数字格式使用格式代码来描述数字、日期、时间或文本的显示方式。

(3)设置文字

Excel 在默认情况下,输入的字体为“宋体”,字形为“常规”,字号为“12(磅)”。可以根据需要通过工具栏中的工具按钮很方便地重新设置字体、字形和字号,还可以添加下划线以及改变字的颜色,也可以通过菜单方法进行设置。如果需要取消字体的格式,可执行“编辑”|

“清除”|“格式”命令。

方法 1:利用工具栏格式化文字。选定需要进行格式化的单元格后,单击“格式”工具栏上加粗、倾斜、下划线等按钮,或在字体、字号框中选定所需的字体、字号,如图 4-22 所示。

图 4-22　工具栏格式化文字

方法 2:利用“单元格格式”格式化文字。在“单元格格式”对话框的“字体”选项卡上,可设定所需的字体、字形、字号、特殊效果等,如图 4-23 所示。

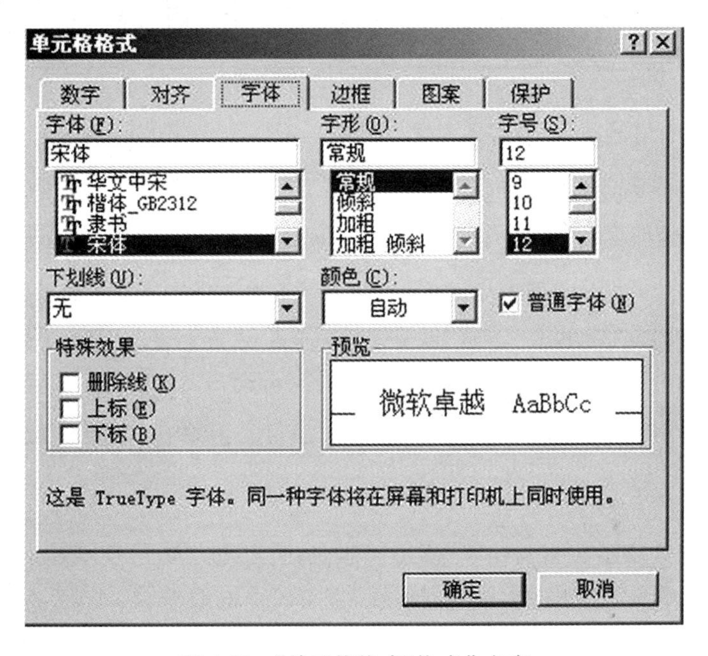

图 4-23　“单元格格式”格式化文字

(4)对齐方式

系统在默认情况下,输入单元格的数据是按照文字左对齐、数字右对齐、逻辑值居中对齐的方式来进行的。可以通过有效的设置对齐方法,以使版面更加美观。

方法 1:用工具栏按钮设置对齐方式。选定需要格式化的单元格后,单击“格式”工具栏上的左对齐、居中对齐、右对齐、合并及居中、减少缩进量、增加缩进量等按钮即可,如图 4-24 所示。

图 4-24　工具栏设置对齐方式

方法 2:利用“单元格格式”设置对齐方式。在“单元格格式”对话框的“对齐”选项卡上,可设定所需对齐方式,如图 4-25 所示。

水平对齐的格式有:常规(系统默认的对齐方式)、左(缩进)、居中、靠右、填充、两端对齐、跨列居中、分散对齐。

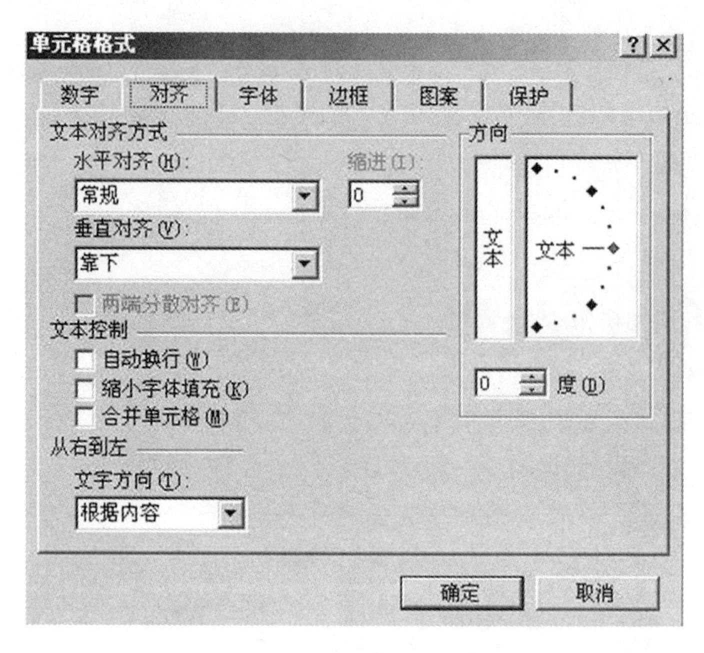

图 4-25 “单元格格式”设置对齐方式

“垂直对齐”的格式有：靠上、居中、靠下、两端对齐、分散对齐。

另外，在“方向”列表框中，可以改变单元格内容的显示方向；如果选中“自动换行”复选框，则当单元格中的内容宽度大于列宽时，会自动换行。若要在单元格内强行换行，可直接按 Alt+Enter 键。

(5)边与底纹

工作表中显示的网格线是为输入、编辑方便而预设置的(相当于 Word 表格中的虚框)，在打印或显示时，可以全部用作表格的网格线，也可以全部取消它。但是为了强调工作表的一部分或某一特殊表格部分，需通过“边框与底纹”来设置。

方法 1：用工具栏按钮设置边框与底纹。选择所要添加边框的各个单元格或所有单元格区域，单击“格式”工具栏上的边框或填充颜色按钮左边的下拉钮，然后在下拉菜单上选定所需的格线或背景填充色，如图 4-26 所示。

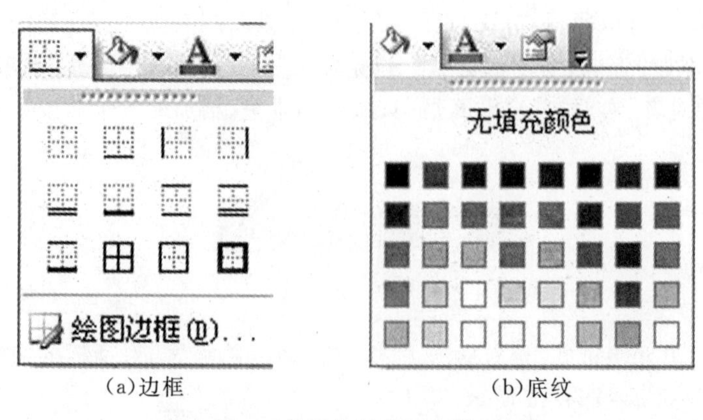

(a)边框　　　　(b)底纹

图 4-26 工具栏按钮设置边框和底纹

方法 2：利用单元格格式化边框与底纹。在“单元格格式”对话框的“边框”选项卡上，可

设定外边框、内部框线，线条的样式、颜色等；在“单元格格式”对话框的“图案”选项卡，可以设置单元格的底纹与颜色，如图 4-27 所示。

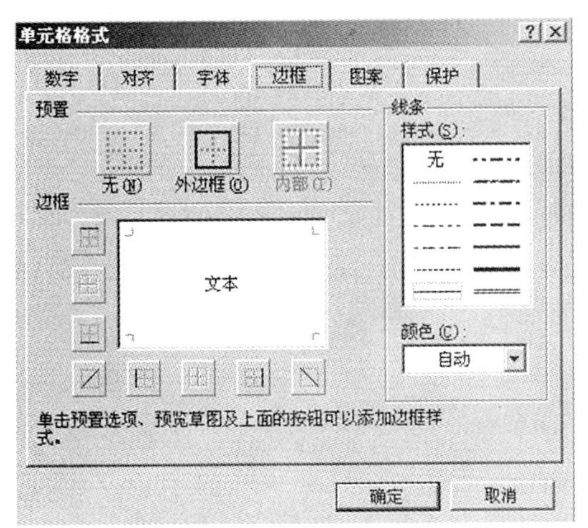

(a)边框

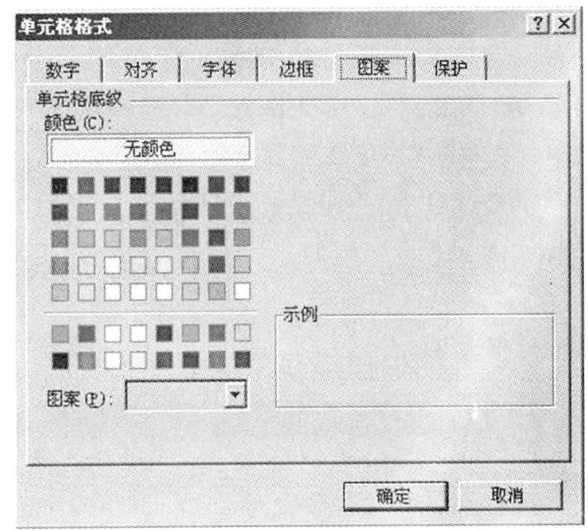

(b)底纹

图 4-27　单元格格式格式化边框、底纹

(6)自动格式化表格

Excel 的“自动套用格式”功能，提供了许多种漂亮且专业的表格形式，它们是上述各项组合的格式方式，使用它可以快速格式化表格。

选中需要格式化的单元格或单元格区域后，执行“格式”|“自动套用格式”命令，如图 4-28 所示。然后在“自动套用格式”对话框上选定所需的格式，如图 4-29 所示。单击“确定”后，表格即使用选定的格式。

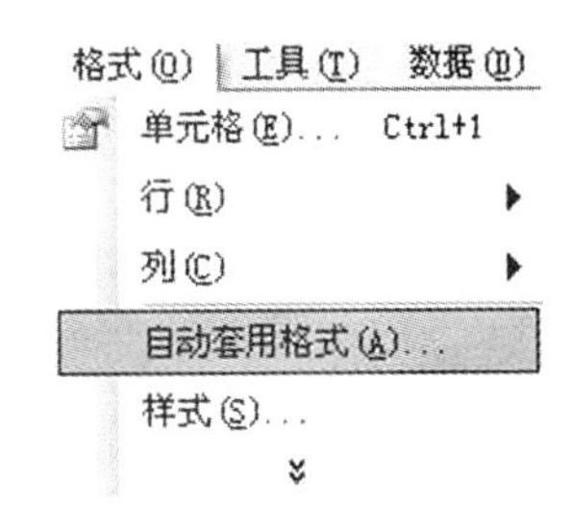

图 4-28　“格式”|“自动套用格式”

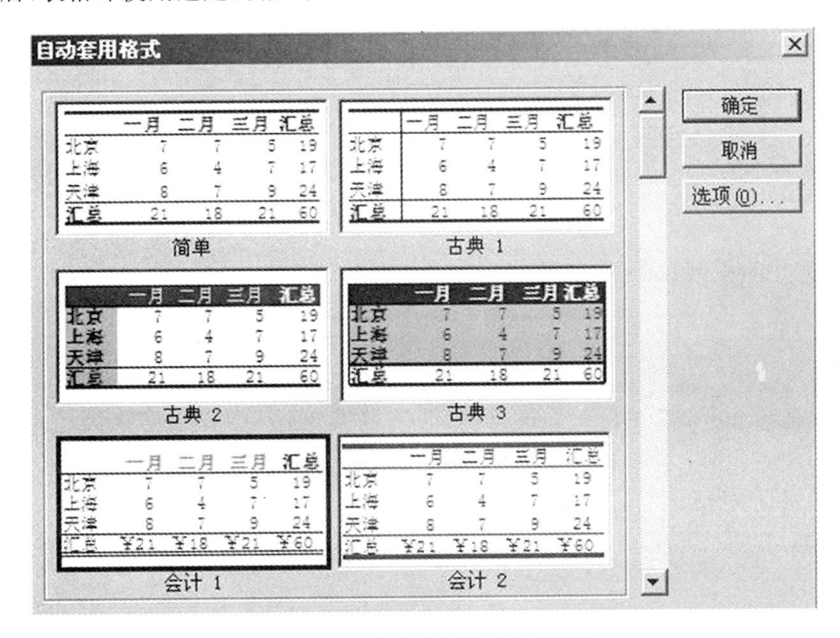

图 4-29　“自动套用格式”对话框

(7)条件格式

条件格式用以指定底纹、字体和颜色等格式，使数据在满足不同条件时，显示不同的数字格式。

选定需设置条件格式的单元格区域后（先设定条件），执行“格式”|“条件格式”命令，如图 4-30 所示。然后在“条件格式”对话框上选定条件。

条件选定后，单击“格式”，然后在“单元格格式”对话框上设定格式，如图 4-31 所示。此时，该对话框只有“字体”、“边框”、“图案”三张选项卡，且选项卡上有部分选项不能选择。

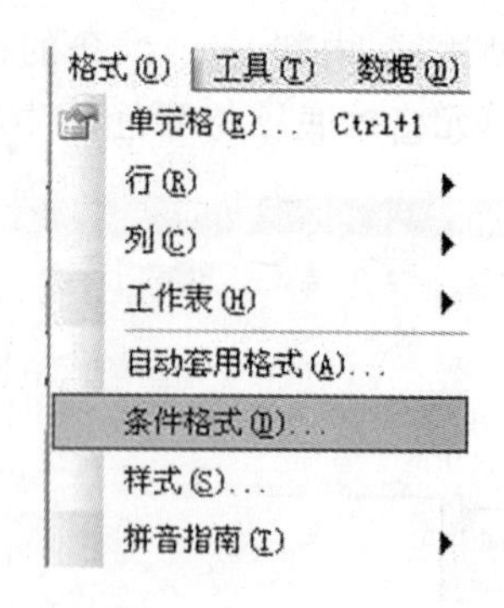

图 4-30　执行“格式”|“条件格式”命令

图 4-31　“条件格式”对话框

需要多个条件的可单击“添加”按钮。

【例 4-2】　已有一个班的学生的成绩，如图 4-32 所示。现需将每门课程成绩≥90 分的用红色底色，绿色字体显示；每门课程成绩<60 分的用蓝色底色，黄色字体显示。

	A	B	C	D	E	F
1			学生成绩表			
2	学号	姓名	语文	数学	英语	
3	1001001	张三	78	80	79	
4	1001002	李四	70	60	90	
5	1001003	王五	85	96	45	
6	1001004	赵六	78	85	42	
7						

图 4-32　学生成绩表

步骤 1：选中表中的数据区，如图 4-33 所示。

	A	B	C	D	E
1			学生成绩表		
2	学号	姓名	语文	数学	英语
3	1001001	张三	78	80	79
4	1001002	李四	70	60	90
5	1001003	王五	85	96	45
6	1001004	赵六	78	85	42

图 4-33　选中表中的数据区

步骤2:执行"格式"|"条件格式"命令,如图4-34所示。

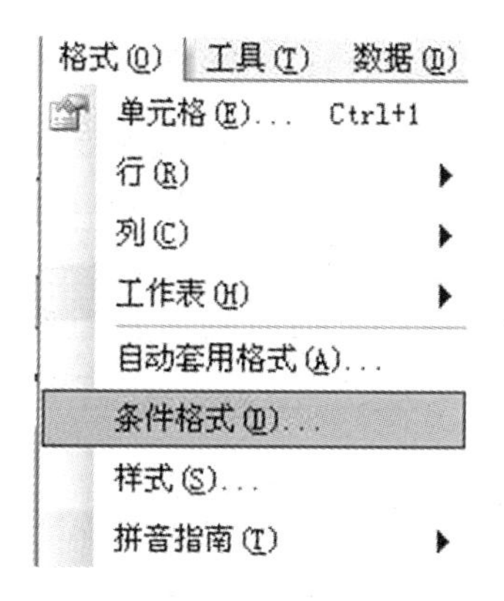

图4-34 执行"格式"|"条件格式"命令

步骤3:在"条件格式"对话框中填入第一个条件,选择"大于或者等于",填入"90",如图4-35所示。

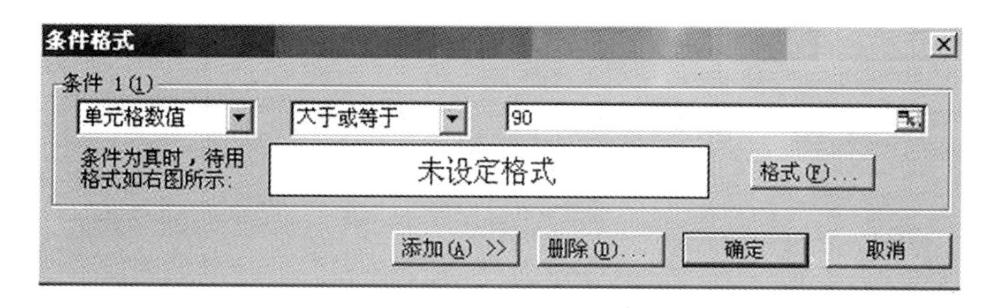

图4-35 "条件格式"对话框条件设置

步骤4:点击格式按钮,图案选框中选择"红色"底色,字体选框中选择"绿色"字体颜色,如图4-36所示。条件格式设置界面如图4-37所示。

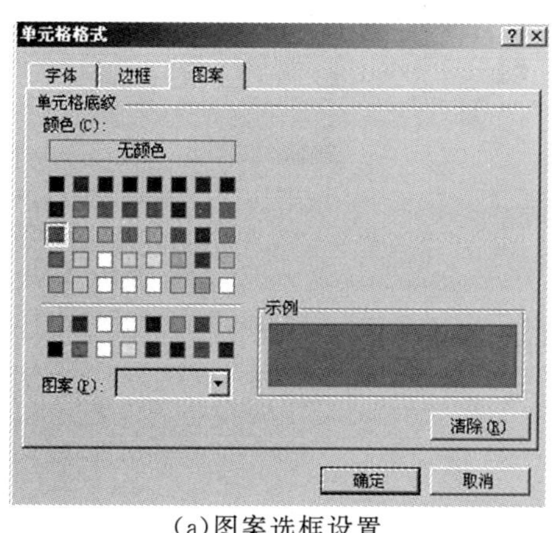

(a)图案选框设置

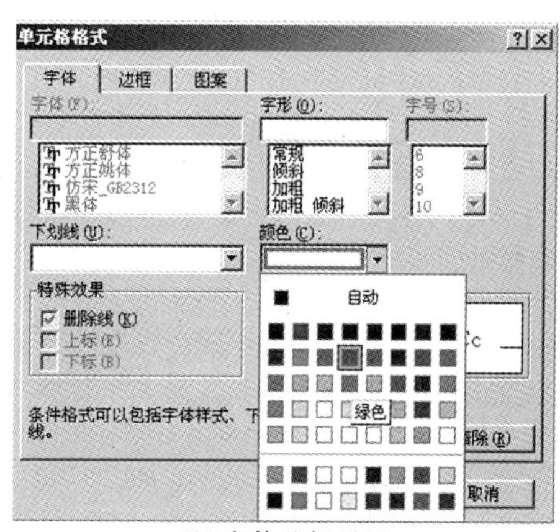

(b)字体选框设置

图4-36 条件格式中"格式"的设置

步骤5:点击"添加"按钮,与设置第一个条件方式相同,设置选择"小于",填入"60",点击格式按钮,图案选框中选择"蓝色"底色,字体选框中选择"黄色"字体颜色,条件设置界面如

图 4-38 所示。

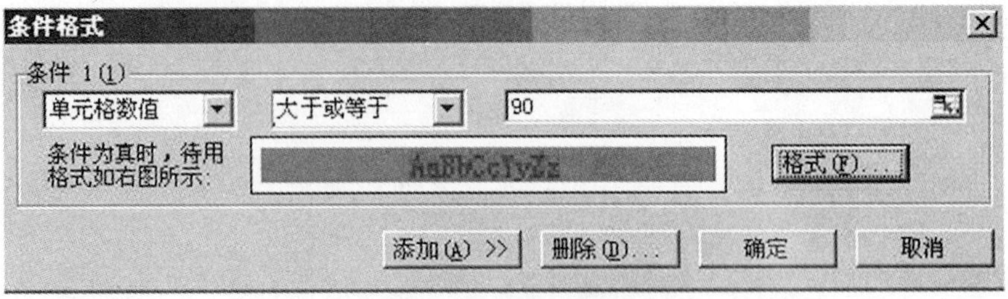

图 4-37 “条件格式”设置

图 4-38 设置第二个条件格式

最终结果如图 4-39 所示。

	A	B	C	D	E
1	学生成绩表				
2	学号	姓名	语文	数学	英语
3	1001001	张三	78	80	79
4	1001002	李四	70	60	90
5	1001003	王五	85	96	45
6	1001004	赵六	78	85	42

图 4-39 最终结果

4.2 Excel 2003 中的公式

4.2.1 公式的概述

公式是在工作表中对数据进行分析的等式，它可以对工作表数值进行加法、减法和乘法等运算。公式由操作符和运算符两部分组成，操作符可以是常量、名称、数组、单元格引用和函数等，运算符用于连接公式中的操作符，是工作表处理数据的指令。

1. 公式的语法

＝(操作符)(运算符)(操作符)[(运算符)(操作符)……]

即公式是一个以等号(＝)开始,后面接计算内容的表达式,计算内容包括操作符和运算符。

2. 运算符类型

计算运算符分为 4 种不同类型:算术运算符、比较运算符、文本连接运算符和引用运算符。

(1)算术运算符

若要完成基本的数学运算(如加法、减法或乘法)、合并数字以及生成数值结果,请使用表 4-1 中所示算术运算符。

表 4-1 算术运算符表

算术运算符	含　义	示　例
＋(加号)	加法	3＋3
－(减号)	减法	3－1
	负数	－1
*(星号)	乘法	3*3
/(正斜杠)	除法	3/3
%(百分号)	百分比	20%
^(脱字号)	乘方	3^2

(2)比较运算符

可以使用表 4-2 中所示运算符比较两个值。当用运算符比较两个值时,结果为逻辑值 TRUE 或 FALSE。

表 4-2 比较运算符表

比较运算符	含　义	示　例
＝(等号)	等于	A1＝B1
＞(大于号)	大于	A1＞B1
＜(小于号)	小于	A1＜B1
＞＝(大于等于号)	大于等于	A1＞＝B1
＜＝(小于等于号)	小于等于	A1＜＝B1
＜＞(不等号)	不等于	A1＜＞B1

(3)文本连接运算符

可以使用与号(&)联接或连接一个或多个文本字符串,以生成一段文本,具体如表 4-3 所示。

表 4-3　文本连接运算符表

文本运算符	含　义	示　例
&(与号)	将两个文本值连接或串起来产生一个连续的文本值	("North"&"wind")

(4)引用运算符

可以使用表 4-4 中所示运算符对单元格区域进行合并计算。

表 4-4　引用运算符表

引用运算符	含　义	示　例
:(冒号)	区域运算符,生成对两个引用之间的所有单元格的引用,包括这两个引用	B5:B15
,(逗号)	联合运算符,将多个引用合并为一个引用	SUM(B5:B15,D5:D15)
(空格)	交叉运算符,生成对两个引用共同的单元格的引用	B7:D7　C6:C8

3. Excel 执行公式运算的次序

在某些情况下,执行计算的次序会影响公式的返回值。因此,了解如何确定计算次序以及如何更改次序以获得所需结果非常重要。

(1)计算次序

公式按特定次序计算值。Excel 中的公式始终以等号(＝)开头,这个等号告诉 Excel 随后的字符组成一个公式。等号后面是要计算的元素(即操作数),各操作数之间由运算符分隔。Excel 按照公式中每个运算符的特定次序从左到右计算公式。

(2)运算符优先级

如果一个公式中有若干个运算符,Excel 将按表 4-5 中的次序进行计算。如果一个公式中的若干个运算符具有相同的优先顺序(例如,如果一个公式中既有乘号又有除号),Excel 将从左到右进行计算。

表 4-5　运算符优先级表

运算符	说　明
:(冒号) (单个空格) ,(逗号)	引用运算符
－	负数(如－1)
%	百分比
^	乘方
* 和/	乘和除
＋和－	加和减
&	连接两个文本字符串(串连)
＝ ＜＞ ＜＝ ＞＝ ＜＞	比较运算符

(3)使用括号

若要更改求值的顺序，请将公式中要先计算的部分用括号括起来。例如，下面公式的结果是11，因为Excel先进行乘法运算后进行加法运算。将2与3相乘，然后再加上5，即得到结果。

＝5＋2＊3

但是，如果用括号对该语法进行更改，Excel将先求出5加2之和，再用结果乘以3得21。

＝(5＋2)＊3

在以下示例中，公式第一部分的括号强制Excel先计算B4＋25，然后再除以单元格D5、E5和F5中值的和。

＝(B4＋25)/SUM(D5：F5)

4.2.2　单元格的引用

Excel单元格的引用包括相对引用、绝对引用和混合引用三种。

1. 相对引用

公式中的相对单元格引用(例如A12)是基于包含公式和单元格引用的单元格的相对位置。如果公式所在单元格的位置改变，引用也随之改变。如果多行或多列地复制公式，引用会自动调整。默认情况下，新公式使用相对引用。例如，如果将单元格B2中的相对引用复制到单元格B3，将自动从＝A1调整到＝A2。

2. 绝对引用

单元格中的绝对单元格引用(例如＄A＄1)总是在指定位置引用单元格。如果公式所在单元格的位置改变，绝对引用保持不变。如果多行或多列地复制公式，绝对引用将不作调整。默认情况下，新公式使用相对引用，需要将它们转换为绝对引用。例如，如果将单元格B2中的绝对引用复制到单元格B3，则在两个单元格中一样，都是＄A＄1。

3. 混合引用

混合引用具有绝对列和相对行，或是绝对行和相对列。绝对引用列采用＄A1、＄B1等形式，绝对引用行采用A＄1、B＄1等形式。如果公式所在单元格的位置改变，则相对引用改变，而绝对引用不变。如果多行或多列地复制公式，相对引用自动调整，而绝对引用不作调整。例如，如果将一个混合引用从A2复制到B3，它将从＝A＄1调整到＝B＄1。

在Excel中输入公式时，只要正确使用F4键，就能简单地对单元格的相对引用和绝对引用进行切换。现举例说明如下：

对于某单元格所输入的公式为“＝SUM(B4：B8)”。

选中整个公式，按下F4键，该公式内容变为“＝SUM(＄B＄4：＄B＄8)”，表示对横、纵行单元格均进行绝对引用。

第二次按下F4键，公式内容又变为“＝SUM(B＄4：B＄8)”，表示对横行进行绝对引用，纵行相对引用。

第三次按下F4键，公式则变为“＝SUM(＄B4：＄B8)”，表示对横行进行相对引用，对纵行进行绝对引用。

第四次按下 F4 键时，公式变回到初始状态"＝SUM(B4：B8)"，即对横、纵行的单元格均进行相对引用。

需要说明的一点是，F4 键的切换功能只对所选中的公式段有作用。

4.3　Excel 2003 中数组的使用

4.3.1　数组的概述

数组就是单元的集合或是一组处理的值集合。我们写一个数组公式，即输入一个单个的公式，它执行多个输入的操作并产生多个结果(每个结果显示在一个单元格区域中)。数组公式能看成是有多重数值的公式，和单值公式的不同之处在于它能产生一个以上的结果。一个数组公式能占用一个或多个单元，数组的元素可多达 6500 个。

首先我们通过学生成绩表来说明数组是怎么工作的。我们能从图 4-40 中看到，在"H"列中的数据为总分，在"B"～"G"列中的数据是各题目的成绩，需计算出全班同学的总分。一般的做法是计算出每位同学的总分，然后再计算出全班总分。不过如果我们改用数组，就能只键入一个公式来完成这些运算。

	A	B	C	D	E	F	G	H	I	J
1	姓名	单选题	判断题	windows操作题	Excel操作题题	PowerPoint操作题	IE操作题	总分		
2	王一	2	8	20	12	15	15			
3	张二	4	6	9	8	18	17			
4	林三	2	5	11	12	16	5			
5	胡四	8	9	20	20	19	17			
6	吴五	8	2	9	20	17	13			
7	章六	4	4	15	20	11	10			
8	陆七	4	6	7	16	13	6			
9	苏八	1	5	13	8	11	1			
10	韩九	4	4	20	16	15	15			
11										
12									全班总分：	
13										

图 4-40　学生成绩表

输入数组公式的步骤为：

选定要存入公式的单元格，在本例中我们选择"J12"单元格。输入公式＝SUM(B2：B10＋C2：C10＋D2：D10＋E2：E10＋F2：F10＋G2：G10)，如果此时按下 Enter 键(输入公式的方法和输入普通的公式相同)，Excel 会报错，如图 4-41 所示，因此不要按下 Enter 键。

	A	B	C	D	E	F	G	H	I	J
1	姓名	单选题	判断题	windows操作题	Excel操作题题	PowerPoint操作题	IE操作题	总分		
2	王一	2	8	20	12	15	15			
3	张二	4	6	9	8	18	17			
4	林三	2	5	11	12	16	5			
5	胡四	8	9	20	20	19	17			
6	吴五	8	2	9	20	17	13			
7	章六	4	4	15	20	11	10			
8	陆七	4	6	7	16	13	6			
9	苏八	1	5	13	8	11	1			
10	韩九	4	4	20	16	15	15			
11										
12									全班总分：	#VALUE!

图 4-41　按下 Enter 键 Excel 报错

此时，按下 Shift＋Ctrl＋Enter 键，我们就会看到在公式外面加上了一对大括号"{}"，如图 4-42 所示。

J12　{=SUM(B2:B10+C2:C10+D2:D10+E2:E10+F2:F10+G2:G10)}

	A	B	C	D	E	F	G	H	I	J
1	姓名	单选题	判断题	windows操作题	Excel操作题题	PowerPoint操作题	IE操作题	总分		
2	王一	2	8	20	12	15	15			
3	张二	4	6	9	8	18	17			
4	林三	2	5	11	12	16	5			
5	胡四	8	9	20	20	19	17			
6	吴五	8	2	9	20	17	13			
7	章六	4	4	15	20	11	10			
8	陆七	4	6	7	16	13	6			
9	苏八	1	5	13	8	11	1			
10	韩九	4	4	20	16	15	15			
11										
12									全班总分：	576
13										

图 4-42　按下 Shift+Ctrl+Enter 键得到的结果

在"J12"单元格中的公式＝SUM(B2：B10+C2：C10+D2：D10+E2：E10+F2：F10+G2：G10)，表示"B2：B10"～"G2：G10"范围内行区域内每一个单元格进行相加，也就是"B2+C2+…+G2"，"B3+C3+…+G3"，…，"B10+C10+…+G10"，相加的结果共有 9 个数字，每个数字代表一个学生的得分，而"SUM"函数将这些得分相加，就得到了全班总分。

下面我们再以使用数组计算每位学生的得分为例，来说明怎么产生多个计算结果。其操作过程如下：

步骤 1：选择"H2：H10"单元格区域，如图 4-43 所示。

H2

	A	B	C	D	E	F	G	H
1	姓名	单选题	判断题	windows操作题	Excel操作题题	PowerPoint操作题	IE操作题	总分
2	王一	2	8	20	12	15	15	
3	张二	4	6	9	8	18	17	
4	林三	2	5	11	12	16	5	
5	胡四	8	9	20	20	19	17	
6	吴五	8	2	9	20	17	13	
7	章六	4	4	15	20	11	10	
8	陆七	4	6	7	16	13	6	
9	苏八	1	5	13	8	11	1	
10	韩九	4	4	20	16	15	15	

图 4-43　选择"H2：H10"单元格

步骤 2：在"H2"单元格中输入公式"＝B2：B10+C2：C10+D2：D10+E2：E10+F2：F10+G2：G10"(不按 Enter 键)，按下 Shift+Ctrl+Enter 键，我们就能从图 4-44 中看到执行后的结果。同时我们能看到"H2"到"H10"的格中都会出现用大括弧"{}"框住的函数式，这表示"H2"到"H10"被当作一个单元格来处理，所以不能对"H2"到"H10"中的任一格作独立处理，必须针对整个数组来处理。

H2　{=B2:B10+C2:C10+D2:D10+E2:E10+F2:F10+G2:G10}

	A	B	C	D	E	F	G	H
1	姓名	单选题	判断题	windows操作题	Excel操作题题	PowerPoint操作题	IE操作题	总分
2	王一	2	8	20	12	15	15	72
3	张二	4	6	9	8	18	17	62
4	林三	2	5	11	12	16	5	51
5	胡四	8	9	20	20	19	17	93
6	吴五	8	2	9	20	17	13	69
7	章六	4	4	15	20	11	10	64
8	陆七	4	6	7	16	13	6	52
9	苏八	1	5	13	8	11	1	39
10	韩九	4	4	20	16	15	15	74

图 4-44　按下 Shift+Ctrl+Enter 得到的结果

4.3.2　使用数组常数

Excel 中也可以在数组中使用常数值，这些值能放在数组公式中使用区域引用的地方。

要在数据公式中使用数组常数，直接将该值输入到公式中并将它们放在括号里。例如，在图 4-45中，就使用了数组常数进行计算。

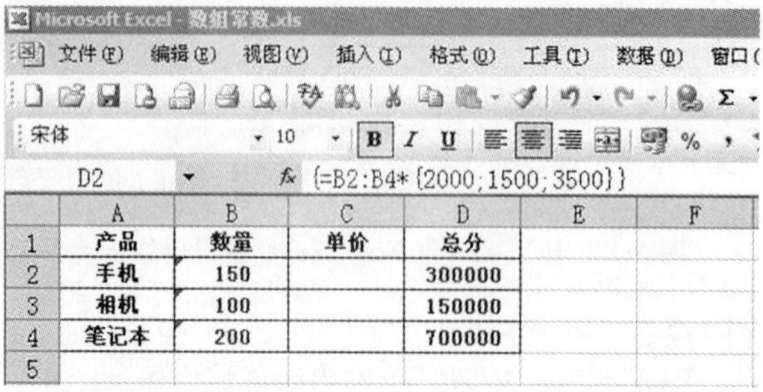
Microsoft Excel - 数组常数.xls
文件(F) 编辑(E) 视图(V) 插入(I) 格式(O) 工具(T) 数据(D) 窗口(
宋体 10
D2
{=B2:B4*{2000;1500;3500}}
A B C D E F
1 产品 数量 单价 总分
2 手机 150 300000
3 相机 100 150000
4 笔记本 200 700000
5

图 4-45　一维垂直数组中的元素用分号分开

常数数组可以是一维的也可以是二维的。一维数组可以是垂直的也可以是水平的。在一维垂直数组中的元素用分号分开，如图 4-45 所示。在一维水平数组中的元素用逗号分开，如图 4-46 所示。

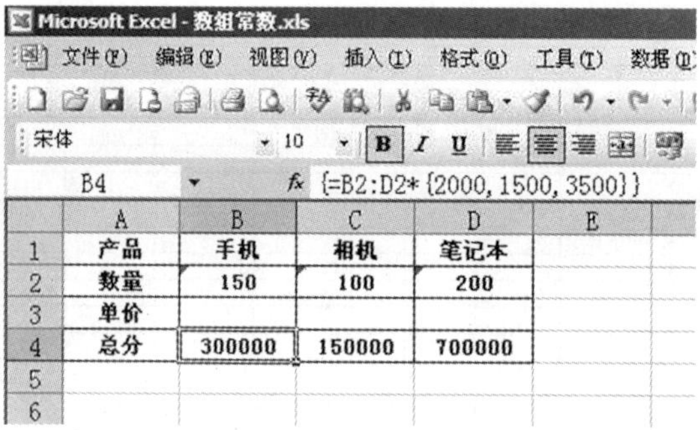
Microsoft Excel - 数组常数.xls
文件(F) 编辑(E) 视图(V) 插入(I) 格式(O) 工具(T) 数据(D)
宋体 10
B4
{=B2:D2*{2000,1500,3500}}
A B C D E
1 产品 手机 相机 笔记本
2 数量 150 100 200
3 单价
4 总分 300000 150000 700000
5
6

图 4-46　一维水平数组中的元素用逗号分开

对于二维数组，用分号将一列内的元素分开，如图 4-45 所示，用逗号将一行内的元素分开，如图 4-46 所示。下一个例子是“4×4”的数组(由 4 行 4 列组成)：{100,200,300,400;110,…;130,230,330,440}。

注意：不能在数组公式中使用列出常数的方法列出单元引用、名称或公式。例如：{2 * 3,3 * 3,4 * 3}因为列出了多个公式，是不可用的。{A1,B1,C1}因为列出多个引用，也是不可用的。不过能使用一个区域，例如{A1：C1}。

对于数组常量的内容，可由下列规则构成：

①数组常量可以是数字、文字、逻辑值或错误值。

②数组常量中的数字，也能使用整数、小数或科学记数格式。

③文字必须以双引号括住。

④同一个数组常量中能含有不同类型的值。

⑤数组常量中的值必须是常量，不能是公式。

⑥数组常量不能含有货币符号、括号或百分比符号。

⑦所输入的数组常量不得含有不同长度的行或列。

4.3.3 编辑数组

数组包含数个单元格，这些单元格形成一个整体，所以，数组里的某一单元格不能独立编辑、清除和移动，也不能插入或删除单元格。在编辑数组前，必须先选取整个数组，然后进行相应的操作。

选取数组的步骤为：

步骤 1：选取数组中的任一单元格，如图 4-47 所示，例中选中的是“H2”单元格。

H2 {=B2:B10+C2:C10+D2:D10+E2:E10+F2:F10+G2:G10}

	A	B	C	D	E	F	G	H
1	姓名	单选题	判断题	windows操作题	Excel操作题	PowerPoint操作题	IE操作题	总分
2	王一	2	8	20	12	15	15	72
3	张二	4	6	9	8	18	17	62
4	林三	2	5	11	12	16	5	51
5	胡四	8	9	20	20	19	17	93
6	吴五	8	2	9	20	17	13	69
7	章六	4	4	15	20	11	10	64
8	陆七	4	6	7	16	13	6	52
9	苏八	1	5	13	8	11	1	39
10	韩九	4	4	20	16	15	15	74

图 4-47　选取数组中的任一单元格

步骤 2：在“编辑”菜单中选择“定位”命令或按下 F5 键，如图 4-48 所示，出现一个“定位”对话框，如图 4-49 所示。按下“定位条件”按钮，出现一个定位条件对话框，如图 4-50 所示。

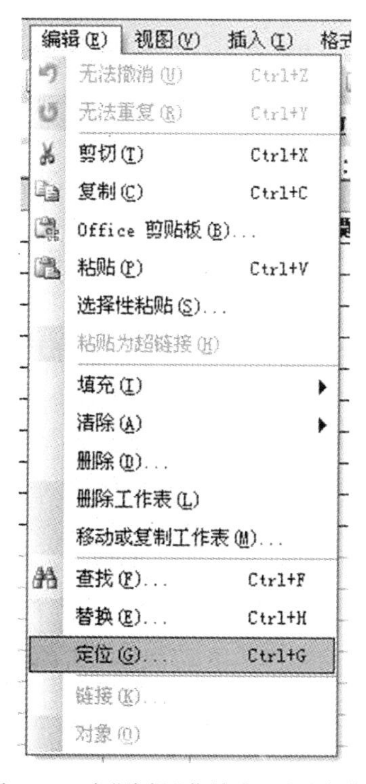

图 4-48　在“编辑”菜单中选择“定位”

图 4-49　“定位”对话框

步骤 3：选择“当前数组”选项，如图 4-51 所示，最后按下“确定”按钮，就能看到数组被选定了。

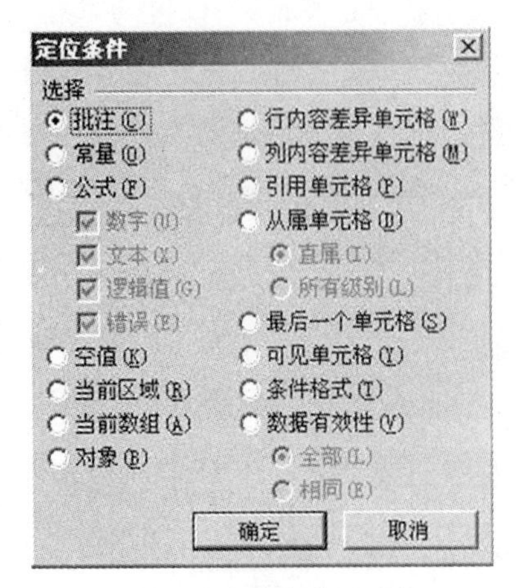

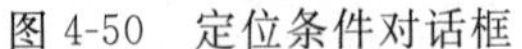

图 4-50　定位条件对话框

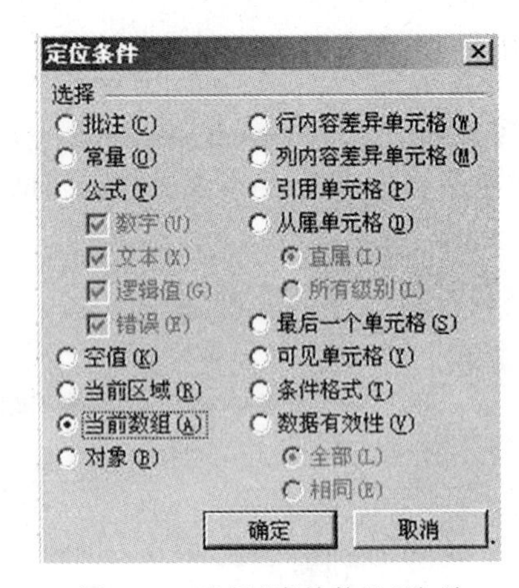

图 4-51　选择"当前数组"选项

如果要编辑数组，可以执行以下步骤：

步骤 1：选定要编辑的数组。

步骤 2：移到数据编辑栏上按 F2 键或单击左键，使代表数组的括号消失，之后就能编辑公式了。

步骤 3：编辑完成后，按下 Shift＋Ctrl＋Enter 键。

若要删除数组，其步骤为：

步骤 1：选定要删除的数组。

步骤 2：按 Ctrl＋Delete 或选择编辑菜单中的"清除"命令。

4.3.4　数组公式的应用

【例 4-3】　有一温度情况表，如图 4-52 所示，现要求用数组公式求两个城市间的相差温度值，然后修改数组公式相差温度值为正数值。

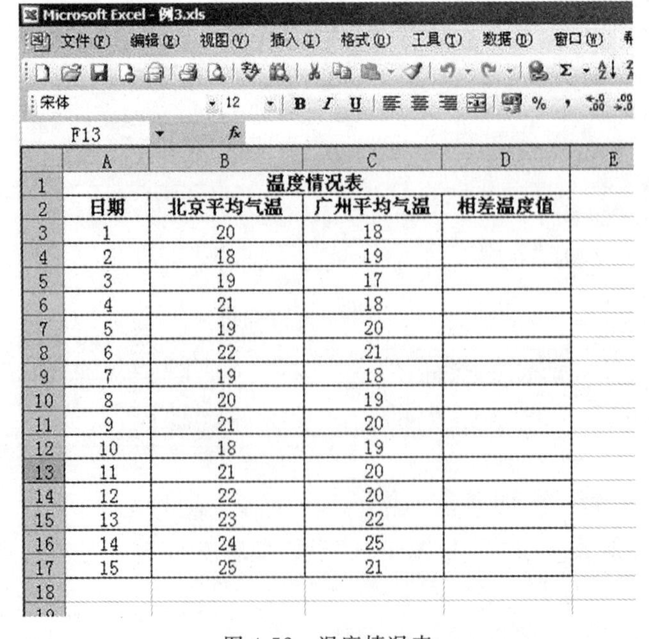

	A	B	C	D
1	温度情况表			
2	日期	北京平均气温	广州平均气温	相差温度值
3	1	20	18	
4	2	18	19	
5	3	19	17	
6	4	21	18	
7	5	19	20	
8	6	22	21	
9	7	19	18	
10	8	20	19	
11	9	21	20	
12	10	18	19	
13	11	21	20	
14	12	22	20	
15	13	23	22	
16	14	24	25	
17	15	25	21	

图 4-52　温度情况表

步骤1:选中“D3”~“D17”单元格,如图4-53所示。

步骤2:点击编辑栏,输入:=B3:B17-C3:C17,如图4-54所示。

步骤3:编辑完成后,按下Shift+Ctrl+Enter键,如图4-55所示。

步骤4:再次选中“D3”~“D17”单元格。

Microsoft Excel - 例3.xls

文件(F) 编辑(E) 视图(V) 插入(I) 格式(O) 工具(T) 数据(D) 窗口(W)

宋体 12 B I U %

D3 fx

	A	B	C	D
1	温度情况表			
2	日期	北京平均气温	广州平均气温	相差温度值
3	1	20	18	
4	2	18	19	
5	3	19	17	
6	4	21	18	
7	5	19	20	
8	6	22	21	
9	7	19	18	
10	8	20	19	
11	9	21	20	
12	10	18	19	
13	11	21	20	
14	12	22	20	
15	13	23	22	
16	14	24	25	
17	15	25	21	
18				

图4-53 选中“D3”~“D17”单元格

步骤5:点击编辑栏重新编辑,填入“=ABS(B3:B17-C3:C17)”。

步骤6:按下Shift+Ctrl+Enter键,完成输入,最终结果如图4-56所示。

Microsoft Excel - 例3.xls

文件(F) 编辑(E) 视图(V) 插入(I) 格式(O) 工具(T) 数据(D) 窗口(W) 帮

宋体 12 B I U %

AVERAGE fx =B3:B17-C3:C17

	A	B	C	D
1	温度情况表			
2	日期	北京平均气温	广州平均气温	相差温度值
3	1	20	18	B17-C3:C17
4	2	18	19	
5	3	19	17	
6	4	21	18	
7	5	19	20	
8	6	22	21	
9	7	19	18	
10	8	20	19	
11	9	21	20	
12	10	18	19	
13	11	21	20	
14	12	22	20	
15	13	23	22	
16	14	24	25	
17	15	25	21	
18				

图4-54 编辑栏输入公式

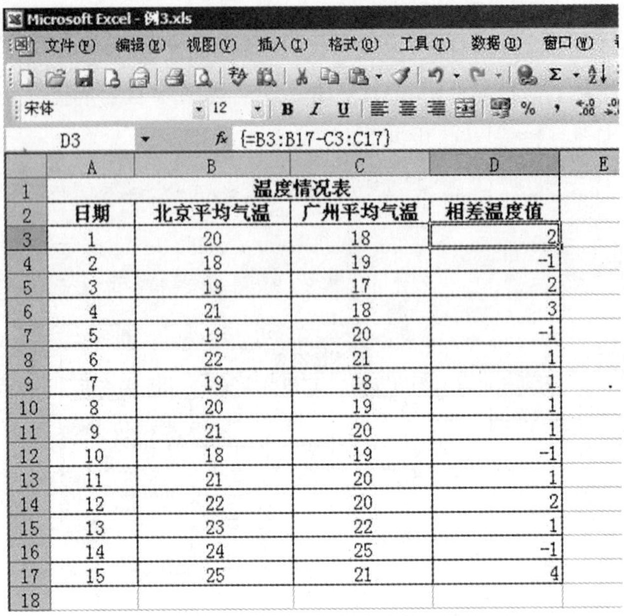

Microsoft Excel - 例3.xls

文件(F) 编辑(E) 视图(V) 插入(I) 格式(O) 工具(T) 数据(D) 窗口(W)

宋体 12

D3 {=B3:B17-C3:C17}

	A	B	C	D
1	温度情况表			
2	日期	北京平均气温	广州平均气温	相差温度值
3	1	20	18	2
4	2	18	19	-1
5	3	19	17	2
6	4	21	18	3
7	5	19	20	-1
8	6	22	21	1
9	7	19	18	1
10	8	20	19	1
11	9	21	20	1
12	10	18	19	-1
13	11	21	20	1
14	12	22	20	2
15	13	23	22	1
16	14	24	25	-1
17	15	25	21	4
18				

图 4-55 编辑完成后结果

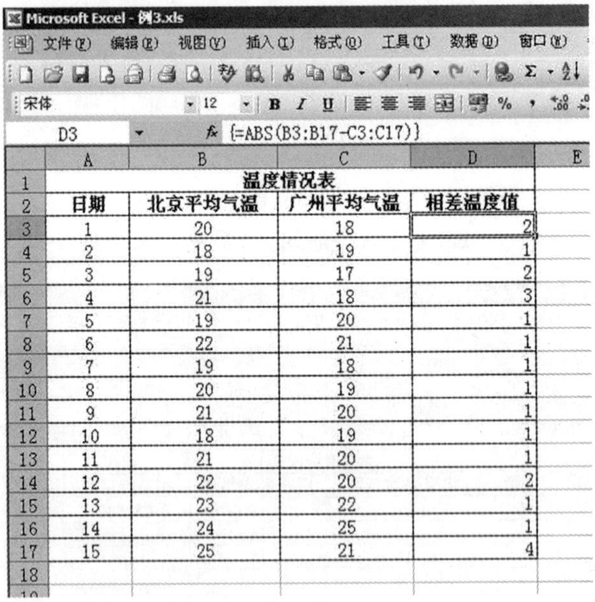

Microsoft Excel - 例3.xls

文件(F) 编辑(E) 视图(V) 插入(I) 格式(O) 工具(T) 数据(D) 窗口(W)

宋体 12

D3 {=ABS(B3:B17-C3:C17)}

	A	B	C	D
1	温度情况表			
2	日期	北京平均气温	广州平均气温	相差温度值
3	1	20	18	2
4	2	18	19	1
5	3	19	17	2
6	4	21	18	3
7	5	19	20	1
8	6	22	21	1
9	7	19	18	1
10	8	20	19	1
11	9	21	20	1
12	10	18	19	1
13	11	21	20	1
14	12	22	20	2
15	13	23	22	1
16	14	24	25	1
17	15	25	21	4
18				

图 4-56 最终结果

4.4 Excel 2003中函数介绍与应用

4.4.1 函数的概述

1. 什么是函数

Excel中所提的函数其实是一些预定义的公式,它们使用一些称为参数的特定数值按特定的顺序或结构进行计算。用户可以直接用它们对某个区域内的数值进行一系列运算,如分析和处理日期值和时间值、确定贷款的支付额、确定单元格中的数据类型、计算平均值、排序显示和运算文本数据等。例如,SUM函数能对单元格或单元格区域进行加法运算。

以常用的求和函数SUM为例,它的语法是:"SUM(number1,number2,…)"。

其中"SUM"称为函数名称,一个函数只有唯一的一个名称,它决定了函数的功能和用途。函数名称后紧跟左括号,接着是用逗号分隔的称为参数的内容,最后用一个右括号表示函数结束。

参数是函数中最复杂的组成部分,它规定了函数的运算对象、顺序或结构等,使得用户可以对某个单元格或区域进行处理,如分析存款利息、确定成绩名次、计算三角函数值等。按照函数的来源,Excel函数可以分为内置函数和扩展函数两大类。前者只要启动了Excel,用户就可以使用它们;而后者必须通过执行"工具"|"加载宏"命令加载,然后才能像内置函数那样使用。

2. 函数的参数

函数右边括号中的部分称为参数,假如一个函数可以使用多个参数,那么参数与参数之间使用半角逗号进行分隔。参数可以是常量(数字和文本)、逻辑值(例如TRUE或FALSE)、数组、错误值(例如#N/A)或单元格引用(例如E1:H1),甚至可以是另一个或几个函数等。参数的类型和位置必须满足函数语法的要求,否则将返回错误信息。

(1)常量

常量是直接输入到单元格或公式中的数字或文本,或由名称所代表的数字或文本值,例如数字"2890.56"、日期"2003-8-19"和文本"黎明"都是常量。但是公式或由公式计算出的结果都不是常量,因为只要公式的参数发生了变化,它自身或计算出来的结果就会发生变化。

(2)逻辑值

逻辑值是比较特殊的一类参数,它只有TRUE(真)或FALSE(假)两种类型。例如在公式"=IF(A3=0,"",A2/A3)"中,"A3=0"就是一个可以返回TRUE(真)或FALSE(假)两种结果的参数。当"A3=0"为TRUE(真)时,在公式所在单元格中填入"0",否则在单元格中填入"A2/A3"的计算结果。

(3)数组

数组用于可产生多个结果,或可以对存放在行和列中的一组参数进行计算的公式。Excel中有常量和区域两类数组。前者放在"{}"(按下Ctrl+Shift+Enter组合键自动生成)内部,而且内部各列的数值要用逗号","隔开,各行的数值要用分号";"隔开。假如你要表示第

1行中的56、78、89和第2行中的90、76、80,就应该建立一个2行3列的常量数组“{56,78,89;90,76,80}。区域数组是一个矩形的单元格区域,该区域中的单元格共用一个公式。例如公式“=TREND(B1:B3,A1:A3)”作为数组公式使用时,它所引用的矩形单元格区域“B1:B3,A1:A3”就是一个区域数组。

(4)单元格引用

单元格引用是函数中最常见的参数,引用的目的在于标识工作表单元格或单元格区域,并指明公式或函数所使用的数据的位置,便于它们使用工作表各处的数据,或者在多个函数中使用同一个单元格的数据。另外,还可以引用同一工作簿不同工作表的单元格,甚至引用其他工作簿中的数据。

前面章节中已经介绍过引用分为相对引用、绝对引用和混合引用三种类型,根据公式所在单元格的位置发生变化时,三种引用类型的单元格引用变化情况各不相同。以存放在F2单元格中的公式“=SUM(A2:E2)”为例,当公式由F2单元格复制到F3单元格以后,公式中的引用也会变化为“=SUM(A3:E3)”。若公式自F列向下继续复制,“行标”每增加1行,公式中的行标也自动加1。如果上述公式改为“=SUM($A$3:$E$3)”,则无论公式复制到何处,其引用的位置始终是“A3:E3”区域。混合引用有“绝对列和相对行”,或是“绝对行和相对列”两种形式。前者如“=SUM($A3:$E3)”,后者如“=SUM(A$3:E$3)”。

上面的几个实例引用的都是同一工作表中的数据,如果要分析同一工作簿中多张工作表上的数据,就要使用三维引用。假如公式放在工作表Sheet1的C6单元格,要引用工作表Sheet2的“A1:A6”和Sheet3的“B2:B9”区域进行求和运算,则公式中的引用形式为“=SUM(Sheet2! A1:A6,Sheet3! B2:B9)”。也就是说三维引用中不仅包含单元格或区域引用,还要在前面加上带“!”的工作表名称。假如你要引用的数据来自另一个工作簿,如工作簿Book1中的SUM函数要绝对引用工作簿Book2中的数据,其公式为“=SUM([Book2]Sheet1! SA S1:SA S8,[Book2]Sheet2! SB S1:SB S9)”,也就是在原来单元格引用的前面加上“[Book2]Sheet1!”。放在中括号里面的是工作簿名称,带“!”的则是其中的工作表名称。即是跨工作簿引用单元格或区域时,引用对象的前面必须用“!”作为工作表分隔符,再用中括号作为工作簿分隔符。不过三维引用受到较多的限制,例如不能使用数组公式等。

(5)嵌套函数

除了上面介绍的情况外,函数也可以是嵌套的,即一个函数是另一个函数的参数。例如“=IF(OR(RIGHTB(E2,1)="1",RIGHTB(E2,1)="3",RIGHTB(E2,1)="5",RIGHTB(E2,1)="7",RIGHTB(E2,1)="9"),"男","女")”。其中公式中的IF函数使用了嵌套的RIGHTB函数,并将后者返回的结果作为IF的逻辑判断依据。

4.4.2 财务函数与应用

财务函数可以进行一般的财务计算,如确定贷款的支付额、投资的未来值或净现值,以及债券或息票的价值。这些财务函数大体上可分为四类:投资计算函数、折旧计算函数、偿还率计算函数、债券及其他金融函数。它们为财务分析提供了极大的便利。使用这些函数不必理解高级财务知识,只要填写变量值就可以了。在下文中,凡是投资的金额都以负数形式表示，收益以正数形式表示。

接下来，举例说明各种典型财务函数的应用，更多的财务函数请参看附表及相关书籍。

1. FV 函数

FV 函数的用途是基于固定利率及等额分期付款方式，返回某项投资的未来值。

FV 函数的语法格式：FV(Rate,Nper,Pmt,Pv,Type)。

Rate 为各期利率，Nper 为总投资期(即该项投资的付款期总数)，Pmt 为各期所应支付的金额，Pv 为现值(即从该项投资开始计算时已经入账的款项，或一系列未来付款的当前值的累积和，也称为本金)，Type 为数字 0 或 1(0 为期末，1 为期初)。

下面通过“投资情况表 1”介绍 FV 函数的使用，如图 4-57 所示。

Microsoft Excel - 财务函数.xls

	A	B
1	投资情况表1	
2	先投资金额:	-1000000
3	年利率:	5%
4	每年再投资金额:	-10000
5	再投资年限:	10
6		
7	10年以后得到的金额:	
8		

图 4-57　投资情况表 1

可以通过以下步骤求出“10 年以后得到的金额”。

步骤 1：选中输出的单元格，也就是“B7”单元格。

步骤 2：执行“插入”|“函数”命令，弹出“插入函数”对话框，选择“FV”函数，如图 4-58 所示。

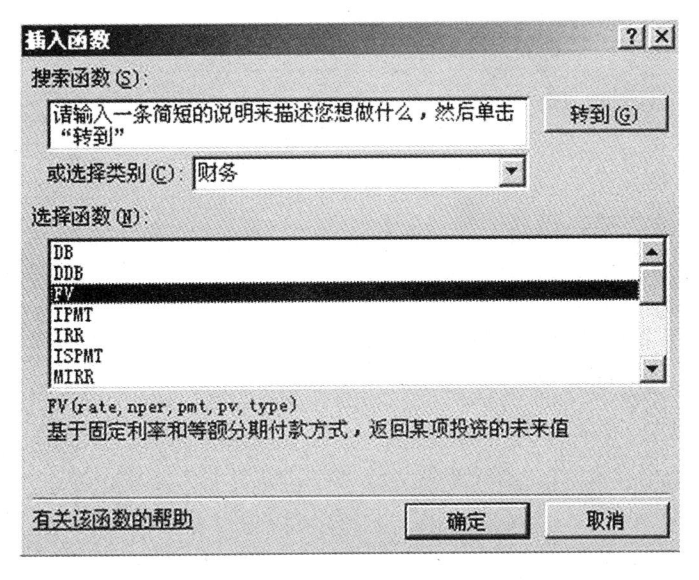

图 4-58　选择“FV”函数

步骤 3：Rate 为各期利率填入“B3”，Nper 为总投资期(即该项投资的付款期总数)填入“B5”，Pmt 为各期所应支付的金额填入“B4”，Pv 为从该项投资开始计算时已经入账的款项填入“B2”，Type 为数字 0 或 1(0 为期末，1 为期初)，填入“0”或者不填。各个参数填写如图 4-59所示。

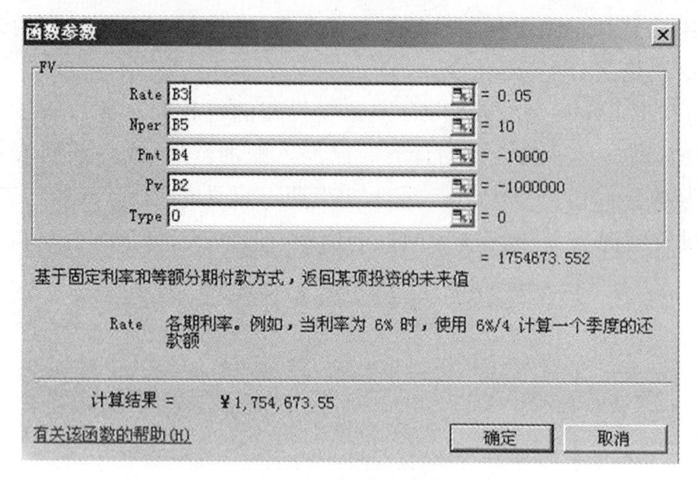

图 4-59　FV 函数参数填写

步骤 4：点击确定按钮，得出计算结果，如图 4-60 所示。

Microsoft Excel - 财务函数.xls

B7　=FV(B3, B5, B4, B2, 0)

	A	B	C
1	投资情况表1		
2	先投资金额:	-1000000	
3	年利率:	5%	
4	每年再投资金额:	-10000	
5	再投资年限:	10	
6			
7	**10年以后得到的金额:**	¥1,754,673.55	
8			

图 4-60　计算结果

2. PV 函数

PV 函数的用途是返回投资的现值(即一系列未来付款的当前值的累积和)，如借入方的借入款即为贷出方贷款的现值。

PV 函数的语法格式：PV(Rate，Nper，Pmt，Fv，Type)。

Rate 为各期利率，Nper 为总投资(或贷款)期数，Pmt 为各期所应支付的金额，Fv 为未来值或在最后一次付款期后获得的一次性偿还金额，Type 为数字 0 或 1(0 为期末，1 为期初)。

D	E
投资情况表2	
每年投资金额:	-1500000
年利率:	10%
年限:	20
预计投资金额:	

图 4-61　投资情况表 2

下面通过“投资情况表 2”介绍 PV 函数的使用，如图 4-61 所示。

可以通过以下步骤求出“预计投资金额”:

步骤 1:选中输出的单元格,也就是“E7”单元格。

步骤 2:执行“插入”|“函数”命令,弹出“插入函数”对话框,选择“PV”函数,如图 4-62 所示。

插入函数
搜索函数(S):
请输入一条简短的说明来描述您想做什么,然后单击“转到”
转到(G)
或选择类别(C): 财务
选择函数(N):
ISPMT
MIRR
NPER
NPV
PMT
PPMT
PV
PV(rate, nper, pmt, fv, type)
返回某项投资的一系列将来偿还额的当前总值(或一次性偿还额的现值)。
有关该函数的帮助
确定
取消

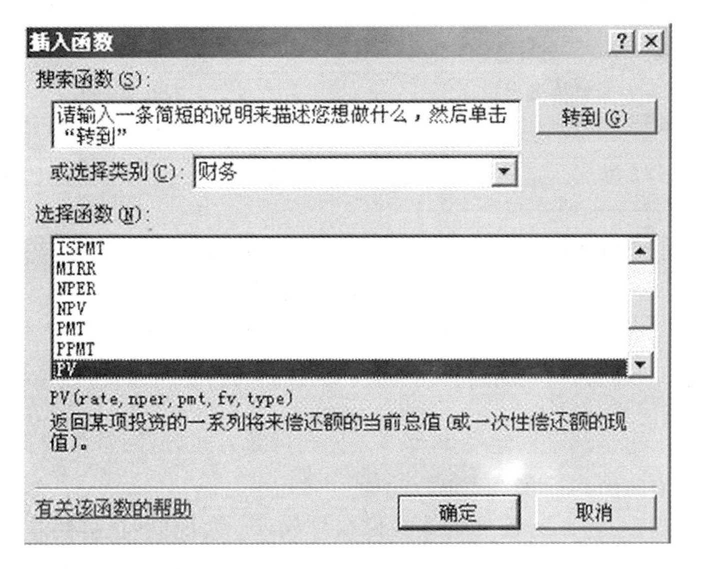

图 4-62 选择“PV”函数

步骤 3:Rate 为各期利率填入“E3”,Nper 为总投资(或贷款)期数填入“E4”,Pmt 为各期所应支付的金额填入“E2”,其他参数不填。各个参数填写如图 4-63 所示。

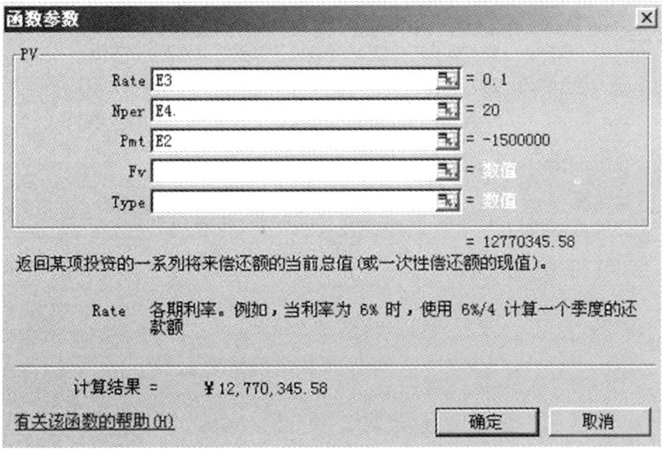

函数参数
PV
Rate E3 = 0.1
Nper E4 = 20
Pmt E2 = -1500000
Fv = 数值
Type = 数值
= 12770345.58
返回某项投资的一系列将来偿还额的当前总值(或一次性偿还额的现值)。
Rate 各期利率。例如,当利率为 6% 时,使用 6%/4 计算一个季度的还款额
计算结果 = ¥12,770,345.58
有关该函数的帮助(H)
确定
取消

图 4-63 PV 函数参数填写

步骤 4:点击确定按钮,得出计算结果,如图 4-64 所示。

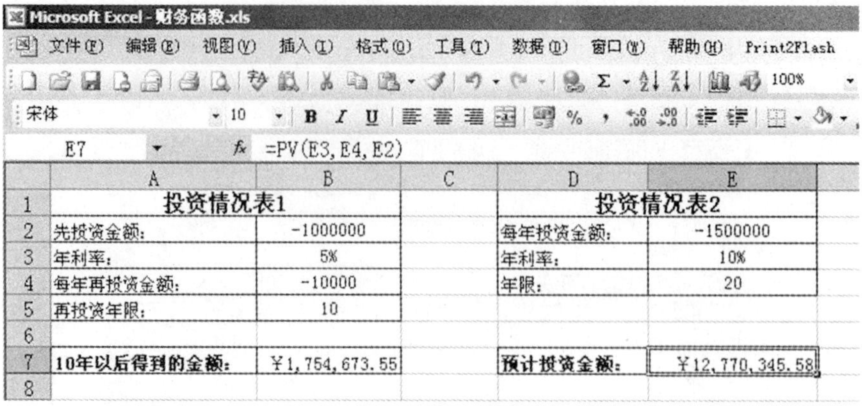

Microsoft Excel - 财务函数.xls

E7 =PV(E3,E4,E2)

	A	B	C	D	E
1	投资情况表1			投资情况表2	
2	先投资金额:	-1000000		每年投资金额:	-1500000
3	年利率:	5%		年利率:	10%
4	每年再投资金额:	-10000		年限:	20
5	再投资年限:	10			
6					
7	10年以后得到的金额:	￥1,754,673.55		预计投资金额:	￥12,770,345.58
8					

图 4-64　计算结果

3. PMT 函数

PMT 函数的用途是基于固定利率及等额分期付款方式，返回贷款的每期付款额。

PMT 函数的语法格式：PMT(Rate,Nper,Pv,Fv,Type)。

Rate 为贷款利率，Nper 为该项贷款的付款总数，Pv 为现值（也称为本金），Fv 为未来值（或最后一次付款后希望得到的现金余额），Type 指定各期的付款时间是在期初还是期末（1 为期初，0 为期末）。

下面通过“偿还贷款金额结果”实例介绍 PMT 函数和 IPMT 函数的使用，如图 4-65 所示。

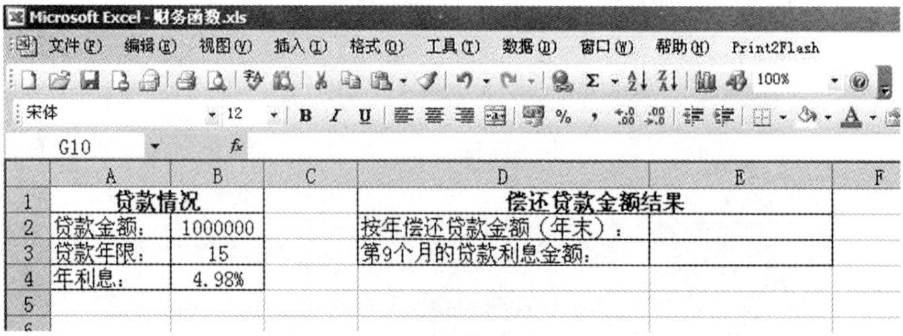

Microsoft Excel - 财务函数.xls

G10

	A	B	C	D	E	F
1	贷款情况			偿还贷款金额结果		
2	贷款金额:	1000000		按年偿还贷款金额（年末）:		
3	贷款年限:	15		第9个月的贷款利息金额:		
4	年利息:	4.98%				
5						

图 4-65　偿还贷款金额结果表

可以通过以下步骤求出“按年偿还贷款金额(年末)”：

步骤 1：选中输出的单元格，也就是“E2”单元格。

步骤 2：执行“插入”|“函数”命令，弹出“插入函数”对话框，选择“PMT”函数，如图 4-66 所示。

步骤 3：Rate 贷款利率填入“B4”，Nper 该项贷款的付款总数填入“B3”，Pv 为现值（也称为本金）填入“B2”，其余参数不填。各个参数填写如图 4-67 所示。

步骤 4：点击确定按钮，得出计算结果，如图 4-68 所示。

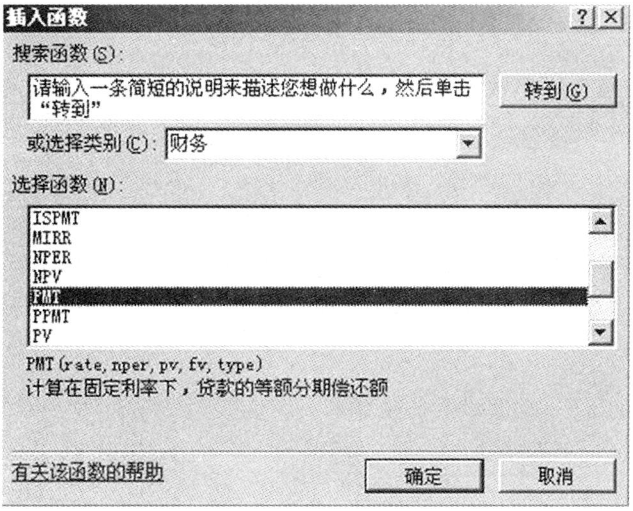

图4-66 选择“PMT”函数

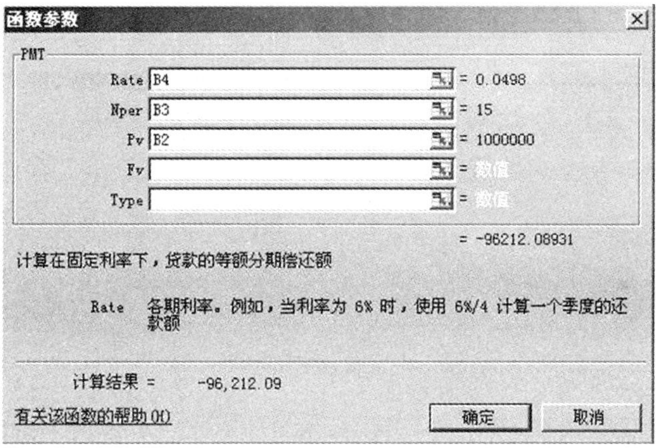

图4-67 PMT函数参数填写

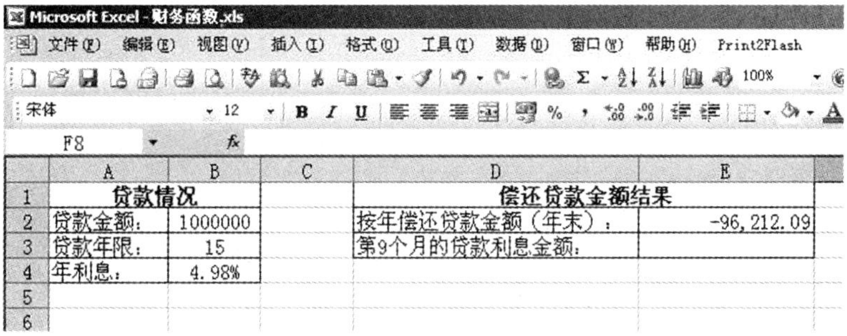

	A	B	C	D	E
1	贷款情况			偿还贷款金额结果	
2	贷款金额:	1000000		按年偿还贷款金额（年末）:	-96,212.09
3	贷款年限:	15		第9个月的贷款利息金额:	
4	年利息:	4.98%			
5					
6					

图4-68 计算结果

4．IPMT函数

IPMT函数的用途是基于固定利率及等额分期付款方式，返回投资或贷款在某一给定

期限内的利息偿还额。

IPMT 函数的语法格式：IPMT(Rate，Per，Nper，Pv，Fv，Type)。

Rate 为各期利率，Per 用于计算其利息数额的期数(1 到 nper 之间)，Nper 为总投资期，Pv 为现值(本金)，Fv 为未来值(最后一次付款后的现金余额)。如果省略 Fv，则假设其值为零，Type 指定各期的付款时间是在期初还是期末(0 为期末，1 为期初)。

可以通过以下步骤求出"第 9 个月的贷款利息金额："。

步骤 1：选中输出的单元格，也就是"E3"单元格。

步骤 2：执行"插入"|"函数"命令，弹出"插入函数"对话框，选择"IPMT"函数，如图 4-69 所示。

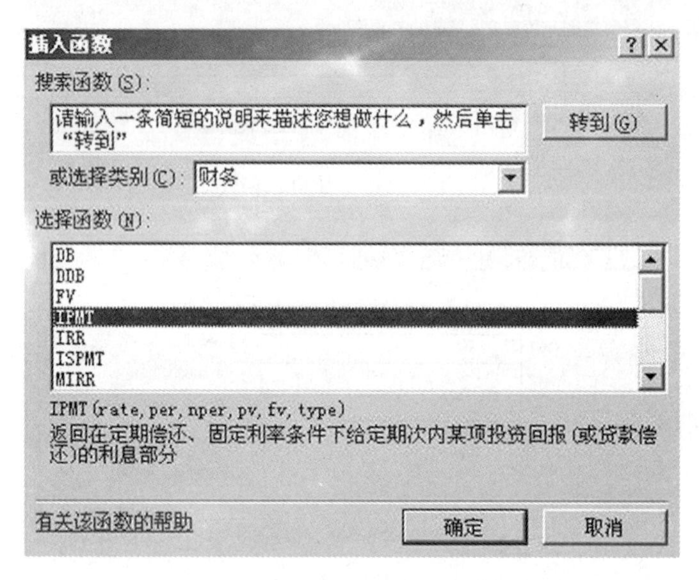

图 4-69 选择 IPMT 函数

步骤 3：Rate 为各期利率，这里为月利率，填入"B4/12"，Per 用于计算其利息数额的期数(1 到 Nper 之间)，这里是第 9 个月，填入"9"，Nper 为总投资期，以月为单位，而已知投资期数单位为年，因此填入"B3 * 12"，Pv 为现值(本金)填入"B2"，其余参数不填。各个参数填写如图 4-70 所示。

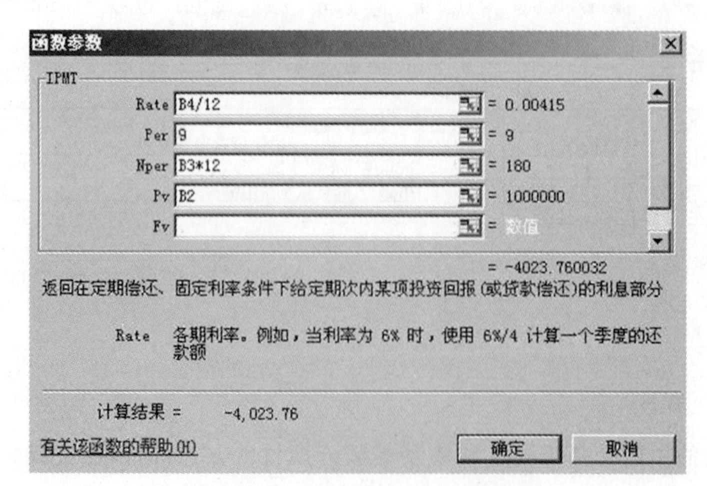

图 4-70 IPMT 函数各个参数填写

步骤 4：点击确定按钮，得出计算结果，如图 4-71 所示。

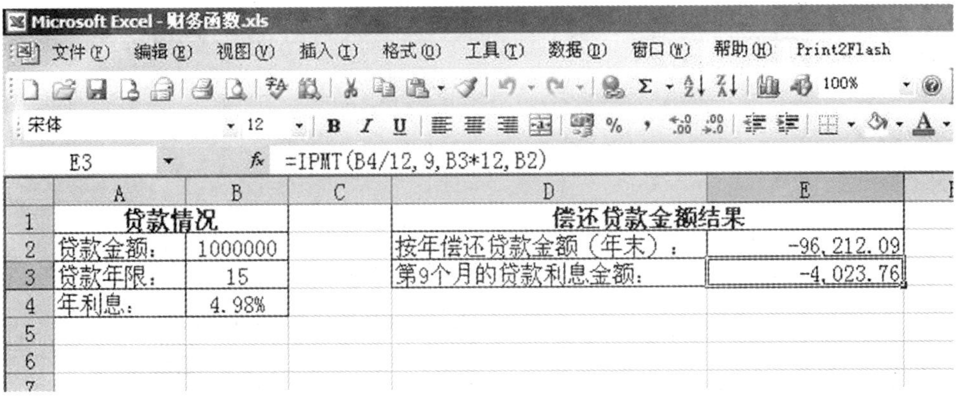

Microsoft Excel - 财务函数.xls

E3　　=IPMT(B4/12,9,B3*12,B2)

	A	B	C	D	E
1	贷款情况			偿还贷款金额结果	
2	贷款金额：	1000000		按年偿还贷款金额（年末）：	-96,212.09
3	贷款年限：	15		第9个月的贷款利息金额：	-4,023.76
4	年利息：	4.98%			
5					
6					

图 4-71　计算结果

5．SLN 函数

SLN 函数的用途是返回某项资产在一个期间中的线性折旧值。

SLN 函数的语法格式：SLN(Cost,Salvage,Life)。

Cost 为资产原值，Salvage 为资产在折旧期末的价值（也称为资产残值），Life 为折旧期限（有时也称作资产的使用寿命）。

下面通过实例介绍 SLN 函数的使用，计算折旧值，如图 4-72 所示。

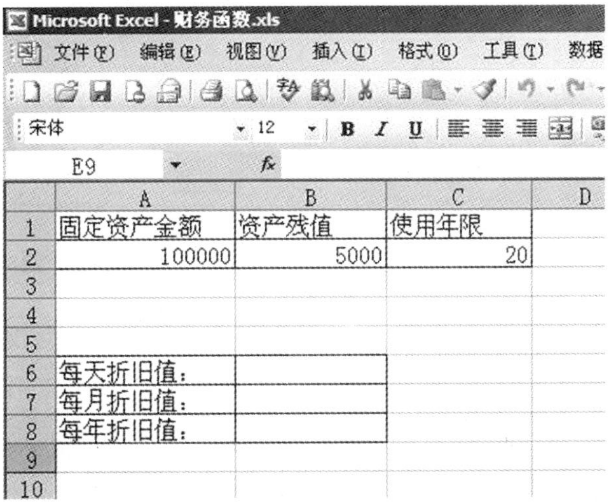

Microsoft Excel - 财务函数.xls

E9

	A	B	C	D
1	固定资产金额	资产残值	使用年限	
2	100000	5000	20	
3				
4				
5				
6	每天折旧值：			
7	每月折旧值：			
8	每年折旧值：			
9				
10				

图 4-72　折旧计算

可以通过以下步骤求出折旧值：

步骤 1：选中输出的单元格，也就是“B6”单元格。

步骤 2：执行“插入”|“函数”命令，弹出“插入函数”对话框，选择“SLN”函数，如图 4-73 所示。

步骤 3：Cost 为资产原值填入“A2”，Salvage 为资产在折旧期末的价值（也称为资产残值）填入“B2”，Life 为折旧期限（有时也称作资产的使用寿命），这里求每天折旧值，填入

“C2 * 365”。各个参数填写如图 4-74 所示。

插入函数
搜索函数(S):
请输入一条简短的说明来描述您想做什么，然后单击“转到”
转到(G)
或选择类别(C): 财务
选择函数(N):
PMT
PPMT
PV
RATE
SLN
SYD
VDB
SLN(cost, salvage, life)
返回固定资产的每期线性折旧费
有关该函数的帮助
确定
取消

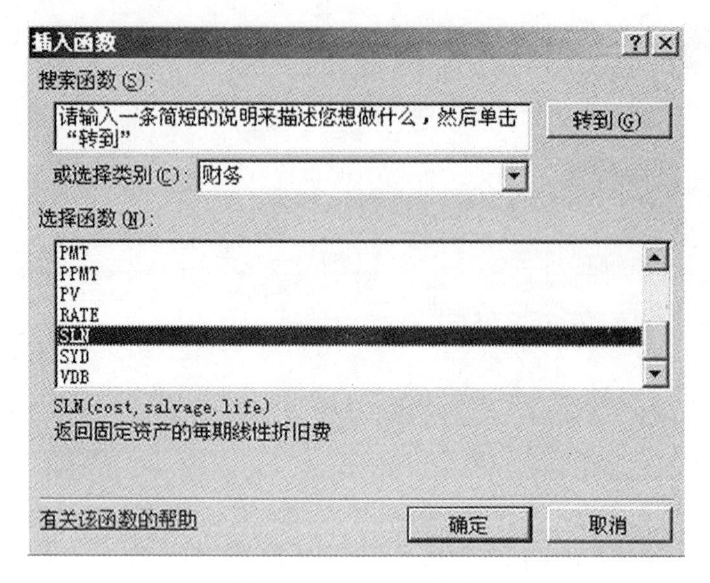

图 4-73　选择 SLN 函数

函数参数
SLN
Cost A2 = 100000
Salvage B2 = 5000
Life C2*365 = 7300
= 13.01369863
返回固定资产的每期线性折旧费
Cost 固定资产原值
计算结果 = ￥13.01
有关该函数的帮助(H)
确定
取消

图 4-74　每天折旧值参数填写

步骤 4:相同的方法在“B7”单元格中求“每月折旧值:”,参数填写如图 4-75 所示。

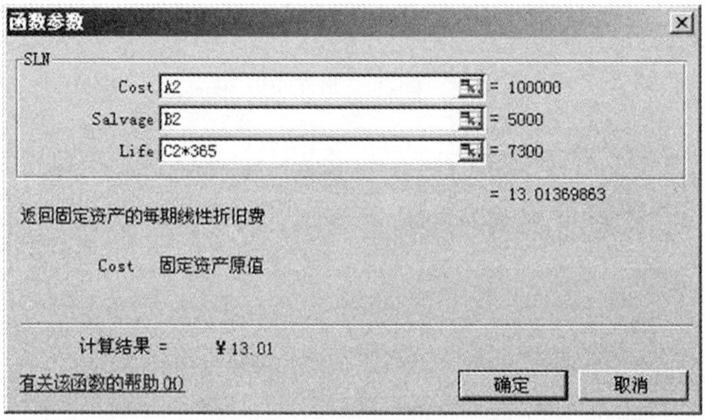

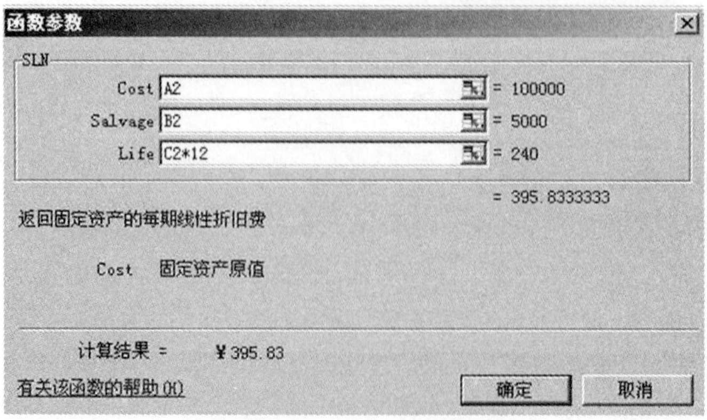

函数参数
SLN
Cost A2 = 100000
Salvage B2 = 5000
Life C2*12 = 240
= 395.8333333
返回固定资产的每期线性折旧费
Cost 固定资产原值
计算结果 = ￥395.83
有关该函数的帮助(H)
确定
取消

图 4-75　每月折旧值参数填写

步骤 5:相同的方法在“B8”单元格中求“每年折旧值:”,参数填写如图 4-76 所示。

步骤 6:计算结果如图 4-77 所示。

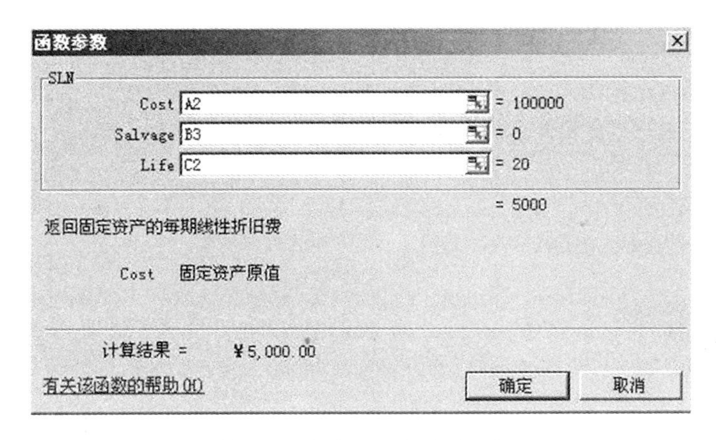

图 4-76　每年折旧值参数填写

Microsoft Excel - 财务函数.xls

文件(F)　编辑(E)　视图(V)　插入(I)　格式(O)　工具(T)　数据

宋体　12　B　I　U

E10　fx

	A	B	C	D
1	固定资产金额	资产残值	使用年限	
2	100000	5000	20	
3				
4				
5				
6	每天折旧值:	¥13.01		
7	每月折旧值:	¥395.83		
8	每年折旧值:	¥5,000.00		
9				
10				

图 4-77　计算结果

4.4.3　日期与时间函数与应用

在 Excel 2003 中,日期与时间函数是在数据表的处理过程中非常重要的处理工具。利用日期与时间函数,可以很容易地计算当前的时间。日期与时间函数可以用来分析或操作公式中与日期和时间有关的值。下面通过实例介绍几个常用的日期与时间函数。

1. DATE 函数

DATE 函数的用途是返回代表特定日期的序列号。

DATE 函数的语法格式:DATE(Year,Month,Day)。

Year 为一到四位,根据使用的日期系统解释该参数。默认情况下,Excel for Windows 使用 1900 日期系统,而 Excel for Macintosh 使用 1904 日期系统。Month 代表每年中月份的数字。如果所输入的月份大于 12,将从指定年份的 1 月份执行加法运算。Day 代表在该月份中第几天的数字。如果 Day 大于该月份的最大天数时,将从指定月份的第一天开始往上累加。

注意:Excel 按顺序的序列号保存日期,这样就可以对其进行计算。如果工作簿使用的是 1900 日期系统,则 Excel 会将 1900 年 1 月 1 日保存为序列号 1。同理,会将 1998 年 1 月 1 日保存为序列号 35796,因为该日期距离 1900 年 1 月 1 日为 35795 天。

如果采用 1900 日期系统(Excel 默认),则公式"=DATE(2001,1,1)"返回 36892,如图 4-78所示。

2. DAY 函数

DAY 函数的用途是返回用序列号(整数 1 到 31)表示的某日期的天数,用整数 1 到 31 表示。

DAY 函数的语法格式:DAY(Serial_number)。

Serial_number 是要查找的天数日期。它有多种输入方式:带引号的文本串(如"1998/01/30")、序列号(如 1900 日期系统的 35825 表示的 1998 年 1 月 30 日),以及其他公式或函数的结果(如 DATEVaLUE("1998/1/30"))。例如,公式"=DAY("2001/1/27")"返回 27,如图 4-79 所示。

图 4-78　DATE 函数运算

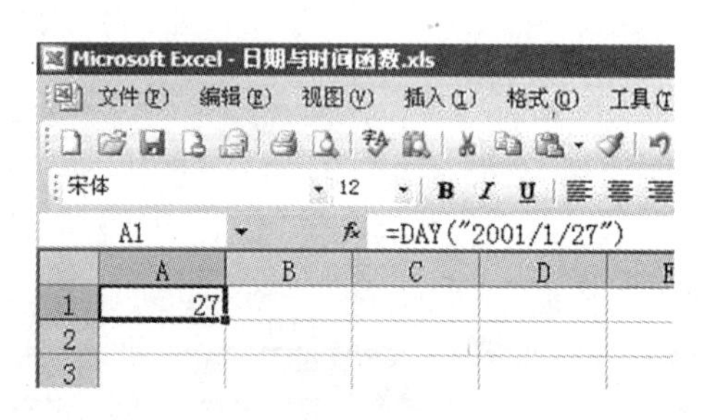

图 4-79　DAY 函数运算

3. HOUR 函数

HOUR 函数的用途是返回时间值的小时数,即介于 0(12:00 a. m.)到 23(11:00 p. m.)之间的一个整数。

HOUR 函数的语法格式:HOUR(Serial_number)。

Serial_number 表示一个时间值,其中包含着要返回的小时数。它有多种输入方式:带引号的文本串(如"6:45pm")、十进制数(如 0.78125 表示 6:45pm)或其他公式或函数的结果(如 TIMEVaLUE("6:45pm"))。

例如,公式"=HOUR("3:30:30pm")"返回 15,=HOUR(0.5)返回 12 即 12:00:00am,=HOUR(29747.7)返回 16。

4. MINUTE 函数

MINUTE 函数的用途是返回时间值中的分钟,即介于 0 到 59 之间的一个整数。

MINUTE 函数的语法格式:MINUTE(Serial_number)。

Serial_number 是一个时间值,其中包含着要查找的分钟数。时间有多种输入方式:带引号的文本串(如"6:45 pm")、十进制数(如 0.78125 表示 6:45pm)或其他公式或函数的结果(如 TIMEVaLUE("6:45pm"))。例如,公式"=MINUTE("15:30:00")"返回 30,=MINUTE(0.06)返回 26,=MINUTE(TIMEVALUE("9:45pm"))返回 45。

5. MONTH 函数

MONTH 函数的用途是返回以序列号表示的日期中的月份,它是介于 1(一月)和 12(十

二月)之间的整数。

MONTH 函数的语法格式:MONTH(Serial_number)。

Serial_number 表示一个日期值,其中包含着要查找的月份。日期有多种输入方式:带引号的文本串(如"1998/01/30")、序列号(如表示 1998 年 1 月 30 日的 35825)或其他公式或函数的结果(如 DATEVaLUE("1998/1/30"))等。

例如,公式"=MONTH("2001/02/24")"返回 2,=MONTH(35825)返回 1,=MONTH(DATEVaLUE("2000/6/30"))返回 6。

4.4.4　数学与三角函数与应用

在 Excel 2003 中,数学与三角函数是在数据表的处理过程中非常重要的处理工具。利用数学与三角函数,可以很容易地进行数学计算以及三角函数运算。下面通过实例介绍几个常用的日期与时间函数。

1. ABS 函数

ABS 函数用途是返回某一参数的绝对值。

ABS 函数的语法格式:ABS(Number)。

Number 是需要计算其绝对值的一个实数。例如如果 A1=-20,则公式"=ABS(A1)"返回 20,如图 4-80 所示。

2. EXP 函数

EXP 函数的用途是返回 e 的 *n* 次幂。

EXP 函数的语法格式:EXP(Number)。

Number 为底数 e 的指数。例如,如果 A1=5,则公式"=EXP(A1)"返回 148.413159102577,即 e^5,如图 4-81 所示。

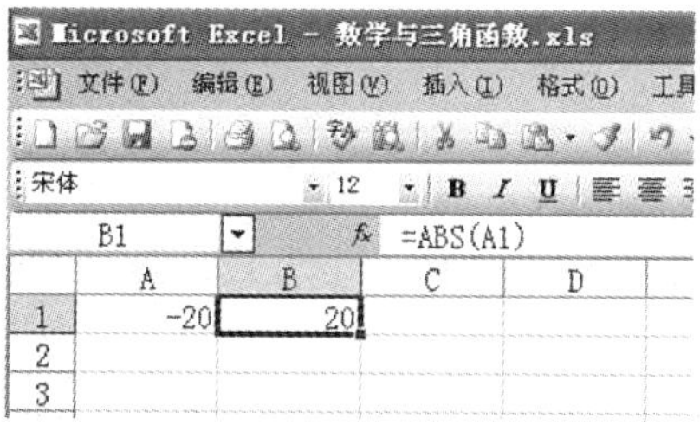

图 4-80　ABS 函数运算

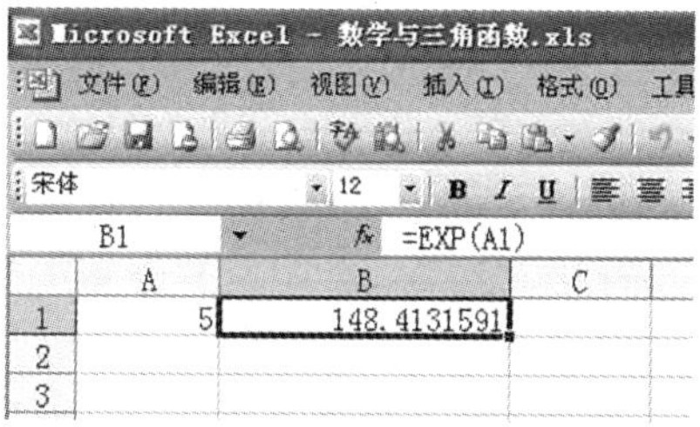

图 4-81　EXP 函数运算

3. FACT 函数

FACT 函数的用途是返回一个数的阶乘,即 1*2*3*…*该数。

FACT 函数的语法格式:FACT(Number)。

Number 是计算其阶乘的非负数。如果输入的 Number 不是整数,则截去小数部分取整数。例如,如果 A1=4,则公式"=FACT(A1)"返回 24;如果=FACT(6.5),则返回 1*2*3*4*5*6 即 720,如图 4-82 所示。

4. INT 函数

INT 函数的用途是将任意实数向下取整为最接近的整数。

INT 函数的语法格式:INT(Number)。

Number 为需要处理的任意一个实数。例如,如果 A1=12.345、A2=-6.5,则公式"=INT(A1)"返回 12;=INT(A2)返回-7,如图 4-83 所示。

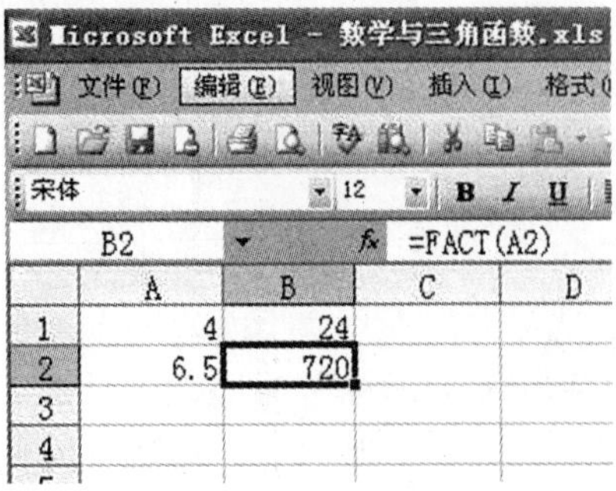

图 4-82　FACT 函数运算

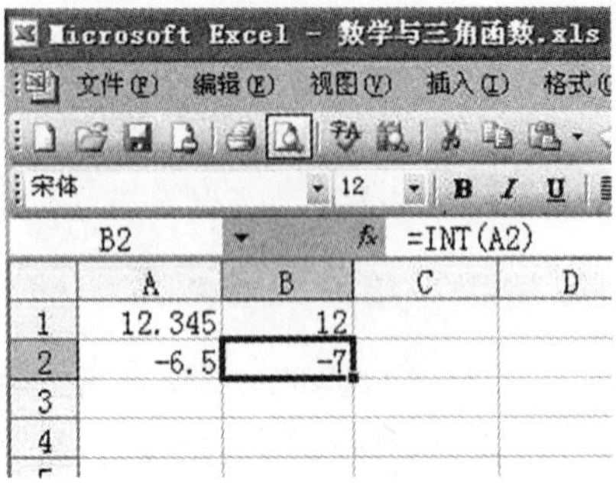

图 4-83　INT 函数运算

5. MOD 函数

MOD 函数的用途是返回两数相除的余数,其结果的正负号与除数相同。

MOD 函数的语法格式:MOD(Number,Divisor)。

Number 为被除数,Divisor 为除数(divisor 不能为零)。

例如,A1=3,则公式"=MOD(A1,2)"返回 1;=MOD(-13,-2)返回-1,如图 4-84 所示。

图 4-84　MOD 函数运算

6. SUM 函数

SUM 的用途是返回某一单元格区域中所有数字之和。

SUM 函数语法格式:SUM(Number1,Number2,...)。

Number1,Number2,... 为 1 到 30 个需要求和的数值(包括逻辑值及文本表达式)、区域或引用。

注意:参数表中的数字、逻辑值及数字的文本表达式可以参与计算,其中逻辑值被转换为 1、文本被转换为数字。如果参数为数组或引用,只有其中的数字将被计算,数组或引用中的空白单元格、逻辑值、文本或错误值将被忽略。

例如,如果 A1=1、A2=2、A3=3,则公式"=SUM(A1:A3)"返回 6;=SUM("3",2,TRUE)返回 6,因为"3"被转换成数字 3,而逻辑值 TRUE 被转换成数字 1,如图 4-85 所示。

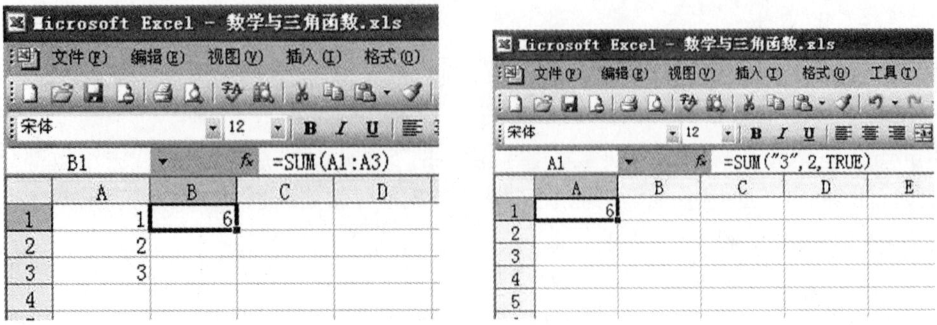

图 4-85　SUM 函数运算

7. SUMIF 函数

SUMIF 函数的用途是根据指定条件对若干单元格、区域或引用求和。

SUMIF 函数的语法格式：SUMIF(Range，Criteria，Sum_range)。

Range 为用于条件判断的单元格区域，Criteria 是由数字、逻辑表达式等组成的判定条件，Sum_range 为需要求和的单元格、区域或引用。

【例 4-4】 现有一“采购表”，如图 4-86 所示，现要计算“衣服总采购量”、“衣服总采购金额”。

采购表			
项目	采购数量	单价	采购总额
衣服	20	120	2400
裤子	45	80	3600
鞋子	70	150	10500
衣服	125	120	15000
衣服	225	120	27000
裤子	210	80	16800
鞋子	260	150	39000
衣服	385	120	46200
裤子	350	80	28000
鞋子	315	150	47250
衣服	25	120	3000
裤子	120	80	9600
鞋子	340	150	51000

统计表	
衣服总采购量	
衣服总采购金额	

图 4-86　采购表

完成以上的计算，可以采用以下步骤：

步骤 1：计算“衣服总采购量”，首先选中“G5”单元格，执行“插入”|“函数”命令，弹出“插入函数”对话框，选中“SUMIF”函数，如图 4-87 所示。

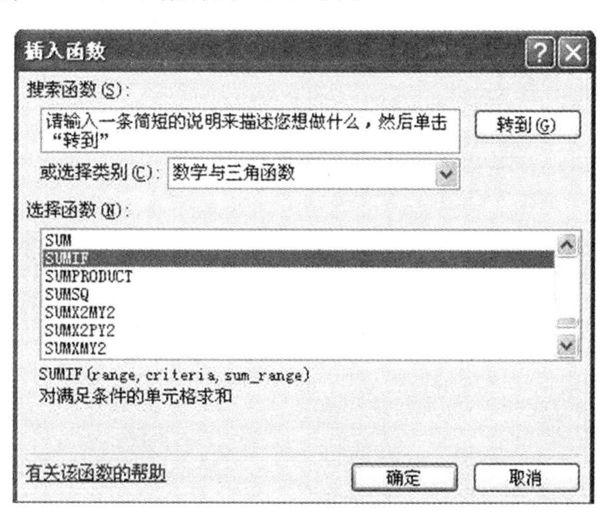

图 4-87　选中 SUMIF 函数

步骤 2：填写参数，Range 为用于条件判断的单元格区域，这里填写“A3：A15”；Criteria 是由数字、逻辑表达式等组成的判定条件，这里填写“衣服”；Sum_range 为需要求和的单元格、区域或引用，这里填写“B3：B15”。参数填写如图 4-88 所示。

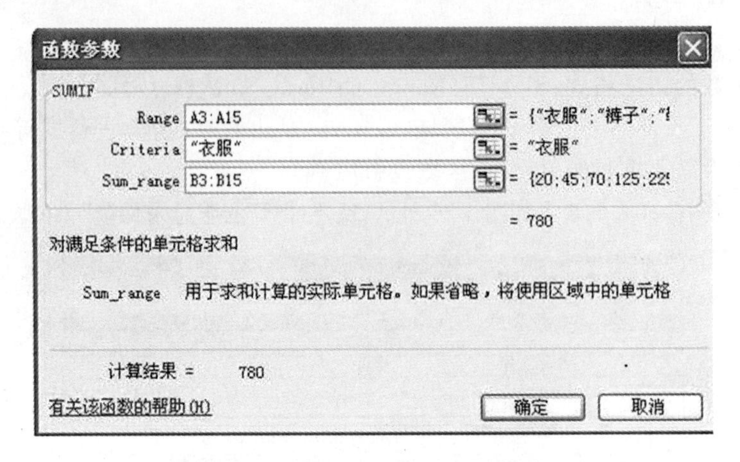

图 4-88 计算“衣服总采购量”参数填写

步骤 3：计算“衣服总采购金额”方法与上面的方法类似，也要用“SUMIF”函数，参数填写如图 4-89 所示。

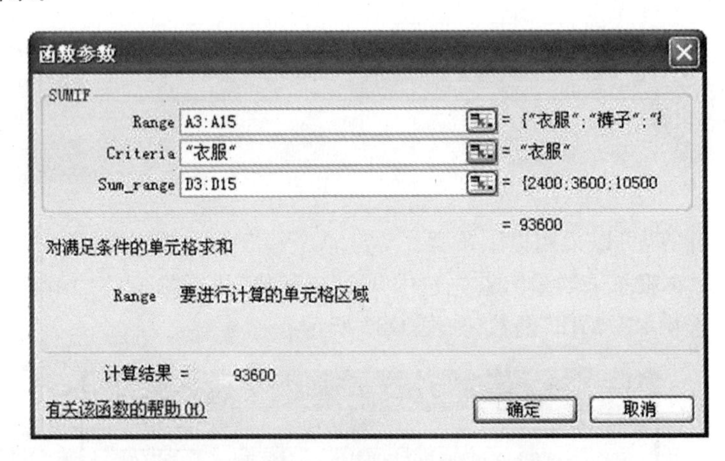

图 4-89 计算“衣服总采购金额”参数填写

步骤 4：点击确定后，结果如图 4-90 所示。

Microsoft Excel - 数学与三角函数.xls

K20

采购表			
项目	采购数量	单价	采购总额
衣服	20	120	2400
裤子	45	80	3600
鞋子	70	150	10500
衣服	125	120	15000
衣服	225	120	27000
裤子	210	80	16800
鞋子	260	150	39000
衣服	385	120	46200
裤子	350	80	28000
鞋子	315	150	47250
衣服	25	120	3000
裤子	120	80	9600
鞋子	340	150	51000

统计表	
衣服总采购量	780
衣服总采购金额	93600

图 4-90 计算结果

8. PI 函数

PI 函数用途是返回圆周率 π，精确到小数点后 14 位。

PI 函数语法格式：PI()。

PI 函数在使用时不需要填写参数，例如，公式“=PI()”返回 3.14159265358979，如图 4-91 所示。

9. SIN 函数

SIN 函数的用途是返回某一角度的正弦值。

SIN 函数的语法格式：SIN(Number)。

Number 是待求正弦值的一个角度（采用弧度单位），如果它的单位是度，则必须乘以 PI()/180转换为弧度。

10. COS 函数

COS 函数的用途是返回某一角度的余弦值。

COS 函数的语法格式：COS(Number)。

Number 为需要求余弦值的一个角度，必须用弧度表示。如果 Number 的单位是度，可以乘以 PI()/180 转换为弧度。例如，如果 A1=1.5，则公式“=COS(A1)”返回 0.070737202；若 A2=30，则公式“=COS(A2 * PI()/180)”返回 0.5，如图 4-92 所示。

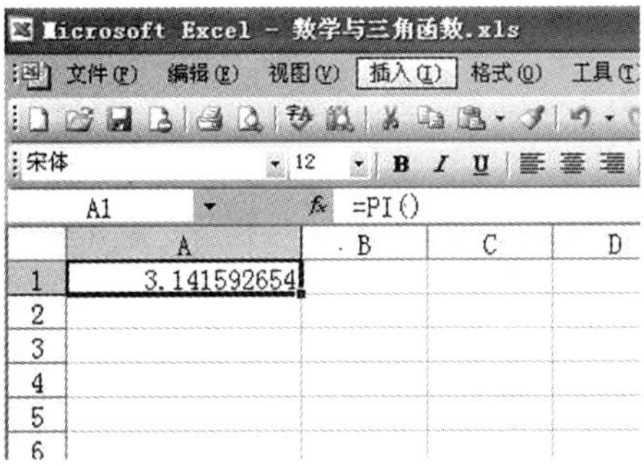

图 4-91　PI 函数使用

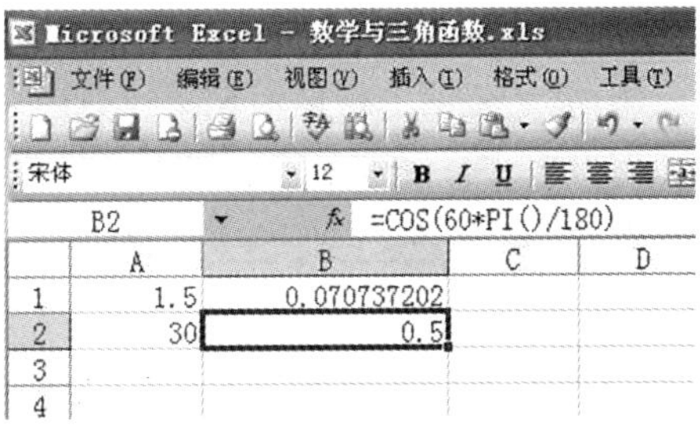

图 4-92　COS 函数运算

4.4.5　统计函数与应用

统计函数用于对数据区域进行统计分析，可以用来统计样本的方差、数据区间的频率分布等。除此以外，统计函数提供了很多属于统计学范畴的函数，但也有些函数在日常生活中很常用，比如求班级平均成绩、排名等。本节，主要介绍一些常见的统计函数。

1. AVERAGE 函数

AVERAGE 函数的用途是计算所有参数的算术平均值。

AVERAGE 函数的语法格式：AVERAGE(Number1，Number2，...)。

Number1、Number2，... 是要计算平均值的 1～30 个参数。例如，如果 A1：A4 区域的数值分别为 23，45，67，78，则公式“=AVERAGE(A1：A4)”返回 53.25，如图 4-93 所示。

2. COUNT 函数

COUNT 函数的用途是返回数字参数的个数。它可以统计数组或单元格区域中含有数字的单元格个数。

COUNT 函数的语法格式:COUNT(Value1,Value2,...)。

Value1,Value2,...是包含或引用各种类型数据的参数(1～30 个),其中只有数字类型的数据才能被统计。例如,如果 A1=30,A2="班级"、A3="",A4=22,A5=11,则公式"=COUNT(A1:A5)"返回 3,如图 4-94 所示。

Microsoft Excel - 统计函数.xls

文件(F) 编辑(E) 视图(V) 插入(I) 格式(O) 工具(T)

宋体 12

B1 =AVERAGE(A1:A4)

	A	B	C	D	E
1	23	53.25			
2	45				
3	67				
4	78				
5					
6					

图 4-93　AVERAGE 函数运算

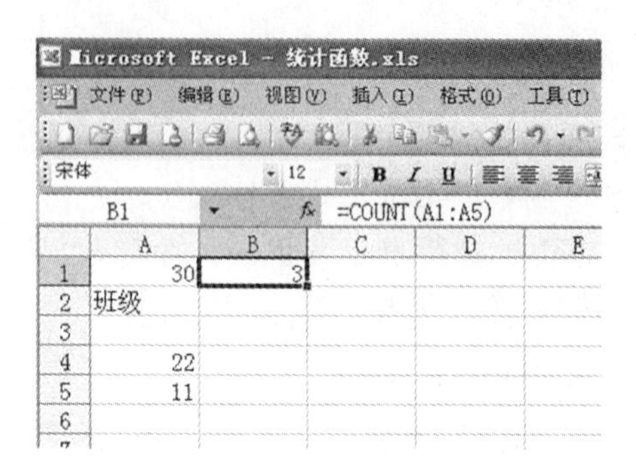

图 4-94　COUNT 函数运算

3. COUNTA 函数

COUNTA 函数的用途是返回参数组中非空值的数目。利用 COUNTA 函数可以计算数组或单元格区域中数据项的个数。

COUNTA 的语法格式:COUNTA(Value1,Value2,...)。

Value1,Value2,...所要计数的值,参数个数为 1～30 个。在这种情况下的参数可以是任何类型,它们包括空格但不包括空白单元格。如果参数是数组或单元格引用,则数组或引用中的空白单元格将被忽略。如果不需要统计逻辑值、文字或错误值,则应该使用 COUNT 函数。例如,如果 A1=30,A2="班级",A3="",A4=22,A5=11,则公式"=COUNTA(A1:A5)"返回 4,如图 4-95 所示。

4. COUNTBLANK 函数

COUNTBLANK 函数的用途是计算某个单元格区域中空白单元格的数目。

COUNTBLANK 函数的语法格式:COUNTBLANK(Range)。

Range 为需要计算其中空白单元格数目的区域。例如,如果 A1=30,A2="班级",A3="",A4=22,A5=11,则公式"=COUNTBLANK(A1:A5)"返回 1,如图 4-96 所示。

Microsoft Excel - 统计函数.xls

文件(F) 编辑(E) 视图(V) 插入(I) 格式(O) 工

宋体 12

B1 =COUNTA(A1:A5)

	A	B	C	D
1	30	4		
2	班级			
3				
4	22			
5	11			
6				

图 4-95　COUNTA 函数运算

Microsoft Excel - 统计函数.xls

文件(F) 编辑(E) 视图(V) 插入(I) 格式(O) 工具(T)

宋体 12

B1 =COUNTBLANK(A1:A5)

	A	B	C	D	E
1	30	1			
2	班级				
3					
4	22				
5	11				
6					

图 4-96　COUNTBLANK 函数运算

5. COUNTIF 函数

COUNTIF 函数的用途是统计某一区域中符合条件的单元格数目。

COUNTIF 函数的语法格式:COUNTIF(Range,Criteria)。

Range 为需要统计的符合条件的单元格数目的区域,Criteria 为参与计算的单元格条件,其形式可以为数字、表达式或文本(如 36、">160"和"男"等)。其中数字可以直接写入,表达式和文本必须加引号。例如,如果 A1=30,A2="班级",A3="",A4=22,A5=11,则公式"=COUNTIF(A1:A5,"<=30")"返回 3,如图 4-97 所示。

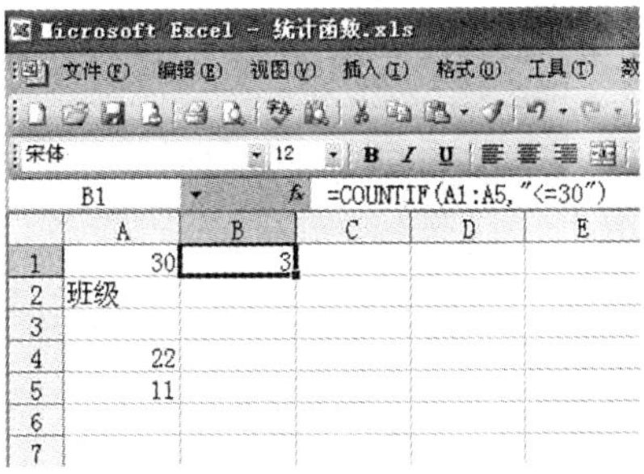

	A	B
1	30	3
2	班级	
3		
4	22	
5	11	

图 4-97 COUNTIF 函数运算

【例 4-5】 现在某学校要根据"吸烟统计表"统计"吸烟部门数"以及"未统计部门数",其中 Y 表示有吸烟人员,N 表示没有吸烟人员,如图 4-98 所示。

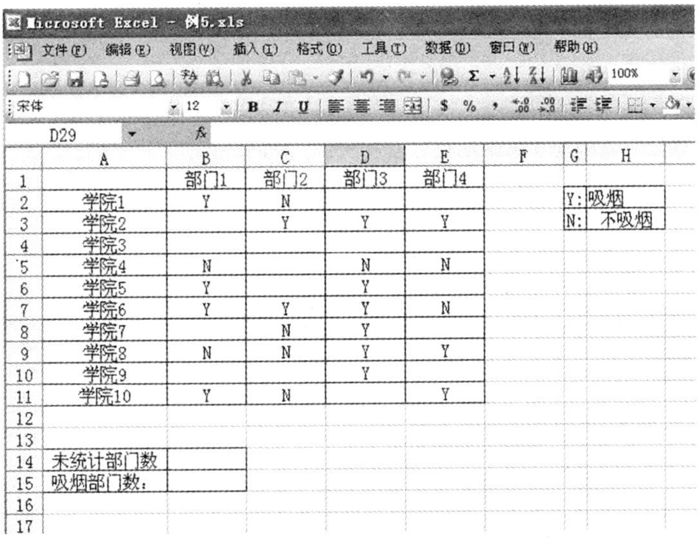

	A	B	C	D	E	F	G	H
1		部门1	部门2	部门3	部门4			
2	学院1	Y	N				Y:	吸烟
3	学院2		Y	Y	Y		N:	不吸烟
4	学院3							
5	学院4	N		N	N			
6	学院5	Y		Y				
7	学院6	Y	Y	Y	N			
8	学院7		N	Y				
9	学院8	N	N	Y	Y			
10	学院9			Y				
11	学院10	Y	N		Y			
14	未统计部门数							
15	吸烟部门数:							

图 4-98 吸烟统计表

完成上述计算,可以采用以下步骤:

步骤 1:选中"B14"单元格计算"未统计部门数"。

步骤 2:插入"COUNTBLANK"函数,参数填写"B2:E11",如图 4-99 所示。

步骤 3:选中"B15"单元格计算"吸烟部门数:"。

步骤 4:插入"COUNTIF"函数,Range 为需要统计的符合条件的单元格数目的区域,填写"B2:E11",Criteria 为参与计算的单元格条件,填写"Y",如图 4-100 所示。

步骤 5:计算结果如图 4-101 所示。

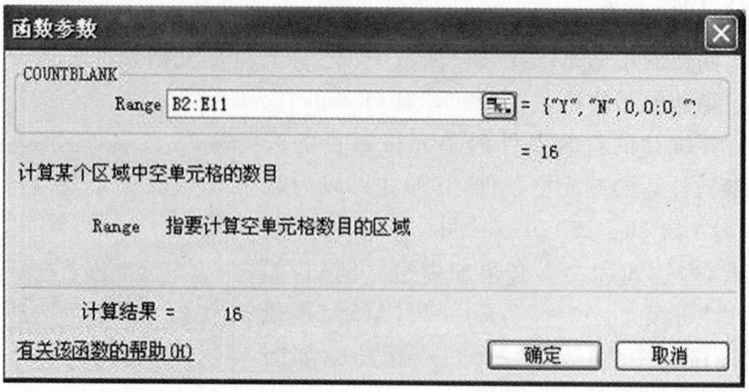

函数参数

COUNTBLANK

Range B2:E11 = {"Y","N",0,0;0,"

= 16

计算某个区域中空单元格的数目

Range 指要计算空单元格数目的区域

计算结果 = 16

有关该函数的帮助(H) 确定 取消

图 4-99 COUNTBLANK 函数参数填写

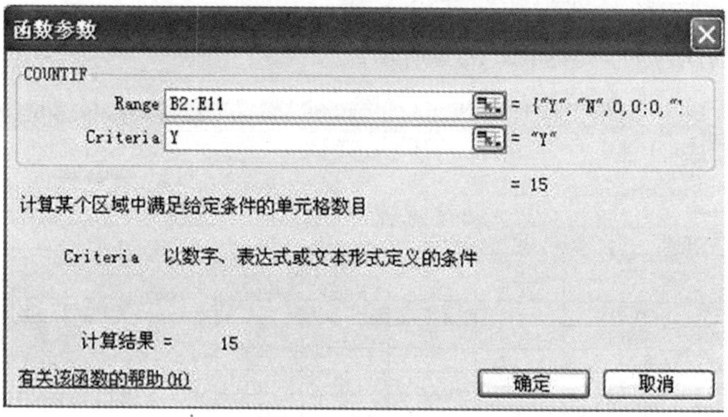

函数参数

COUNTIF

Range B2:E11 = {"Y","N",0,0;0,"

Criteria Y = "Y"

= 15

计算某个区域中满足给定条件的单元格数目

Criteria 以数字、表达式或文本形式定义的条件

计算结果 = 15

有关该函数的帮助(H) 确定 取消

图 4-100 COUNTIF 函数参数填写

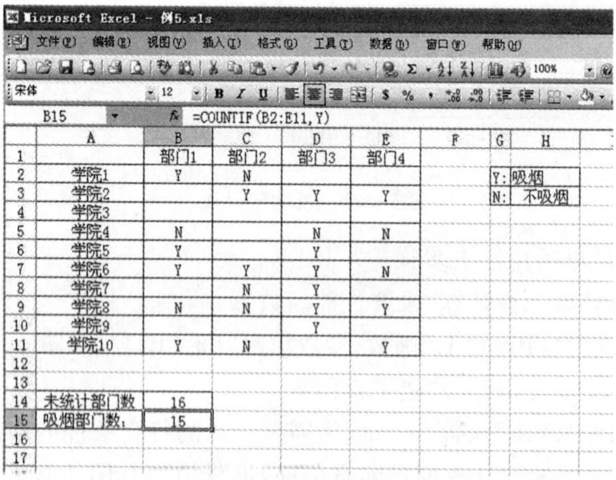

Microsoft Excel - 例5.xls

B15 =COUNTIF(B2:E11,Y)

	A	B	C	D	E	F	G	H
1		部门1	部门2	部门3	部门4			
2	学院1	Y	N				Y:	吸烟
3	学院2		Y	Y	Y		N:	不吸烟
4	学院3							
5	学院4	N		N	N			
6	学院5	Y		Y				
7	学院6	Y	Y	Y	N			
8	学院7		N	Y				
9	学院8	N	N	Y	Y			
10	学院9			Y				
11	学院10	Y	N		Y			
12								
13								
14	未统计部门数	16						
15	吸烟部门数:	15						
16								
17								

图 4-101 计算结果

6. MAX 函数

MAX 函数的用途是返回数据集中的最大数值。

MAX 函数的语法格式：MAX(Number1,Number2,...)。

Number1,Number2,... 是需要找出最大数值的 1 至 30 个数值。

7. MIN 函数

MIN 函数的用途是返回给定参数表中的最小值。

MIN 函数的语法格式：MIN(Number1,Number2,...)。

Number1,Number2,... 是要从中找出最小值的 1 到 30 个数字参数。

8. RANK 函数

RANK 函数的用途是返回一个数值在一组数值中的排位（如果数据清单已经排过序了，则数值的排位就是它当前的位置）。

RANK 函数的格式：RANK(Number,Ref,Order)。

Number 是需要计算其排位的一个数字，Ref 是包含一组数字的数组或引用（其中的非数值型参数将被忽略），Order 为一数字，指明排位的方式。如果 Order 为 0 或省略，ref 则按降序排列的数据清单进行排位；如果 Order 不为零，Ref 当作按升序排列的数据清单进行排位。例如，A1＝78，A2＝45，A3＝90，A4＝12，A5＝85，则公式“＝RANK(A1，$A$1：$A$5)”返回 5,8,2,10,4。

注意：RANK 函数对重复数值的排位相同，但重复数的存在将影响后续数值的排位。如果在一列整数中，整数 60 出现两次，其排位为 5，则 61 的排位为 7（没有排位为 6 的数值）。

【例 4-6】 现有“学生成绩表”，如图 4-102 所示，求学生成绩的排名。

Microsoft Excel - 例6.xls

	A	B	C	D	E
1	学生成绩表				
2	准考证号	姓名	性别	总成绩	排名
3	050008502132	董江波	女	73.70	
4	050008505460	傅珊珊	男	76.80	
5	050008501144	谷金力	女	76.10	
6	050008503756	何再前	女	73.00	
7	050008502813	何宗文	男	74.85	
8	050008503258	胡孙权	男	80.00	
9	050008500383	黄威	男	71.05	
10	050008502550	黄芯	男	79.00	
11	050008504650	贾丽娜	男	74.10	
12	050008501073	简红强	男	79.00	
13	050008502309	郎怀民	男	74.80	
14	050008501663	李小珍	男	82.32	
15	050008504259	项文双	男	74.05	
16	050008500508	肖凌云	男	65.40	
17	050008505099	肖伟国	男	66.45	
18	050008503790	谢立红	男	62.72	

图 4-102 学生成绩表

完成排名计算，可以采用以下步骤：

步骤 1：选中“E3”单元格。

步骤 2：插入 RANK 函数，Number 是需要计算其排位的一个数字，这里填写“D3”；Ref 是包含一组数字的数组或引用，这里填写“D$3：D$18”，下面要用自动填充句柄，因此用绝对引用;Order 为一数字,指明排位的方式,这里不填,如图 4-103 所示。

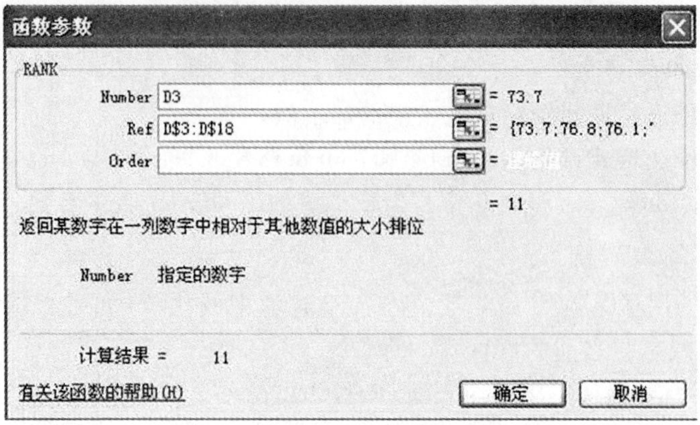

函数参数

RANK

Number D3 = 73.7

Ref D$3:D$18 = {73.7;76.8;76.1;'

Order = 逻辑值

= 11

返回某数字在一列数字中相对于其他数值的大小排位

Number 指定的数字

计算结果 = 11

有关该函数的帮助(H) 确定 取消

图 4-103 RANK 函数参数填写

步骤 3:其他学生的排名用自动填充句柄填充。

步骤 4:最终结果如图 4-104 所示。

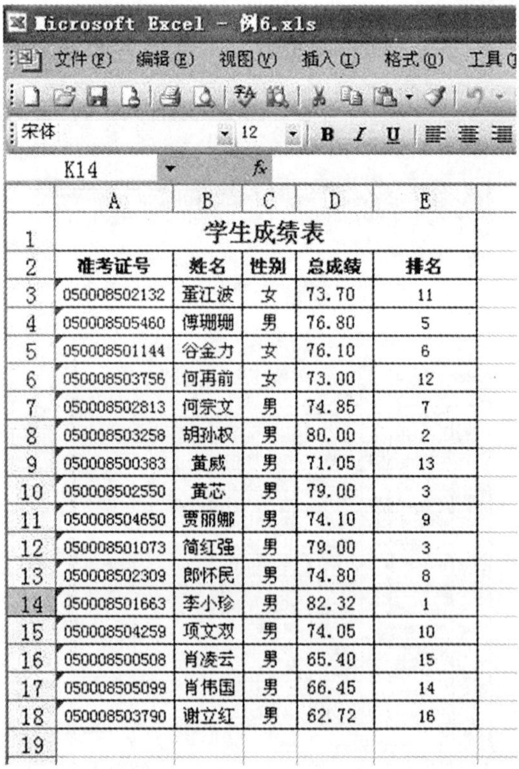

Microsoft Excel - 例6.xls

	A	B	C	D	E
1	学生成绩表				
2	准考证号	姓名	性别	总成绩	排名
3	050008502132	董江波	女	73.70	11
4	050008505460	傅珊珊	男	76.80	5
5	050008501144	谷金力	女	76.10	6
6	050008503756	何再前	女	73.00	12
7	050008502813	何宗文	男	74.85	7
8	050008503258	胡孙权	男	80.00	2
9	050008500383	黄威	男	71.05	13
10	050008502550	黄芯	男	79.00	3
11	050008504650	贾丽娜	男	74.10	9
12	050008501073	简红强	男	79.00	3
13	050008502309	郎怀民	男	74.80	8
14	050008501663	李小珍	男	82.32	1
15	050008504259	项文双	男	74.05	10
16	050008500508	肖凌云	男	65.40	15
17	050008505099	肖伟国	男	66.45	14
18	050008503790	谢立红	男	62.72	16
19					

图 4-104 最终结果

4.4.6 查找与引用函数与应用

查找与引用函数是指当需要在数据清单或表格中查找特定数值,或者需要查找某一单元格的引用时,可以使用查找与引用工作表函数。例如,如果需要在表格中查找与第一列中

的值相匹配的数值,可以使用VLOOKUP工作表函数。

1. HLOOKUP函数

HLOOKUP函数的用途是在表格或数值数组的首行查找指定的数值,并由此返回表格或数组当前列中指定行处的数值。

HLOOKUP函数的语法格式:HLOOKUP(Lookup_value,Table_array,Row_index_num,Range_lookup)。

Lookup_value是需要在数据表第一行中查找的数值,它可以是数值、引用或文字串;Table_array是需要在其中查找数据的数据表,可以使用对区域或区域名称的引用;Table_array的第一行的数值可以是文本、数字或逻辑值;Row_index_num为Table_array中待返回的匹配值的行序号;Range_lookup为一逻辑值,指明函数HLOOKUP查找时是精确匹配,还是近似匹配。

【例4-7】 现有停车价目表,要根据车型计算单价,如图4-105所示。

	A	B	C	D
1	停车价目表			
2	小汽车	中客车	大客车	
3	5	8	10	
4				
5	车牌号	车型	单价	
6	浙A12345	小汽车		
7	浙A32581	大客车		
8	浙A21584	中客车		
9	浙A66871	小汽车		
10	浙A51271	中客车		
11	浙A54844	大客车		
12	浙A56894	小汽车		
13	浙A33221	中客车		
14	浙A68721	小汽车		
15	浙A33547	大客车		
16				

图4-105 停车价目表

计算单价,可以通过以下步骤完成:

步骤1:选中“C6”单元格。

步骤2:插入HLOOKUP函数,Lookup_value是需要在数据表第一行中查找的数值,它可以是数值、引用或文字串,这里填写“B6”;Table_array是需要在其中查找数据的数据表,可以使用对区域或区域名称的引用,Table_array的第一行的数值可以是文本、数字或逻辑值,这里填写“$A$2:$C$3”,要用自动填充句柄填充,查找表不变,因此用绝对引用;Row_index_num为Table_array中待返回的匹配值的行序号,这里填写“2”;Range_lookup为一逻辑值,指明函数HLOOKUP查找时是精确匹配,还是近似匹配,这里填写“FALSE”。参数填写如图4-106所示。

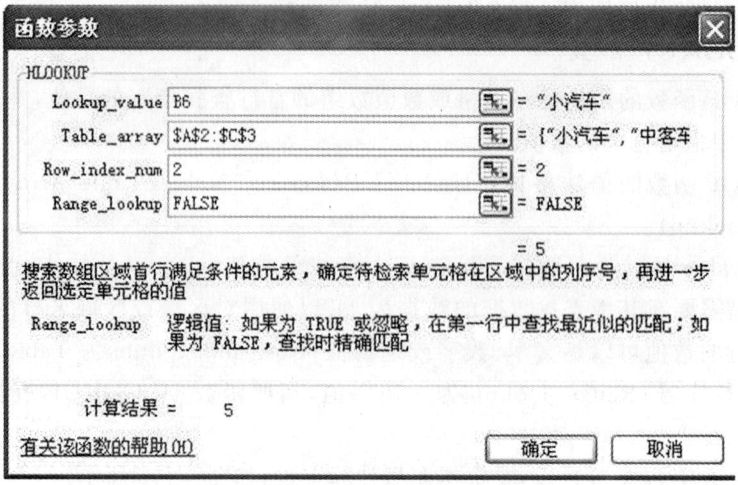

函数参数

HLOOKUP

Lookup_value B6 = "小汽车"

Table_array $A$2:$C$3 = {"小汽车","中客车

Row_index_num 2 = 2

Range_lookup FALSE = FALSE

= 5

搜索数组区域首行满足条件的元素，确定待检索单元格在区域中的列序号，再进一步返回选定单元格的值

Range_lookup 逻辑值：如果为 TRUE 或忽略，在第一行中查找最近似的匹配；如果为 FALSE，查找时精确匹配

计算结果 = 5

有关该函数的帮助(H) 确定 取消

图 4-106 HLOOKUP 函数参数填写

步骤 3:其他单元格用自动填充句柄填充。

步骤 4:最终计算结果如图 4-107 所示。

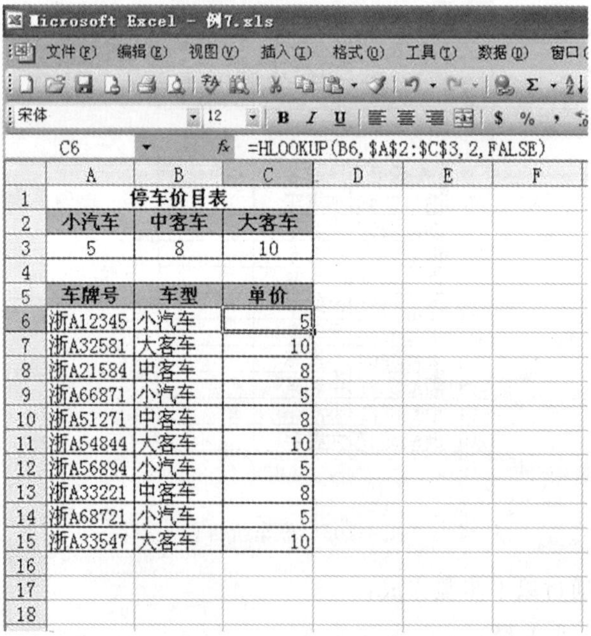

Microsoft Excel - 例7.xls

C6 =HLOOKUP(B6, $A$2:$C$3, 2, FALSE)

	A	B	C
1	停车价目表		
2	小汽车	中客车	大客车
3	5	8	10
4			
5	车牌号	车型	单价
6	浙A12345	小汽车	5
7	浙A32581	大客车	10
8	浙A21584	中客车	8
9	浙A66871	小汽车	5
10	浙A51271	中客车	8
11	浙A54844	大客车	10
12	浙A56894	小汽车	5
13	浙A33221	中客车	8
14	浙A68721	小汽车	5
15	浙A33547	大客车	10

图 4-107 最终结果

2. VLOOKUP 函数

VLOOKUP 函数的用途是在表格或数值数组的首列查找指定的数值，并由此返回表格或数组当前行中指定列处的数值。当比较值位于数据表首列时，可以使用函数 VLOOKUP 代替函数 HLOOKUP。

VLOOKUP 函数的语法格式：VLOOKUP(Lookup_value，Table_array，Col_index_num，Range_lookup)。

Lookup_value 为需要在数据表第一列中查找的数值，它可以是数值、引用或文字串。Table_array 为需要在其中查找数据的数据表，可以使用对区域或区域名称的引用。Col_index_num 为 Table_array 中待返回的匹配值的列序号。Col_index_num 为 1 时，返回 Table_array 第一列中的数值；Col_index_num 为 2 时，返回 Table_array 第二列中的数值，以此类推。Range_lookup 为一逻辑值，指明函数 VLOOKUP 返回时是精确匹配，还是近似匹配。如果 Range_lookup 为 TRUE 或省略，则返回近似匹配值，也就是说，如果找不到精确匹配值，则返回小于 Lookup_value 的最大数值；如果 Range_value 为 FALSE，函数 VLOOKUP 将返回精确匹配值；如果找不到，则返回错误值 #N/A。

【例 4-8】 现有“价格表”、“采购表”，如图 4-108 所示，要求根据“价格表”计算“采购表”中的单价。

完成上述计算，可以采用以下步骤：

步骤 1：选择“D1”单元格。

Microsoft Excel - 例8.xls

文件(F) 编辑(E) 视图(V) 插入(I) 格式(O) 工具(T) 数据(D) 窗口(W) 帮助(H)

宋体 11 100%

A1 采购表

采购表

项目	采购数量	采购时间	单价
衣服	20	2008-1-12	
裤子	45	2008-1-12	
鞋子	70	2008-1-12	
衣服	125	2008-2-5	
裤子	185	2008-2-5	
鞋子	140	2008-2-5	
衣服	225	2008-3-14	
裤子	210	2008-3-14	
鞋子	260	2008-3-14	
衣服	385	2008-4-30	
裤子	350	2008-4-30	
鞋子	315	2008-4-30	
衣服	25	2008-5-15	
裤子	120	2008-5-15	
鞋子	340	2008-5-15	
衣服	265	2008-6-24	
裤子	125	2008-6-24	
鞋子	100	2008-6-24	
衣服	320	2008-7-10	
裤子	400	2008-7-10	
鞋子	125	2008-7-10	
衣服	385	2008-8-19	
裤子	275	2008-8-19	
鞋子	240	2008-8-19	

价格表

类别	单价
衣服	120
裤子	80
鞋子	150

图 4-108 采购表

步骤 2：插入 VLOOKUP 函数，Lookup_value 为需要在数据表第一列中查找的数值，它可以是数值、引用或文字串，这里填写“A3”。Table_array 为需要在其中查找数据的数据表，可以使用对区域或区域名称的引用，这里填写“$F$3：$G$5”，其他的单价要自动填充句柄填充，因此用绝对引用。Col_index_num 为 Table_array 中待返回的匹配值的列序号，这里填“2”。Range_lookup 为一逻辑值，指明函数 VLOOKUP 返回时是精确匹配，还是近似匹配，这里填“FALSE”。参数填写如图 4-109 所示。

函数参数

VLOOKUP

Lookup_value A3 = "衣服"

Table_array $F$3:$G$5 = {"衣服",120;"裤子

Col_index_num 2 = 2

Range_lookup FALSE = FALSE

= 120

搜索表区域首列满足条件的元素，确定待检索单元格在区域中的行序号，再进一步返回选定单元格的值。默认情况下，表是以升序排序的

Lookup_value 需要在数据表首列进行搜索的值，lookup_value 可以是数值、引用或字符串

计算结果 = 120

有关该函数的帮助(H) 确定 取消

图 4-109

步骤 3:其他单价用自动填充句柄自动填充。

步骤 4:最终计算结果如图 4-110 所示。

Microsoft Excel - 例8.xls

文件(F) 编辑(E) 视图(V) 插入(I) 格式(O) 工具(T) 数据(D) 窗口(W) 帮助(H)

宋体 12 B I U $ % 100%

D3 =VLOOKUP(A3,$F$3:$G$5,2,FALSE)

采购表

项目	采购数量	采购时间	单价
衣服	20	2008-1-12	120
裤子	45	2008-1-12	80
鞋子	70	2008-1-12	150
衣服	125	2008-2-5	120
裤子	185	2008-2-5	80
鞋子	140	2008-2-5	150
衣服	225	2008-3-14	120
裤子	210	2008-3-14	80
鞋子	260	2008-3-14	150
衣服	385	2008-4-30	120
裤子	350	2008-4-30	80
鞋子	315	2008-4-30	150
衣服	25	2008-5-15	120
裤子	120	2008-5-15	80
鞋子	340	2008-5-15	150
衣服	265	2008-6-24	120
裤子	125	2008-6-24	80
鞋子	100	2008-6-24	150
衣服	320	2008-7-10	120
裤子	400	2008-7-10	80
鞋子	125	2008-7-10	150
衣服	385	2008-8-19	120
裤子	275	2008-8-19	80
鞋子	240	2008-8-19	150

价格表

类别	单价
衣服	120
裤子	80
鞋子	150

图 4-110 最终结果

4.4.7 数据库函数与应用

数据库函数用于对存储在数据清单或数据库中的数据进行分析,判断其是否符合特定条件。在 Excel 2003 中共提供了 12 个数据库函数,可以利用数据库函数分析数据库中的数据信息。下面通过"学生成绩表"介绍几个常用的数据库函数,如图 4-111 所示。

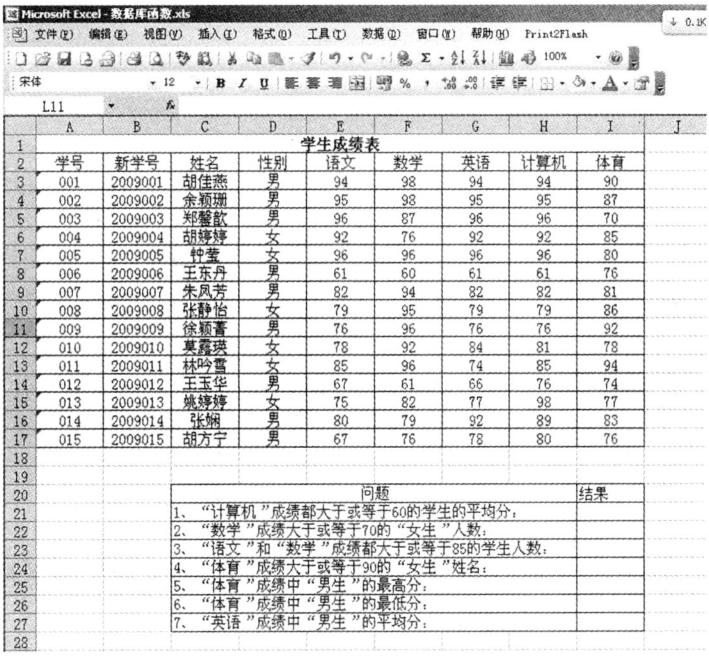

学生成绩表

学号	新学号	姓名	性别	语文	数学	英语	计算机	体育
001	2009001	胡佳燕	男	94	98	94	94	90
002	2009002	余颖珊	男	95	98	95	95	87
003	2009003	郑馨歆	男	96	87	96	96	70
004	2009004	胡婷婷	女	92	76	92	92	85
005	2009005	钟莹	女	96	96	96	96	80
006	2009006	王东丹	男	61	60	61	61	76
007	2009007	朱凤芳	男	82	94	82	82	81
008	2009008	张静怡	女	79	95	79	79	86
009	2009009	徐颖菁	男	76	96	76	76	92
010	2009010	莫露瑛	女	78	92	84	81	78
011	2009011	林吟雪	女	85	96	74	85	94
012	2009012	王玉华	男	67	61	66	76	74
013	2009013	姚婷婷	女	75	82	77	98	77
014	2009014	张娴	男	80	79	92	89	83
015	2009015	胡方宁	男	67	76	78	80	76

问题	结果
1、“计算机”成绩都大于或等于60的学生的平均分:	
2、“数学”成绩大于或等于70的“女生”人数:	
3、“语文”和“数学”成绩都大于或等于85的学生人数:	
4、“体育”成绩大于或等于90的“女生”姓名:	
5、“体育”成绩中“男生”的最高分:	
6、“体育”成绩中“男生”的最低分:	
7、“英语”成绩中“男生”的平均分:	

图 4-111　学生成绩表

1. DAVERAGE 函数

DAVERAGE 函数的功能是返回数据库或数据清单中满足指定条件的列中数值的平均值。

DAVERAGE 的语法格式:DAVERAGE(Database,Field,Criteria)。

Database 构成列表或数据库的单元格区域,Field 指定函数所使用的数据列,Criteria 为一组包含给定条件的单元格区域。

下面用 DAVERAGE 函数计算“‘计算机’成绩都大于或等于 60 的学生的平均分:”。具体步骤如下:

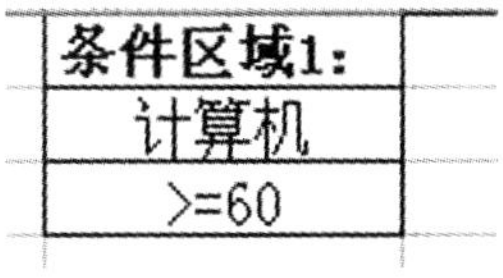

条件区域1:
计算机
>=60

图 4-112　条件区域 1

步骤 1:在 Excel 表中的任何位置输入条件区域,如图 4-112 所示。

步骤 2:选中输出的单元格,也就是“I21”单元格。

步骤 3:执行“插入”|“函数”命令,弹出“插入函数”对话框,选择“DAVERAGE”函数,如图 4-113 所示。

步骤 4:Database 参数选择整个数据区(包含列名称),也就是“A2∶I17”。Field 参数指的是最终计算哪一列的平均值,这里选择“H2”,也可以填“计算机”。Criteria 为条件区域“K2∶K3”。各个参数填写如图 4-114 所示。

步骤 5:点击确定按钮,得出计算结果,如图 4-115 示。

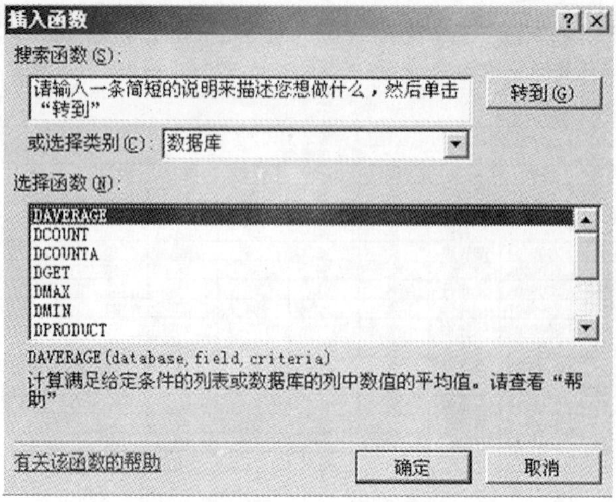

图 4-113　选择 DAVERAGE 函数

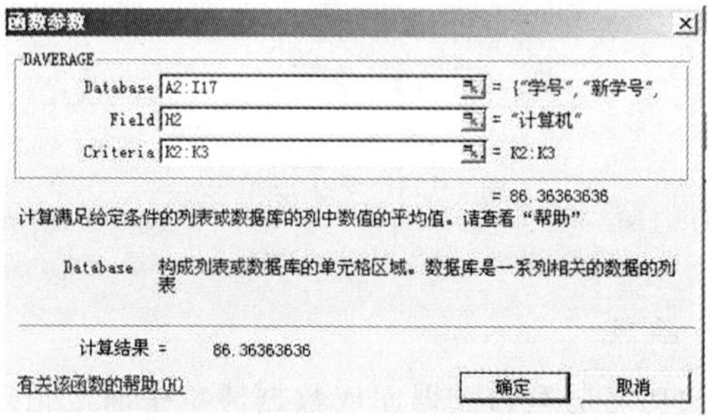

图 4-114　DAVERAGE 函数参数填写

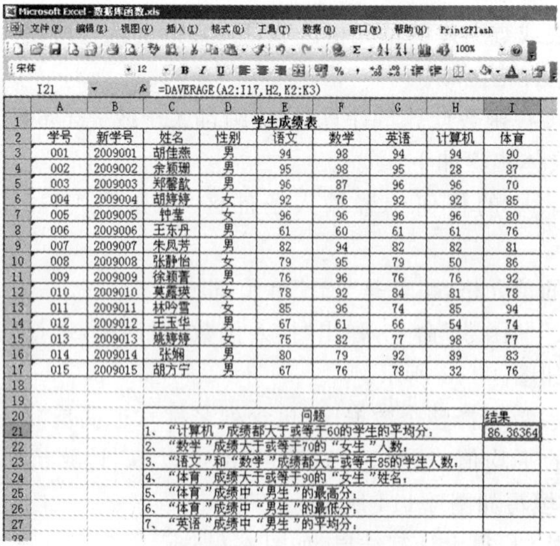

学生成绩表

学号	新学号	姓名	性别	语文	数学	英语	计算机	体育
001	2009001	胡佳燕	男	94	98	94	94	90
002	2009002	余颖珊	男	95	98	95	28	87
003	2009003	郑馨歆	男	96	87	96	96	70
004	2009004	胡婷婷	女	92	76	92	92	85
005	2009005	钟莹	女	96	96	96	96	80
006	2009006	王东丹	男	61	60	61	61	76
007	2009007	朱凤芳	男	82	94	82	82	81
008	2009008	张静怡	女	79	95	79	50	86
009	2009009	徐颖菁	男	76	96	76	76	92
010	2009010	莫露瑛	女	78	92	84	81	78
011	2009011	林吟雪	女	85	96	74	85	94
012	2009012	王玉华	男	67	61	66	54	74
013	2009013	姚婷婷	女	75	82	77	98	77
014	2009014	张娴	男	80	79	92	89	83
015	2009015	胡方宁	男	67	76	78	32	76

问题	结果
1、“计算机”成绩都大于或等于60的学生的平均分；	86.36364
2、“数学”成绩大于或等于70的“女生”人数；	
3、“语文”和“数学”成绩都大于或等于85的学生人数；	
4、“体育”成绩大于或等于90的“女生”姓名；	
5、“体育”成绩中“男生”的最高分；	
6、“体育”成绩中“男生”的最低分；	
7、“英语”成绩中“男生”的平均分；	

图 4-115　运算结果

2. DCOUNT 函数

DCOUNT 函数的功能是返回数据库或数据清单的指定字段中，满足给定条件并且包含数字的单元格数目。

DCOUNT 的语法格式：DCOUNT(Database，Field，Criteria)。

Database 构成列表或数据库的单元格区域，Field 指定函数所使用的数据列，Criteria 为一组包含给定条件的单元格区域。

下面用 DCOUNT 函数计算"'数学'成绩大于或等于 70 的'女生'人数："。具体步骤如下：

数学	性别
>=70	女

图 4-116 条件区域 2

步骤 1：在 Excel 表中的任何位置输入条件区域，如图 4-116 所示。

步骤 2：选中输出的单元格，也就是"I22"单元格。

步骤 3：执行"插入"|"函数"命令，弹出"插入函数"对话框，选择"DCOUNT"函数，如图 4-117 所示。

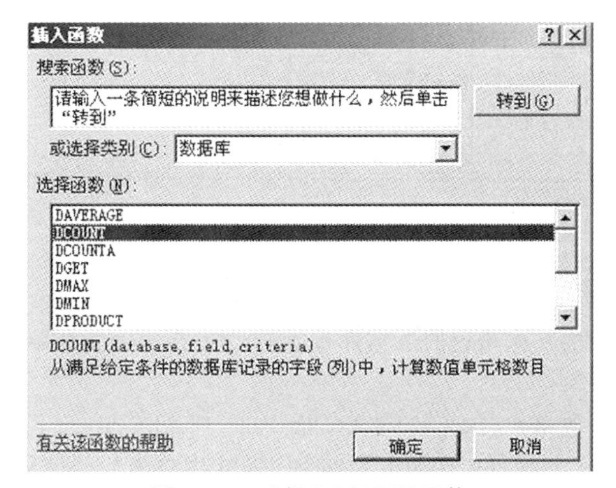

图 4-117 选择 DCOUNT 函数

步骤 4：Database 参数选择整个数据区(包含列名称)，也就是"A2：I17"。Field 参数指的是最终计算哪一列的数量，这里选择"F2"，也可以填"数学"。Criteria 为条件区域"K6：L7"。各个参数填写如图 4-118 所示。

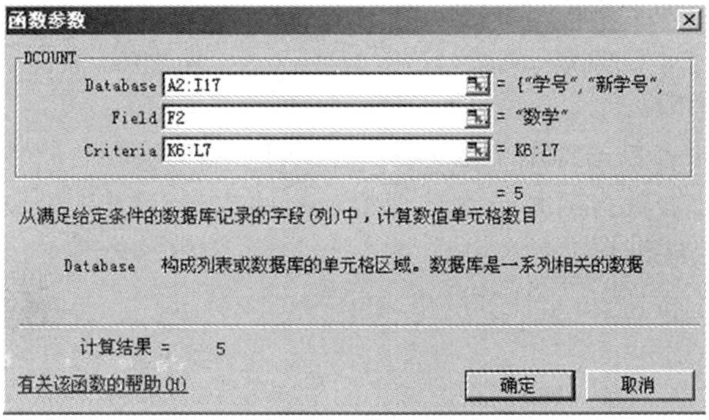

函数参数
DCOUNT
Database A2:I17 = {"学号","新学号",
Field F2 = "数学"
Criteria K6:L7 = K6:L7
= 5
从满足给定条件的数据库记录的字段(列)中，计算数值单元格数目
Database 构成列表或数据库的单元格区域。数据库是一系列相关的数据
计算结果 = 5
有关该函数的帮助(H)
确定 取消

图 4-118 DCOUNT 函数参数填写

步骤 5:点击确定按钮,得出计算结果,如图 4-119 所示。

Microsoft Excel - 数据库函数.xls

I22 =DCOUNT(A2:I17,F2,K6:L7)

学号	新学号	姓名	性别	语文	数学	英语	计算机	体育
001	2009001	胡佳燕	男	94	98	94	94	90
002	2009002	余颖珊	男	95	98	95	28	87
003	2009003	郑馨歆	男	96	87	96	96	70
004	2009004	胡婷婷	女	56	56	92	92	85
005	2009005	钟莹	女	96	96	96	96	80
006	2009006	王东丹	男	61	60	61	61	76
007	2009007	朱凤芳	男	82	94	82	82	81
008	2009008	张静怡	女	79	95	79	50	86
009	2009009	徐颖菁	男	76	96	76	76	92
010	2009010	莫露瑛	女	78	92	84	81	78
011	2009011	林吟雪	女	85	96	74	85	94
012	2009012	王玉华	男	67	61	66	54	74
013	2009013	姚婷婷	女	75	82	77	98	77
014	2009014	张娴	男	80	79	92	89	83
015	2009015	胡方宁	男	67	76	78	32	76

问题	结果
1、“计算机”成绩都大于或等于60的学生的平均分:	86.36364
2、“数学”成绩大于或等于70的“女生”人数:	5
3、“语文”和“数学”成绩都大于或等于85的学生人数:	
4、“体育”成绩大于或等于90的“女生”姓名:	
5、“体育”成绩中“男生”的最高分:	
6、“体育”成绩中“男生”的最低分:	
7、“英语”成绩中“男生”的平均分:	

图 4-119　运算结果

3. DCOUNTA 函数

DCOUNTA 函数的功能是返回数据库或数据清单指定字段中满足给定条件的非空单元格数目。

DCOUNTA 的语法格式:DCOUNTA(Database,Field,Criteria)。

Database 构成列表或数据库的单元格区域,Field 指定函数所使用的数据列,Criteria 为一组包含给定条件的单元格区域。

下面用 DCOUNTA 函数计算"'语文'和'数学'成绩都大于或等于 85 的学生人数:"。具体步骤如下:

步骤 1:在 Excel 表中的任何位置输入条件区域,如图 4-120 所示。

步骤 2:选中输出的单元格,也就是"I23"单元格。

步骤 3:执行"插入"|"函数"命令,弹出"插入函数"对话框,选择"DCOUNTA"函数。

语文	数学
>=85	>=85

图 4-120　条件区域 3

步骤 4:Database 参数选择整个数据区(包含列名称),也就是"A2:I17"。Field 参数指的是最终计算哪一列的数量,这里选择"A2"。Criteria 为条件区域"K10:L11"。各个参数填写如图 4-121 所示。

步骤 5:点击确定按钮,得出计算结果,如图 4-122 所示。

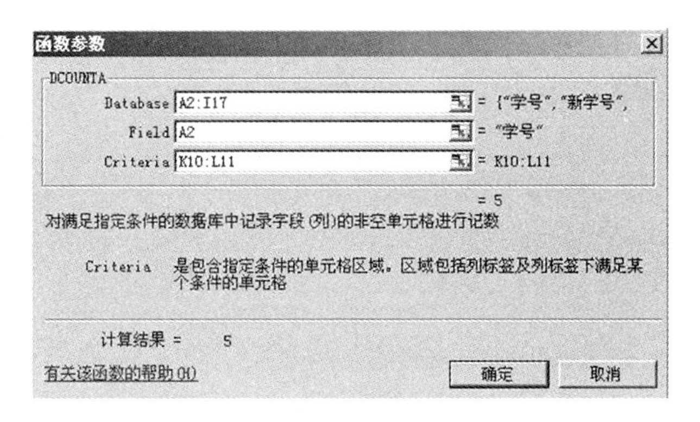

图 4-121　DCOUNTA 函数参数填写

Microsoft Excel - 数据库函数.xls

I23　=DCOUNTA(A2:I17,A2,K10:L11)

学生成绩表								
学号	新学号	姓名	性别	语文	数学	英语	计算机	体育
001	2009001	胡佳燕	男	94	98	94	94	90
002	2009002	余颖珊	男	95	98	95	28	87
003	2009003	郑馨歆	男	96	87	96	96	70
004	2009004	胡婷婷	女	56	56	92	92	85
005	2009005	钟莹	女	96	96	96	96	80
006	2009006	王东丹	男	61	60	61	61	76
007	2009007	朱凤芳	男	82	94	82	82	81
008	2009008	张静怡	女	79	95	79	50	86
009	2009009	徐颖菁	男	76	96	76	76	92
010	2009010	莫露瑛	女	78	92	84	81	78
011	2009011	林吟雪	女	85	96	74	85	94
012	2009012	王玉华	男	67	61	66	54	74
013	2009013	姚婷婷	女	75	82	77	98	77
014	2009014	张娴	男	80	79	92	89	83
015	2009015	胡方宁	男	67	76	78	32	76

问题	结果
1、“计算机”成绩都大于或等于60的学生的平均分：	86.36364
2、“数学”成绩大于或等于70的“女生”人数：	5
3、“语文”和“数学”成绩都大于或等于85的学生人数：	5
4、“体育”成绩大于或等于90的“女生”姓名：	
5、“体育”成绩中“男生”的最高分：	
6、“体育”成绩中“男生”的最低分：	
7、“英语”成绩中“男生”的总分：	

图 4-122　运算结果

4. DGET 函数

DGET 函数的功能是从数据清单或数据库中提取符合指定条件的单个值。

DGET 的语法格式：DGET(Database，Field，Criteria)。

Database 构成列表或数据库的单元格区域，Field 指定函数所使用的数据列，Criteria 为一组包含给定条件的单元格区域。

下面用 DGET 函数计算“‘体育’成绩大于或等于 90 的‘女生’姓名：”。具体步骤如下：

步骤 1：在 Excel 表中的任何位置输入条件区域，如图 4-123 所示。

体育	性别
>=90	女

图 4-123　条件区域 4

步骤 2：选中输出的单元格，也就是“I24”单元格。

步骤 3：执行“插入”|“函数”命令，弹出“插入函数”对话框，选择“DGET”函数。

步骤 4：Database 参数选择整个数据区(包含列名称)，也就是“A2：I17”。Field 参数指的是最终得到的那一列信息，这里选择“C2”，就是学生姓名，当然也可以填“姓名”。Criteria 为条件区域“K14：L15”。各个参数填写如图 4-124 所示。

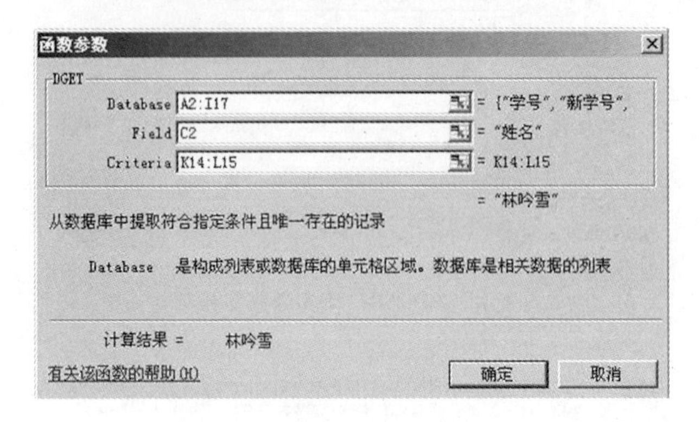

图 4-124　DGET 函数参数填写

步骤 5：点击确定按钮，得出计算结果，如图 4-125 所示。

Microsoft Excel - 数据库函数.xls

I24　　fx =DGET(A2:I17,C2,K14:L15)

	A	B	C	D	E	F	G	H	I
1					学生成绩表				
2	学号	新学号	姓名	性别	语文	数学	英语	计算机	体育
3	001	2009001	胡佳燕	男	94	98	94	94	90
4	002	2009002	余颖珊	男	95	98	95	28	87
5	003	2009003	郑馨歆	男	96	87	96	96	70
6	004	2009004	胡婷婷	女	56	56	92	92	85
7	005	2009005	钟莹	女	96	96	96	96	80
8	006	2009006	王东丹	男	61	60	61	61	76
9	007	2009007	朱凤芳	男	82	94	82	82	81
10	008	2009008	张静怡	女	79	95	79	50	86
11	009	2009009	徐颖菁	男	76	96	76	76	92
12	010	2009010	莫露瑛	女	78	92	84	81	78
13	011	2009011	林吟雪	女	85	96	74	85	94
14	012	2009012	王玉华	男	67	61	66	54	74
15	013	2009013	姚婷婷	女	75	82	77	98	77
16	014	2009014	张娴	男	80	79	92	89	83
17	015	2009015	胡方宁	男	67	76	78	32	76
18									
19									
20					问题				结果
21			1、“计算机”成绩都大于或等于60的学生的平均分：						86.36364
22			2、“数学”成绩大于或等于70的“女生”人数：						5
23			3、“语文”和“数学”成绩都大于或等于85的学生人数：						1
24			4、“体育”成绩大于或等于90的“女生”姓名：						林吟雪
25			5、“体育”成绩中“男生”的最高分：						
26			6、“体育”成绩中“男生”的最低分：						
27			7、“英语”成绩中“男生”的平均分：						
28									

图 4-125　运算结果

5. DMAX 函数

DMAX 函数的功能是返回数据清单或数据库的指定列中，满足给定条件单元格中的最大数值。

DMAX 的语法格式：DMAX(Database，Field，Criteria)。

Database 构成列表或数据库的单元格区域，Field 指定函数所使用的数据列，Criteria 为一组包含给定条件的单元格区域。

下面用 DMAX 函数计算“‘体育’成绩中‘男生’的最高分：”。具体步骤如下：

步骤 1：在 Excel 表中的任何位置输入条件区域，如图 4-126 所示。

性别
男

图 4-126　条件区域 5

步骤 2：选中输出的单元格，也就是“I25”单元格。

步骤 3：执行“插入”|“函数”命令，弹出“插入函数”对话框，选择“DMAX”函数。

步骤 4：Database 参数选择整个数据区（包含列名称），也就是“A2：I17”。Field 参数指的是求哪一列的最高分，这里选择“I2”，也可以填“体育”。Criteria 为条件区域“K18：K19”。各个参数填写如图 4-127 所示。

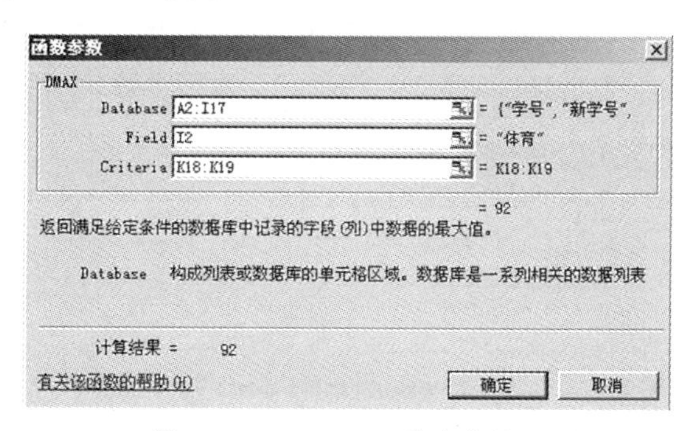

图 4-127　DMAX 函数参数填写

步骤 5：点击确定按钮，得出计算结果，如图 4-128 所示。

Microsoft Excel - 数据库函数.xls

I25　=DMAX(A2:I17,I2,K18:K19)

	A	B	C	D	E	F	G	H	I
1	学生成绩表								
2	学号	新学号	姓名	性别	语文	数学	英语	计算机	体育
3	001	2009001	胡佳燕	男	94	98	94	94	90
4	002	2009002	余颖珊	男	95	98	95	28	87
5	003	2009003	郑馨歆	男	96	87	96	96	70
6	004	2009004	胡婷婷	女	56	56	92	92	85
7	005	2009005	钟莹	女	96	96	96	96	80
8	006	2009006	王东丹	男	61	60	61	61	76
9	007	2009007	朱凤芳	男	82	94	82	82	81
10	008	2009008	张静怡	女	79	95	79	50	86
11	009	2009009	徐颖菁	男	76	96	76	76	92
12	010	2009010	莫露瑛	女	78	92	84	81	78
13	011	2009011	林吟雪	女	85	96	74	85	94
14	012	2009012	王玉华	男	67	61	66	54	74
15	013	2009013	姚婷婷	女	75	82	77	98	77
16	014	2009014	张娴	男	80	79	92	89	83
17	015	2009015	胡方宁	男	67	76	78	32	76
18									
19									
20			问题						结果
21			1、“计算机”成绩都大于或等于60的学生的平均分：						86.36364
22			2、“数学”成绩大于或等于70的“女生”人数：						5
23			3、“语文”和“数学”成绩都大于或等于85的学生人数：						1
24			4、“体育”成绩大于或等于90的“女生”姓名：						林吟雪
25			5、“体育”成绩中“男生”的最高分：						92
26			6、“体育”成绩中“男生”的最低分：						
27			7、“英语”成绩中“男生”的总分：						
28									

图 4-128　运算结果

6. DMIN 函数

DMIN 函数的功能是返回数据清单或数据库的指定列中满足给定条件的单元格中的最小数字。

DMIN 的语法格式：DMIN(Database,Field,Criteria)。

Database 构成列表或数据库的单元格区域，Field 指定函数所使用的数据列，Criteria 为一组包含给定条件的单元格区域。

下面用 DMIN 函数计算"'体育'成绩中'男生'的最低分:"。具体步骤如下:

步骤 1:在 Excel 表中的任何位置输入条件区域,如图 4-129 所示。

步骤 2:选中输出的单元格,也就是"I26"单元格。

步骤 3:执行"插入"|"函数"命令,弹出"插入函数"对话框,选择"DMIN"函数。

性别
男

图 4-129　条件区域 6

步骤 4:Database 参数选择整个数据区(包含列名称),也就是"A2∶I17"。Field 参数指的是求哪一列的最低分,这里选择"I2",也可以填"体育"。Criteria 为条件区域"K22∶K23"。各个参数填写如图 4-130 所示。

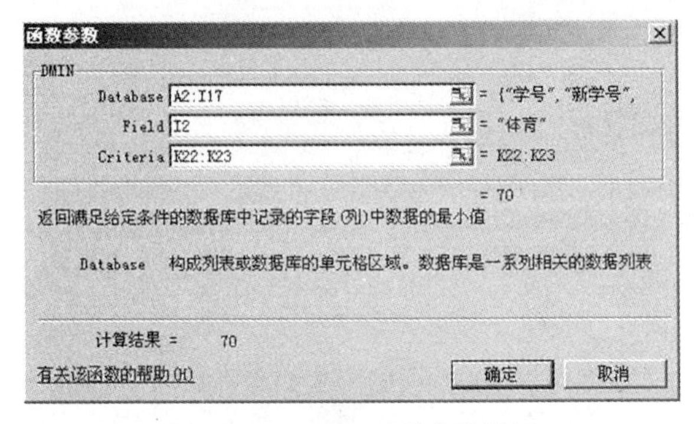

图 4-130　DMIN 函数参数填写

步骤 5:点击确定按钮,得出计算结果,如图 4-131 所示。

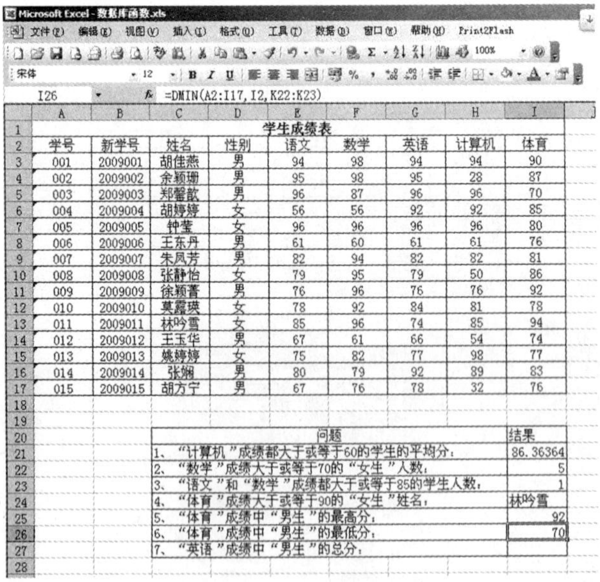

Microsoft Excel - 数据库函数.xls

I26　=DMIN(A2:I17,I2,K22:K23)

	A	B	C	D	E	F	G	H	I
1	学生成绩表								
2	学号	新学号	姓名	性别	语文	数学	英语	计算机	体育
3	001	2009001	胡佳燕	男	94	98	94	94	90
4	002	2009002	余颖珊	男	95	98	95	28	87
5	003	2009003	郑馨歆	男	96	87	96	96	70
6	004	2009004	胡婷婷	女	56	56	92	92	85
7	005	2009005	钟莹	女	96	96	96	96	80
8	006	2009006	王东丹	男	61	60	61	61	76
9	007	2009007	朱凤芳	男	82	94	82	82	81
10	008	2009008	张静怡	女	79	95	79	50	86
11	009	2009009	徐颖菁	男	76	96	76	76	92
12	010	2009010	莫露瑛	女	78	92	84	81	78
13	011	2009011	林吟雪	女	85	96	74	85	94
14	012	2009012	王玉华	男	67	61	66	54	74
15	013	2009013	姚婷婷	女	75	82	77	98	77
16	014	2009014	张娴	男	80	79	92	89	83
17	015	2009015	胡方宁	男	67	76	78	32	76

问题	结果
1、"计算机"成绩都大于或等于60的学生的平均分:	86.36364
2、"数学"成绩大于或等于70的"女生"人数:	5
3、"语文"和"数学"成绩都大于或等于85的学生人数:	1
4、"体育"成绩大于或等于90的"女生"姓名:	林吟雪
5、"体育"成绩中"男生"的最高分:	92
6、"体育"成绩中"男生"的最低分:	70
7、"英语"成绩中"男生"的总分:	

图 4-131　运算结果

7. DSUM 函数

DSUM 函数的功能是返回数据清单或数据库的指定列中,满足给定条件单元格中的数字之和。

DSUM 的语法格式：DSUM(Database，Field，Criteria)。

Database 构成列表或数据库的单元格区域，Field 指定函数所使用的数据列，Criteria 为一组包含给定条件的单元格区域。

下面用 DSUM 函数计算"'英语'成绩中'男生'的总分："。具体步骤如下：

步骤 1：在 Excel 表中的任何位置输入条件区域，如图 4-132 所示。

图 4-132　条件区域 7

步骤 2：选中输出的单元格，也就是"I27"单元格。

步骤 3：执行"插入"|"函数"命令，弹出"插入函数"对话框，选择"DSUM"函数。

步骤 4：Database 参数选择整个数据区(包含列名称)，也就是"A2：I17"。Field 参数指的是求哪一列的总分，这里选择"G2"，也可以填"英语"。Criteria 为条件区域"K26：K27"。各个参数填写如图 4-133 所示。

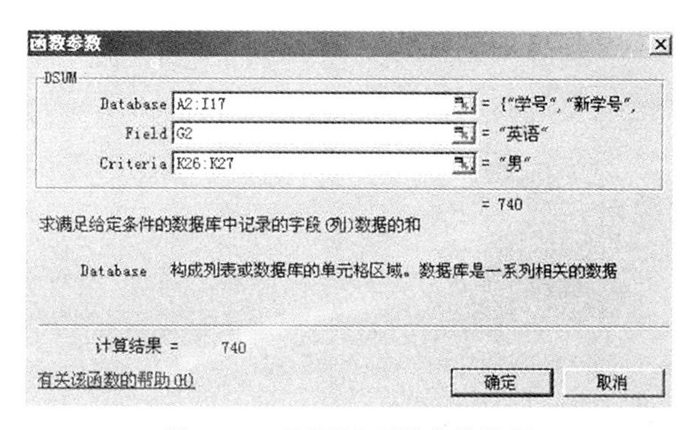

图 4-133　DSUM 函数参数填写

步骤 5：点击确定按钮，得出计算结果，如图 4-134 所示。

I27　=DSUM(A2:I17,G2,K26:K27)

学生成绩表

学号	新学号	姓名	性别	语文	数学	英语	计算机	体育
001	2009001	胡佳燕	男	94	98	94	94	90
002	2009002	余颖珊	男	95	98	95	28	87
003	2009003	郑馨歆	男	96	87	96	96	70
004	2009004	胡婷婷	女	56	56	92	92	85
005	2009005	钟莹	女	96	96	96	96	80
006	2009006	王东丹	男	61	60	61	61	76
007	2009007	朱凤芳	男	82	94	82	82	81
008	2009008	张静怡	女	79	95	79	50	86
009	2009009	徐颖菁	男	76	96	76	76	92
010	2009010	莫霞瑛	女	78	92	84	81	78
011	2009011	林吟雪	女	85	96	74	85	94
012	2009012	王玉华	男	67	61	66	54	74
013	2009013	姚婷婷	女	75	82	77	98	77
014	2009014	张娴	男	80	79	92	89	83
015	2009015	胡方宁	男	67	76	78	32	76

问题	结果
1、"计算机"成绩都大于或等于60的学生的平均分：	86.36364
2、"数学"成绩大于或等于70的"女生"人数：	5
3、"语文"和"数学"成绩都大于或等于85的学生人数：	1
4、"体育"成绩大于或等于90的"女生"姓名：	林吟雪
5、"体育"成绩中"男生"的最高分：	92
6、"体育"成绩中"男生"的最低分：	70
7、"英语"成绩中"男生"的总分：	740

图 4-134　运算结果

以上是对数据库函数的介绍，具体效果如图 4-135 所示。

学生成绩表

学号	新学号	姓名	性别	语文	数学	英语	计算机	体育
001	2009001	胡佳燕	男	94	98	94	94	90
002	2009002	余颖珊	男	95	98	95	28	87
003	2009003	郑馨歆	男	96	87	96	96	70
004	2009004	胡婷婷	女	56	56	92	92	85
005	2009005	钟莹	女	96	96	96	96	80
006	2009006	王东丹	男	61	60	61	61	76
007	2009007	朱凤芳	男	82	94	82	82	81
008	2009008	张静怡	女	79	95	79	50	86
009	2009009	徐颖菁	男	76	96	76	76	92
010	2009010	莫露瑛	女	78	92	84	81	78
011	2009011	林吟雪	女	85	96	74	85	94
012	2009012	王玉华	男	67	61	66	54	74
013	2009013	姚婷婷	女	75	82	77	98	77
014	2009014	张娴	男	80	79	92	89	83
015	2009015	胡方宁	男	67	76	78	32	76

问题	结果
1、“计算机”成绩都大于或等于60的学生的平均分：	86.36364
2、“数学”成绩大于或等于70的“女生”人数：	5
3、“语文”和“数学”成绩都大于或等于85的学生人数：	5
4、“体育”成绩大于或等于90的“女生”姓名：	林吟雪
5、“体育”成绩中“男生”的最高分：	92
6、“体育”成绩中“男生”的最低分：	70
7、“英语”成绩中“男生”的总分：	740

条件区域1：

计算机
>=60

条件区域2：

数学	性别
>=70	女

条件区域3：

语文	数学
>=85	>=85

条件区域4：

体育	性别
>=90	女

条件区域5：

性别
男

条件区域6：

性别
男

条件区域7：

性别
男

图 4-135　学生成绩表运算结果

4.4.8　文本函数与应用

Excel 中可以使用文本函数帮助用户设置关于文本的运算，处理公式中的文本字符串，例如比较两个字符串的大小，字符串子串的提取、字符串替换等。

1. MID 函数

MID 函数的用途是 MID 返回文本串中从指定位置开始的特定数目的字符，该数目由用户指定。

MID 函数的语法格式：MID(Text,Start_num,Num_chars)或 MIDB(Text,Start_num,Num_bytes)。

Text 是包含要提取字符的文本串，Start_num 是文本中要提取的第一个字符的位置，文本中第一个字符的 Start_num 为 1，以此类推，Num_chars 指定希望 MID 从文本中返回字符的个数。

【例 4-9】 有一学生成绩表，先要根据“学号”列填写“所属学院”列，如图 4-136 所示。若学号第 7 位为“0”则填写“电子信息学院”，若为“1”则填写“计算机学院”。

计算“所属学院”列，步骤如下：

步骤 1：选择“C3”单元格。

步骤 2：在编辑栏内输入“=IF(MID(A3,7,1)="1","计算机学院",IF(MID(A3,7,1)="0","电子信息学院","""))”，如图 4-137 所示。公式中“MID(A3,7,1)="1"”表示，从 A3 单元格中取，从第 7 位取，长度为 1 的字符，也就是第 7 位。注意“=”后面的 1 是字符串 1，要用双引号引起来。

步骤 3：其他数据用自动填充句柄自动填充。

步骤 4：运算结果如图 4-138 所示。

	A	B	C
1	学生信息表		
2	学号	姓名	所属学院
3	200909101	刘艳	
4	200909102	徐谷雄	
5	200909003	裴亚云	
6	200909104	袁雨露	
7	200909105	吴刚	
8	200909006	邢昊	
9	200909107	孙艳	
10	200909008	杨梦瑶	
11	200909109	曾辉	
12	200909010	付叶青	
13	200909111	胡奇	
14	200909012	陈飞飞	
15	200909113	费凡	
16	200909014	王丽	
17	200909115	耿璐	
18	200909016	陈莉莉	
19	200909117	李永琪	
20	200909018	刘 兵	
21	200909119	杨书情	
22	200909020	黄 超	

图 4-136　学生成绩表

=IF(MID(A3,7,1)="1","计算机学院",IF(MID(A3,7,1)="0","电子信息学院",""))

图 4-137　输入 IF 函数嵌套 MID 函数公式

	A	B	C
1	学生信息表		
2	学号	姓名	所属学院
3	200909101	刘艳	计算机学院
4	200909102	徐谷雄	计算机学院
5	200909003	裴亚云	电子信息学院
6	200909104	袁雨露	计算机学院
7	200909105	吴刚	计算机学院
8	200909006	邢昊	电子信息学院
9	200909107	孙艳	计算机学院
10	200909008	杨梦瑶	电子信息学院
11	200909109	曾辉	计算机学院
12	200909010	付叶青	电子信息学院
13	200909111	胡奇	计算机学院
14	200909012	陈飞飞	电子信息学院
15	200909113	费凡	计算机学院
16	200909014	王丽	电子信息学院
17	200909115	耿璐	计算机学院
18	200909016	陈莉莉	电子信息学院
19	200909117	李永琪	计算机学院
20	200909018	刘 兵	电子信息学院
21	200909119	杨书情	计算机学院
22	200909020	黄 超	电子信息学院

图 4-138　运算结果

2. REPLACE 函数

REPLACE 函数的用途是 REPLACE 使用其他文本串并根据所指定的字符数替换另一文本串中的部分文本。

REPLACE 函数的语法格式：REPLACE(Old_text, Start_num, Num_chars, New_text)。

Old_text 是要替换其部分字符的文本，Start_num 是要用 New_text 替换的 Old_text 中字符的位置，Num_chars 是希望 REPLACE 使用 New_text 替换 Old_text 中字符的个数；Num_bytes 是希望 REPLACE 使用 New_text 替换 Old_text 的字节数，New_text 是要用于替换 Old_text 中字符的文本。

【例 4-10】 现有“员工资料表”，如图 4-139 所示。要对其员工的“员工代码进行升级”，将升级后的员工代码填入“升级员工代码”列。升级要求在原员工代码的第 2 位后面添加 1 位“0”，例如“PA103”升级后为“PA0103”。

员工资料表

员工姓名	员工代码	升级员工代码	性别	出生年月	年龄	参加工作时间	工龄	职称
毛莉	PA103		女	1977年12月	35	1995年8月	17	技术员
杨青	PA125		女	1978年2月	34	2000年8月	12	助工
陈小鹰	PA128		男	1963年11月	49	1987年11月	25	助工
陆东兵	PA212		女	1976年7月	36	1997年8月	15	助工
闻亚东	PA216		男	1963年12月	49	1987年12月	25	高級工程师
曹吉武	PA313		男	1982年10月	30	2006年5月	6	技术员
彭晓玲	PA325		女	1960年3月	52	1983年3月	29	高級工
傅珊珊	PA326		女	1969年1月	43	1987年1月	25	技术员
钟争秀	PA327		男	1956年12月	56	1980年12月	32	技工
周旻璐	PA329		女	1970年4月	42	1992年4月	20	助工
柴安琪	PA330		男	1977年1月	35	1999年8月	13	工程师
吕秀杰	PA401		女	1963年10月	49	1983年10月	29	高級工程师
陈华	PA402		男	1948年10月	64	1969年10月	43	技师
姚小玮	PA403		女	1969年3月	43	1991年3月	21	工程师
刘晓瑞	PA405		男	1979年3月	33	2000年8月	12	助工
肖凌云	PA527		男	1960年4月	52	1978年4月	34	工程师
徐小君	PA529		女	1970年7月	42	1995年7月	17	技术员
程俊	PA602		男	1974年1月	38	1992年8月	20	助工
黄威	PA604		男	1982年5月	30	2004年8月	8	技术员
钟华	PA605		男	1983年9月	29	2004年8月	8	助工
郎怀民	PA613		男	1957年1月	55	1978年1月	34	中級工
谷金力	PA623		男	1975年3月	37	1998年8月	14	工程师
张南玲	PA625		女	1963年9月	49	1984年8月	28	技工

图 4-139 员工资料表

完成员工代码升级，可以采用以下步骤：

步骤 1：选中“C3”单元格。

步骤 2：插入“REPLACE”函数。升级要求在原员工代码的第 2 位后面添加 1 位“0”，其实就是在第 3 位插入“0”。参数中 Old_text 是要替换其部分字符的文本，填入“B3”；Start_num 是要用 New_text 替换 Old_text 中字符的位置，填入“3”；Num_chars 是希望 REPLACE 使用 New_text 替换 Old_text 中字符的个数，填入“0”；New_text 是要用于替换 Old_text中字符的文本，填入“"0"”，注意是字符串 0，因此要加双引号。参数填写如图 4-140 所示。

步骤 3：其他员工代码使用自动填充句柄自动填充。

步骤 4：运算结果如图 4-141 所示。

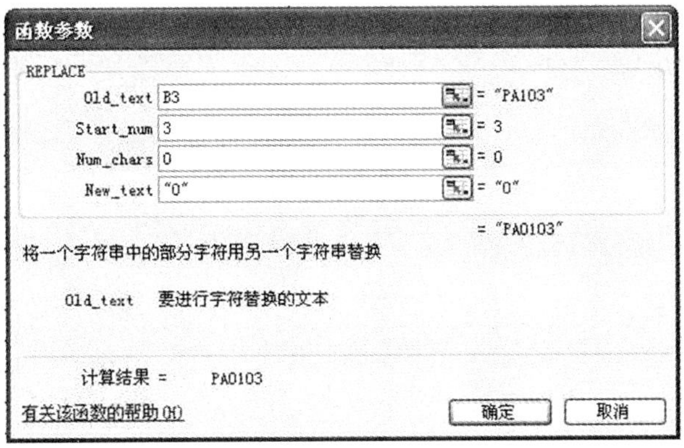

函数参数

REPLACE

Old_text B3 = "PA103"

Start_num 3 = 3

Num_chars 0 = 0

New_text "0" = "0"

= "PA0103"

将一个字符串中的部分字符用另一个字符串替换

Old_text 要进行字符替换的文本

计算结果 = PA0103

有关该函数的帮助(H) 确定 取消

图 4-140 REPLACE 函数参数填写

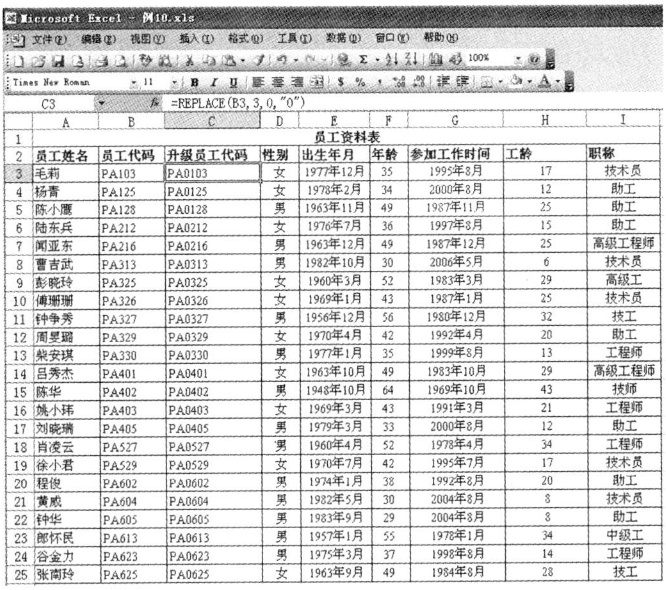

Microsoft Excel - 例10.xls

C3 =REPLACE(B3, 3, 0, "0")

	A	B	C	D	E	F	G	H	I
1	员工资料表								
2	员工姓名	员工代码	升级员工代码	性别	出生年月	年龄	参加工作时间	工龄	职称
3	毛莉	PA103	PA0103	女	1977年12月	35	1995年8月	17	技术员
4	杨青	PA125	PA0125	女	1978年2月	34	2000年8月	12	助工
5	陈小鹰	PA128	PA0128	男	1963年11月	49	1987年11月	25	助工
6	陆东兵	PA212	PA0212	女	1976年7月	36	1997年8月	15	助工
7	闻亚东	PA216	PA0216	男	1963年12月	49	1987年12月	25	高级工程师
8	曹吉武	PA313	PA0313	男	1982年10月	30	2006年5月	6	技术员
9	彭晓玲	PA325	PA0325	女	1960年3月	52	1983年3月	29	高级工
10	傅珊珊	PA326	PA0326	女	1969年1月	43	1987年1月	25	技术员
11	钟争秀	PA327	PA0327	男	1956年12月	56	1980年12月	32	技工
12	周旻璐	PA329	PA0329	女	1970年4月	42	1992年4月	20	助工
13	柴安琪	PA330	PA0330	男	1977年1月	35	1999年8月	13	工程师
14	吕秀杰	PA401	PA0401	女	1963年10月	49	1983年10月	29	高级工程师
15	陈华	PA402	PA0402	男	1948年10月	64	1969年10月	43	技师
16	姚小玮	PA403	PA0403	女	1969年3月	43	1991年3月	21	工程师
17	刘晓瑞	PA405	PA0405	男	1979年3月	33	2000年8月	12	助工
18	肖凌云	PA527	PA0527	男	1960年4月	52	1978年4月	34	工程师
19	徐小君	PA529	PA0529	女	1970年7月	42	1995年7月	17	技术员
20	程俊	PA602	PA0602	男	1974年1月	38	1992年8月	20	助工
21	黄威	PA604	PA0604	男	1982年5月	30	2004年8月	8	技术员
22	钟华	PA605	PA0605	男	1983年9月	29	2004年8月	8	助工
23	郎怀民	PA613	PA0613	男	1957年1月	55	1978年1月	34	中级工
24	谷金力	PA623	PA0623	男	1975年3月	37	1998年8月	14	工程师
25	张南玲	PA625	PA0625	女	1963年9月	49	1984年8月	28	技工

图 4-141 运算结果

3. FIND 函数

FIND 函数用途是 FIND 用于查找其他文本串(Within_text)内的文本串(Find_text),并从 Within_text 的首字符开始返回 Find_text 的起始位置编号。此函数适用于双字节字符,它可以区分大小写但不允许使用通配符。

FIND 函数的语法格式:FIND(Find_text,Within_text,Start_num)。

Find_text 是待查找的目标文本,Within_text 是包含待查找文本的源文本,Start_num 指定从其开始进行查找的字符,即 within_text 中编号为 1 的字符。如果忽略 Start_num,则假设其为 1。例如 B1=A bird in the hand is worth than two in the bush. ,B2=wo,则公式"=FIND(B2,B1,1)"返回 23,如图 4-142 所示。

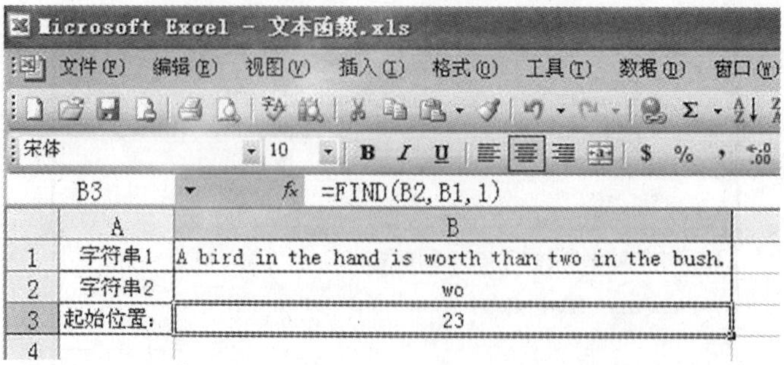

图 4-142　FIND 函数应用及运算结果

4.4.9　逻辑函数与应用

Excel 中提供了逻辑函数用于判断真假值，或者进行真假检验用于函数嵌套运算。在 Excel 中共提供了 6 种逻辑函数(AND，OR，IF，NOT，FALSE，TRUE)，这里我们主要介绍 3 种。

1. AND 函数

AND 函数的用途是当所有参数的逻辑值为真时返回 TRUE(真)，只要有一个参数的逻辑值为假，则返回 FALSE(假)。

AND 函数的语法格式：AND(Logical1，Logical2，...)。

Logical1，Logical2，... 为待检验的 1～30 个逻辑表达式，它们的结论或为 TRUE(真)或为 FALSE(假)。参数必须是逻辑值或者包含逻辑值的数组或引用，如果数组或引用内含有文字或空白单元格，则忽略它的值。如果指定的单元格区域内包括非逻辑值，AND 将返回错误值＃value!。例如，A1＝2，A2＝6，那么公式"＝AND(A1，A2)"返回 FALSE。

2. IF 函数

IF 函数用途是执行逻辑判断，它可以根据逻辑表达式的真假，返回不同的结果，从而执行数值或公式的条件检测任务。

IF 函数的语法格式：IF(Logical_test，Value_if_true，Value_if_false)。

Logical_test 计算结果为 TRUE 或 FALSE 的任何数值或表达式。Value_if_true 是 logical_test 为 TRUE 时函数的返回值，如果 Logical_test 为 TRUE 并且省略了 Value_if_true，则返回 TRUE，而且 Value_if_true 可以是一个表达式。Value_if_false 是 Logical_test 为 FALSE 时函数的返回值。如果 Logical_test 为 FALSE 并且省略 Value_if_false，则返回 FALSE。Value_if_false 也可以是一个表达式。

例如，公式"＝IF(C2＞＝90，"A"，IF(C2＞＝80，"B"，IF(C2＞＝70，"C"，IF(C2＞＝60，"D"，"E"))))"，其中第二个 IF 语句同时也是第一个 IF 语句的参数。同样，第三个 IF 语句是第二个 IF 语句的参数，以此类推。例如，若第一个逻辑判断表达式 C2＞＝90 成立，则 D2 单元格被赋值"A"；如果第一个逻辑判断表达式 C2＞＝90 不成立，则计算第二个 IF 语句"IF(C2＞＝80"；以此类推直至计算结束，如图 4-143 所示。IF 函数广泛用于需要进行逻辑判断的场合。

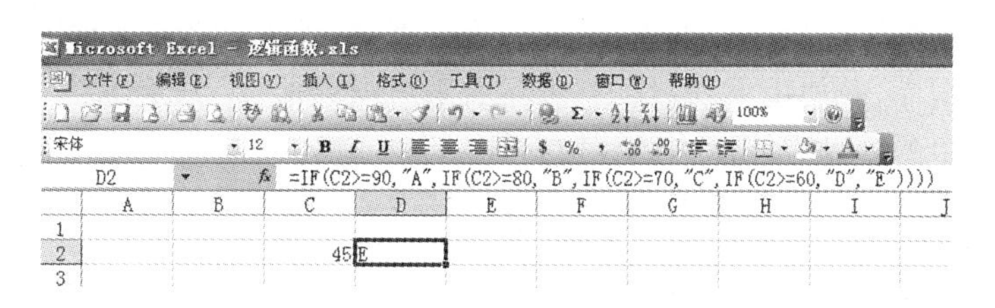

图 4-143 IF 函数使用及运算结果

3. OR 函数

OR 函数的用途是所有参数中的任意一个逻辑值为真时即返回 TRUE(真)。

OR 函数的语法格式:OR(Logical1,Logical2,...)。

Logical1,Logical2,...是需要进行检验的 1 至 30 个逻辑表达式,其结论分别为 TRUE 或 FALSE。如果数组或引用的参数包含文本、数字或空白单元格,它们将被忽略。如果指定的区域中不包含逻辑值,OR 函数将返回错误#value!。

实例:如果 A1=6,A2=8,则公式"=OR(A1+A2>A2,A1=A2)"返回 TRUE;而公式"=OR(A1>A2,A1=A2)"则返回 FALSE。

4.4.10 信息函数与应用

在 Excel 函数中有一类函数,它们专门用来返回某些指定单元格或区域等的信息,比如单元格的内容、格式、个数等,这一类函数我们称为信息函数。这里主要介绍 1 种"ISTEXT"函数。

ISTEXT 函数的功能是判断引用的参数或指定的单元格的内容是否为文本。

ISTEXT 函数语法结构为:ISTEXT(value)。

ISTEXT 函数只有一个参数 value,表示待测试的内容。如果测试的内容为文本,将返回 TRUE,否则将返回 FALSE。例如,A1 单元格内为字符串的值"15",A2 单元格内输入公式"=ISTEXT(A1)"的结果为 TRUE,如图 4-144 所示。

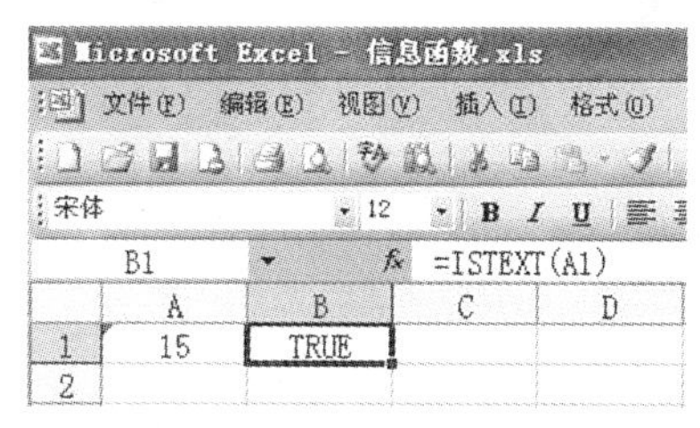

图 4-144 ISTEXT 函数应用及运算结果

4.5 数据管理与分析

Excel 具有强大的数据管理与分析能力,能够对工作表中的数据进行排序、筛选、分类汇总等,还能够使用数据透视表对工作表的数据进行重组,对特定的数据行或数据列进行各种概要分析,并且可以生成数据透视图,直观地表示分析结果。

4.5.1 数据列表

1. 创建数据列表

由于需要通过"数据列表"来排序与筛选数据记录的操作,因此在操作前应先创建好"数据列表"。"数据列表"是工作表中包含相关数据的一系列数据行,可以像数据库软件一样接受浏览与编辑等操作。在执行数据库操作时，例如查询、排序或汇总数据时，Excel会自动将数据列表看作数据库，并使用下列数据列表元素来组织数据。

①数据列表中的列是数据库中的字段；

②数据列表中的列标题是数据库中的字段名称；

③数据列表中的每一行对应数据库中的一个记录。

数据列表的创建方法如下：选定要创建列表的数据区域，然后执行Excel的"数据"|"列表"|"创建列表"命令。例如，要建立如图4-145所示的数据列表，应选中A1：O36区域，然后执行"数据"|"列表"|"创建列表"命令建立数据列表。

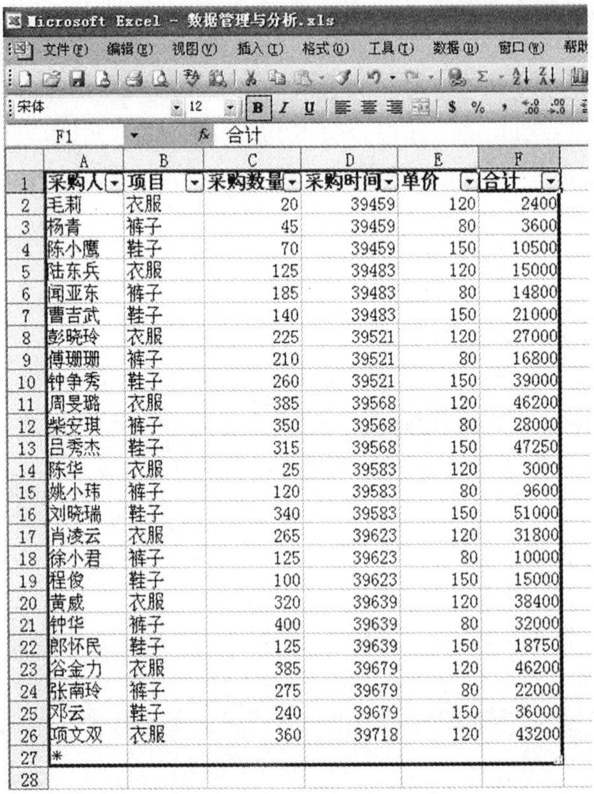

Microsoft Excel - 数据管理与分析.xls

F1 合计

	A	B	C	D	E	F
1	采购人	项目	采购数量	采购时间	单价	合计
2	毛莉	衣服	20	39459	120	2400
3	杨青	裤子	45	39459	80	3600
4	陈小鹰	鞋子	70	39459	150	10500
5	陆东兵	衣服	125	39483	120	15000
6	闻亚东	裤子	185	39483	80	14800
7	曹吉武	鞋子	140	39483	150	21000
8	彭晓玲	衣服	225	39521	120	27000
9	傅珊珊	裤子	210	39521	80	16800
10	钟争秀	鞋子	260	39521	150	39000
11	周旻璐	衣服	385	39568	120	46200
12	柴安琪	裤子	350	39568	80	28000
13	吕秀杰	鞋子	315	39568	150	47250
14	陈华	衣服	25	39583	120	3000
15	姚小玮	裤子	120	39583	80	9600
16	刘晓瑞	鞋子	340	39583	150	51000
17	肖凌云	衣服	265	39623	120	31800
18	徐小君	裤子	125	39623	80	10000
19	程俊	鞋子	100	39623	150	15000
20	黄威	衣服	320	39639	120	38400
21	钟华	裤子	400	39639	80	32000
22	郎怀民	鞋子	125	39639	150	18750
23	谷金力	衣服	385	39679	120	46200
24	张南玲	裤子	275	39679	80	22000
25	邓云	鞋子	240	39679	150	36000
26	项文双	衣服	360	39718	120	43200
27	*					
28						

图4-145 建立数据列表

实际上，如果一个工作表只有一个连续数据区域，并且这个数据区域的每个列都有列标题，那么系统会自动将这个连续数据区域识别为数据列表。一个工作表一般只创建一个数据列表，应尽量避免在一个工作表中创建多个数据列表。一旦建立好数据列表，可以继续在它所包含的单元格中输入数据。但无论何时输入数据，都应当注意遵循下列准则：

①将类型相同的数据项置于同一列中。在设计数据列表时，应使同一列中的各行具有相同类型的数据项。

②使数据列表独立于其他数据。在工作表中，数据列表与其他数据间至少要留出一个空列和一个空行，以便在执行排序、筛选或插入自动分类汇总等操作时，有利于Excel检测和选定数据列表。

③将关键数据置于列表的顶部或底部。这样可避免将关键数据放到数据列表的左右两

侧，因为这些数据在Excel筛选数据列表时可能会被隐藏。

④注意显示行或列。在修改数据列表之前，应确保隐藏的行或列也被显示。因为，如果列表中的行和列没有被显示，那么数据有可能会被删除。

⑤注意数据列表格式。如前所述，数据列表需要列标，若没有的话应在列标的第一行中创建，因为Excel将使用列标创建报告并查找和组织数据。列标可以使用与数据列表中数据不同的字体、对齐方式、格式、图案、边框或大小写类型等。在输入列标之前，应将单元格设置为文本格式。

⑥使用单元格边框突出显示数据列表。如果要将数据列表标志和其他数据分开，可使用单元格边框(不是空格或短划线)。

⑦避免空行和空列。避免在数据列表中随便放置空行和空列，将有利于Excel检测和选定数据列表。因为单元格开头和末尾的多余空格会影响排序与搜索，所以不要在单元格文本前面或后面输入空格，可采用缩进单元格内文本的办法来代替空格。

2. 使用记录单

在Excel中，向一个数据量较大的表单中插入一行新记录的过程中，在一个列数很多的Excel表格中输入数据时，来回拉动滚动条，既麻烦又容易错行，非常不方便。而Excel的记录单可以帮助您在一个小窗口中完成输入数据的工作，不必在长长的表单中进行输入。

选中数据区域的任意一个单元格，执行"数据"|"记录单"命令，打开"记录单"窗体，如图4-146所示，单击其中的"新建"按钮，然后在相应的单元格中输入数据，输入完一条记录后，按下"Enter"键或"下一条"按钮，进入下一条记录的输入状态。

注意：在输入时，请按"Tab"键移动鼠标，不能按"Enter"键移动鼠标！

记录单具有条件查询的功能，而且还允许使用通配符查找，即用"*"代替不可知的任意长度的任何符号。例如，要在销售清单中查找姓黄的采购记录，就可以用"黄*"作为查找条件，该查询条件的意思是"以黄开头的任意长度的任何字符串"。

在数据记录单中，只需要单击"条件"按钮，指定一个查询条件，如图4-147所示的数据记录单对话框，然后在各字段框中输入查询内容即可，此处输入"黄*"，然后按回车，系统会显示符合条件的查询结果。

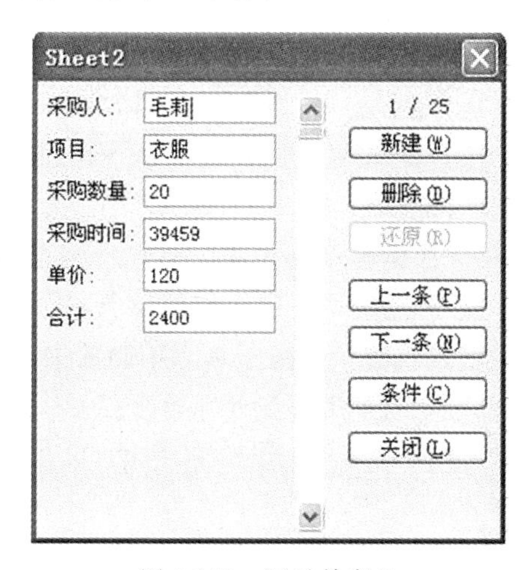

图4-146　记录单窗口

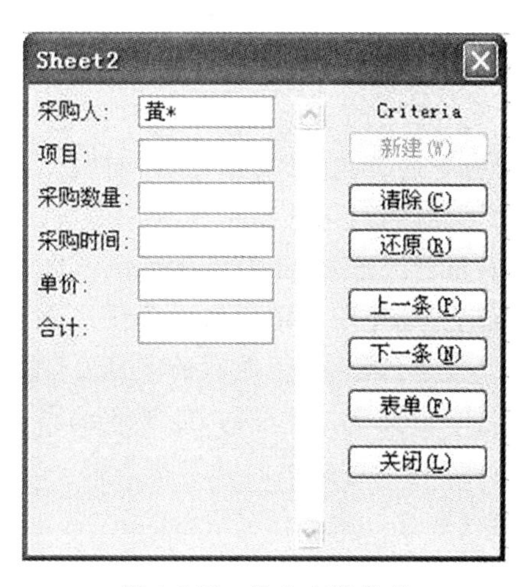

图4-147　输入查询条件

提示:数据记录单是一种对话框,利用它可以很方便地在数据列表中输入或显示一行完整的信息或记录。它最突出的用途还是查找和删除记录。当使用数据记录单向新的数据列表中添加记录时,数据列表每一列的下部必须具有列标。

注意:在数据记录单中一次最多只能显示 32 个字段。

4.5.2 数据排序

数据排序是一种常用的表格操作方式,通过排序可以对工作表进行数据重组,提供有用的信息。数据排序的功能是按一定的规则对数据进行整理和排列,为进一步处理数据作好准备。Excel 2003 提供了多种对数据列表进行排序的方法,既可以升序或降序进行排序,又可以按用户自定义的方式进行排序。

1. 普通排序

最简单的排序操作是使用工具栏中的按钮,在这个工具栏上有两个用于排序的按钮,如图 4-148 所示,按钮用于按升序方式排序,按钮用于按降序方式排序。

图 4-148 工具栏中的排序按钮

对于数据内较多的数据列表,或者只想对某区域进行排序,可以使用"数据"下拉菜单中的"排序"命令进行操作,如图 4-149 所示,可以使用如下所述的各选项功能。

(1)主要关键字:通过下拉菜单选择排序字段,右边的单选按钮可控制按升序或降序的方式进行排序。

(2)次要关键字:设置方法同"主要关键字"。如果前面设置的"主要关键字"列中出现了重复项,就按次要关键字来排序重复的部分。

(3)第三关键字:设置方法同"主要关键字"。如果前面设置的"主要关键字"与"次要关键字"列中都出现了重复项,就按第三关键字来排序重复的部分。

图 4-149 排序对话框

(4)有标题行:在数据排序时,包含列表的第一行。

(5)无标题行:在数据排序时,不包含列表的第一行。

注意:如果排序结果与所预期的不同,说明排序数据的类型有出入。若想得到正确的结果,就要确保列中所有单元格属于同一数据类型。应避免在同一列连续的单元格中交替输入数字或文字,因此确保所有数字都要以数字或文字方式输入是排序是否正确的关键所在。若要将数字以文字方式输入,如邮政编码,可以在数字之前加上一个省略符号(')。

【例 4-11】 现在我们对如图 4-150 所示的采购表完成排序,要求对"合计"进行降序排列,得到采购总计金额排名。

Microsoft Excel - 例11.xls

	A	B	C	D	E	F
1	采购人	项目	采购数量	采购时间	单价	合计
2	毛莉	衣服	20	2008-1-12	120	2400
3	杨青	裤子	45	2008-1-12	80	3600
4	陈小鹰	鞋子	70	2008-1-12	150	10500
5	陆东兵	衣服	125	2008-2-5	120	15000
6	闻亚东	裤子	185	2008-2-5	80	14800
7	曹吉武	鞋子	140	2008-2-5	150	21000
8	彭晓玲	衣服	225	2008-3-14	120	27000
9	傅珊珊	裤子	210	2008-3-14	80	16800
10	钟争秀	鞋子	260	2008-3-14	150	39000
11	周旻璐	衣服	385	2008-4-30	120	46200
12	柴安琪	裤子	350	2008-4-30	80	28000
13	吕秀杰	鞋子	315	2008-4-30	150	47250
14	陈华	衣服	25	2008-5-15	120	3000
15	姚小玮	裤子	120	2008-5-15	80	9600
16	刘晓瑞	鞋子	340	2008-5-15	150	51000
17	肖凌云	衣服	265	2008-6-24	120	31800
18	徐小君	裤子	125	2008-6-24	80	10000
19	程俊	鞋子	100	2008-6-24	150	15000
20	黄威	衣服	320	2008-7-10	120	38400
21	钟华	裤子	400	2008-7-10	80	32000
22	郎怀民	鞋子	125	2008-7-10	150	18750
23	谷金力	衣服	385	2008-8-19	120	46200
24	张南玲	裤子	275	2008-8-19	80	22000
25	邓云	鞋子	240	2008-8-19	150	36000
26	项文双	衣服	360	2008-9-27	120	43200

图 4-150 采购表

可以采用以下步骤完成排序：

步骤 1：单击源工作表中的任一单元格(有数据的单元格而不能是空白单元格)，或选中要排序的整个单元格区域。本例中，可单击 A1：F26 中的任一单元格，也可以选择整个 A1：F26区域。

步骤 2：执行"数据"|"排序"命令，系统会显示图 4-151 所示的对话框。

步骤 3：从对话框中"主要关键字"下拉列表中选择排序关键字(下拉列表中包括所有列标题名称)，选择"合计"作为主关键字，选择"降序"作为排序的方式，并将"有标题行"单选钮选中，如图 4-152 所示。

图 4-151 排序对话框

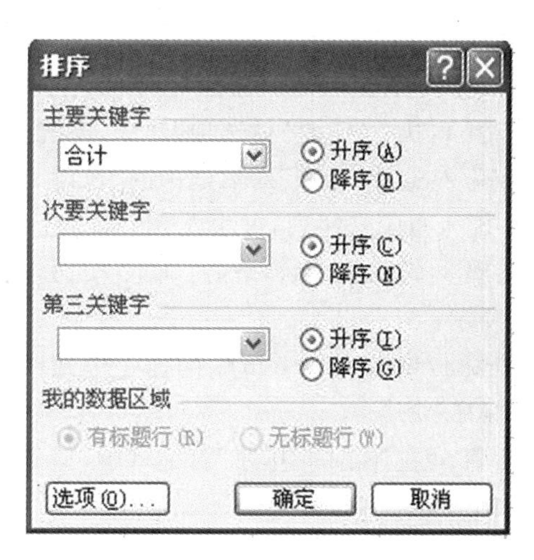

图 4-152 选择"合计"作为主关键字

步骤 4:单击“确定”按钮,Excel 就会对源工作表中的数据按合计从高到低进行重新排列,其结果如图 4-153 所示。

Microsoft Excel - 例11.xls

	A	B	C	D	E	F
1	采购人	项目	采购数量	采购时间	单价	合计
2	刘晓瑞	鞋子	340	2008-5-15	150	51000
3	吕秀杰	鞋子	315	2008-4-30	150	47250
4	周旻璐	衣服	385	2008-4-30	120	46200
5	谷金力	衣服	385	2008-8-19	120	46200
6	项文双	衣服	360	2008-9-27	120	43200
7	钟争秀	鞋子	260	2008-3-14	150	39000
8	黄威	衣服	320	2008-7-10	120	38400
9	邓云	鞋子	240	2008-8-19	150	36000
10	钟华	裤子	400	2008-7-10	80	32000
11	肖凌云	衣服	265	2008-6-24	120	31800
12	柴安琪	裤子	350	2008-4-30	80	28000
13	彭晓玲	衣服	225	2008-3-14	120	27000
14	张南玲	裤子	275	2008-8-19	80	22000
15	曹吉武	鞋子	140	2008-2-5	150	21000
16	郎怀民	鞋子	125	2008-7-10	150	18750
17	傅珊珊	裤子	210	2008-3-14	80	16800
18	陆东兵	衣服	125	2008-2-5	120	15000
19	程俊	鞋子	100	2008-6-24	150	15000
20	闻亚东	裤子	185	2008-2-5	80	14800
21	陈小鹰	鞋子	70	2008-1-12	150	10500
22	徐小君	裤子	125	2008-6-24	80	10000
23	姚小玮	裤子	120	2008-5-15	80	9600
24	杨青	裤子	45	2008-1-12	80	3600
25	陈华	衣服	25	2008-5-15	120	3000
26	毛莉	衣服	20	2008-1-12	120	2400

图 4-153　排序结果

2. 自定义排序

如果需要按照一种指定的次序进行排序,而不是按照数值或者文本的顺序排序,这时就需要使用自定义排序。

【例 4-12】 要对如图 4-150 所示的采购表的“项目”列进行排序,要求按照“衣服、裤子、鞋子”的顺序进行排序。

要完成这样的自定义排序,操作步骤如下:

步骤 1:执行“工具”|“选项”命令,系统弹出如图 4-154 所示的对话框。

步骤 2:选择“选项”对话框中的“自定义序列”标签,然后在该对话框中的“输入序列”编辑框中输入自定义序列,每输入一个类别后按一下回车键。

步骤 3:输入完成后,单击“确定”按钮,就将这个用户自定义序列添加到了系统中,如图 4-155 所示。

步骤 4:单击 A1 : F26 中的任一单元格,也可以选择整个 A1 : F26 区域,然后执行“数据”|“排序”命令。

步骤 5:在弹出的“排序”对话框中,单击“选项”按钮,系统将弹出“排序选项”对话框,如图 4-156 所示。

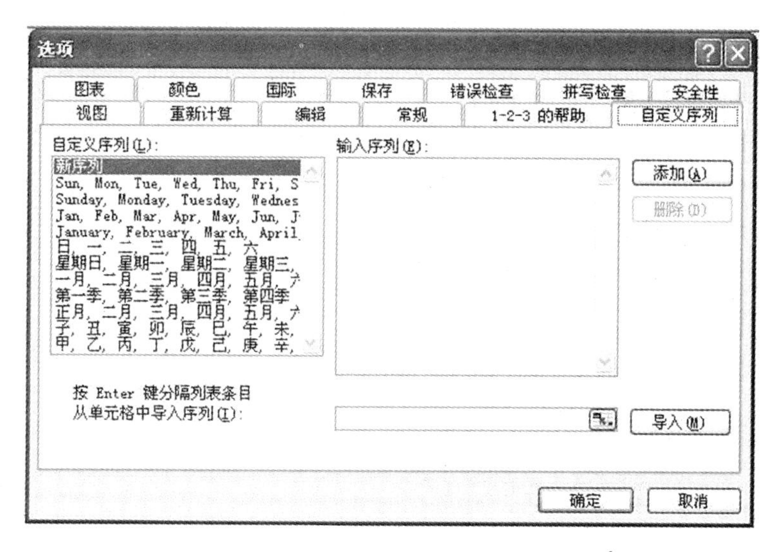

图 4-154 选项对话框

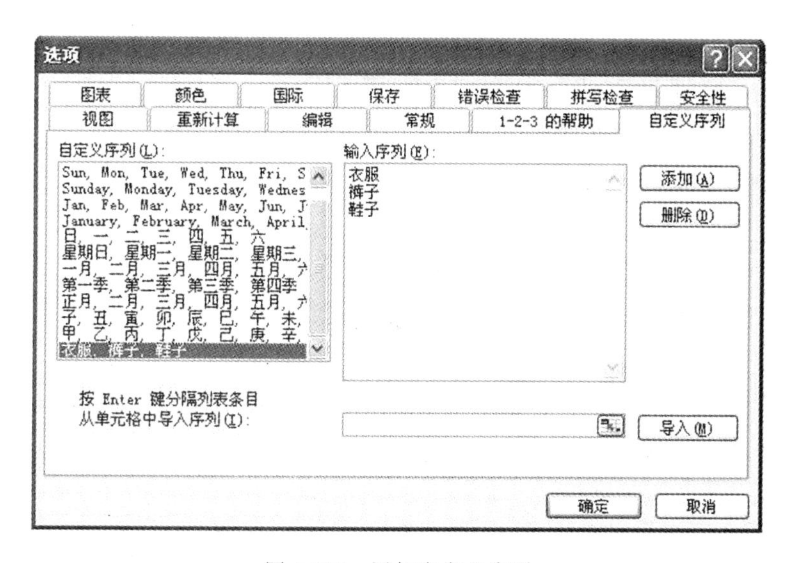

图 4-155 添加自定义序列

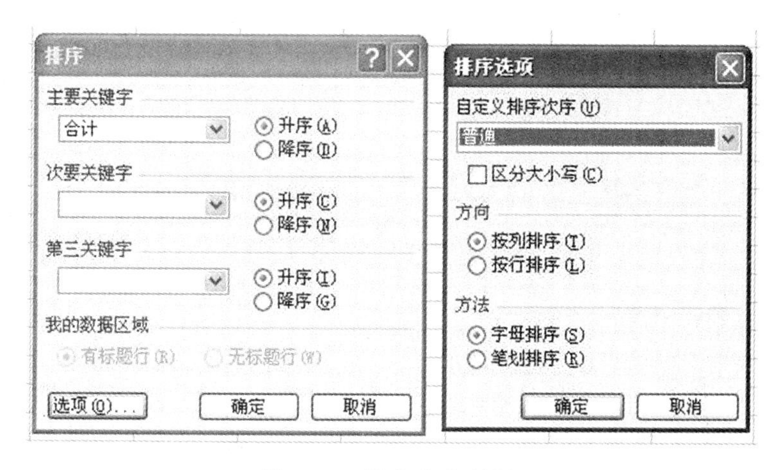

图 4-156 排序选项对话框

步骤 6：在“排序选项”对话框的“自定义排序次序”下拉列表中选择前面建立的自定义序列，如图 4-157 所示，按“确定”按钮回到“排序”对话框。

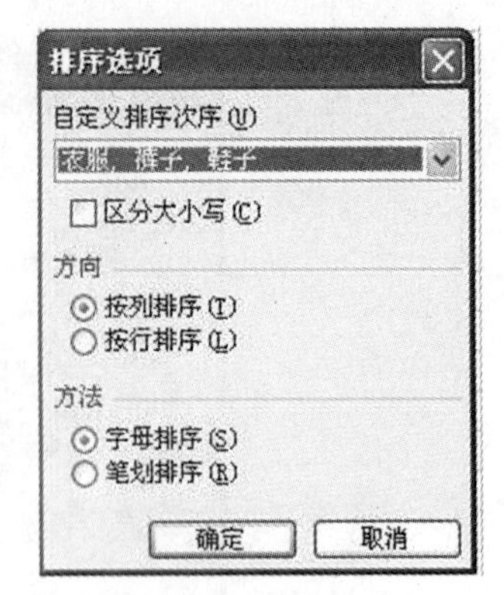

图 4-157　选择前面建立的自定义序列

步骤 7：在“排序”对话框中选择“项目”作为主要关键字，排序方式为“升序”，按“确定”按钮即可得到如图 4-158 所示的结果。

自定义序列除了可以用来自定义排序外，还可以用来简化输入，在第一个单元格中输入序列的第一个词后，用填充柄就可以复制输入后续的词。

3. 排序规则

按递增方式排序的数据类型及其数据的顺序为：

(1)数字：根据其值的大小从小到大排序。

(2)文本和包含数字的文本：按字母顺序对文本项进行排序。Excel 从左到右一个字符一个字符依次比较，如果对应位置的字符相同，则进行下一位置的字符比较，一旦比较出大小，就不再比较后面的字符。如果所有的字符均相同，则参与比较的文本就相等。

字符的顺序是 0123456789(空格)！＃MYM％&’＊＋，－．/：；＜　＞？@［　］ˆ－‘1～ABCDEFGHIJKLMNOPQRSTUVWXYZ。排序时，是否区分字母的大小写，可根据需要设置，默认英文字母不区分大小写。

Microsoft Excel - 例12.xls

F7　31800

	A	B	C	D	E	F
1	采购人	项目	采购数量	采购时间	单价	合计
2	毛莉	衣服	20	39459	120	2400
3	陆东兵	衣服	125	39483	120	15000
4	彭晓玲	衣服	225	39521	120	27000
5	周旻璐	衣服	385	39568	120	46200
6	陈华	衣服	25	39583	120	3000
7	肖凌云	衣服	265	39623	120	31800
8	黄威	衣服	320	39639	120	38400
9	谷金力	衣服	385	39679	120	46200
10	项文双	衣服	360	39718	120	43200
11	杨青	裤子	45	39459	80	3600
12	闻亚东	裤子	185	39483	80	14800
13	傅珊珊	裤子	210	39521	80	16800
14	柴安琪	裤子	350	39568	80	28000
15	姚小玮	裤子	120	39583	80	9600
16	徐小君	裤子	125	39623	80	10000
17	钟华	裤子	400	39639	80	32000
18	张南玲	裤子	275	39679	80	22000
19	陈小鹰	鞋子	70	39459	150	10500
20	曹吉武	鞋子	140	39483	150	21000
21	钟争秀	鞋子	260	39521	150	39000
22	吕秀杰	鞋子	315	39568	150	47250
23	刘晓瑞	鞋子	340	39583	150	51000
24	程俊	鞋子	100	39623	150	15000
25	郎怀民	鞋子	125	39639	150	18750
26	邓云	鞋子	240	39679	150	36000
27	*					

图 4-158　最终排序结果

(3)逻辑值：FALSE 排在 TURE 之前。

(4)错误值：所有的错误值都是相等的。

(5)空白(不是空格)：空白单元格总是排在最后。

(6)汉字：汉字有两种排序方式，一种是按照汉语拼音的字典顺序进行排序，如“手机”与

"存储卡"按拼音升序排序时,"存储卡"排在"手机"的前面;另一种排序方式是按笔画排序,以笔画的多少作为排序的依据,如以笔画升序排序,"手机"应排在"存储卡"前面。

递减排序的顺序与递增顺序恰好相反,但空白单元格将排在最后。

日期、时间也当文字处理,是根据它们内部表示的基础值排序。

4.5.3 数据筛选

在 Excel 中进行数据查询时,人们一般采用排序或者是运用条件格式的方法。排序是重排数据清单,将符合条件的数据靠在一起;条件格式是将满足条件的记录以特殊格式显示。这两种查询方法的缺点是不想查询的数据也将显示出来,从而影响查询的效果。有没有一种更为方便的查询方法呢?有,那就是筛选。数据筛选是一种用于查找数据的快速方法,筛选将数据列表中所有不满足条件的记录暂时隐藏起来,只显示满足条件的数据行,以供用户浏览和分析。Excel 提供了自动和高级两种筛选数据的方式。

1. 自动筛选

"自动筛选"一般用于简单的条件筛选,筛选时将不满足条件的数据暂时隐藏起来,只显示符合条件的数据。

【例 4-13】 为了及时跟踪各个类别商品的采购情况,需要从如图 4-150 所示的采购表中查询相关信息,可以通过自动筛选获取上述信息。现需要筛选出"采购衣服数量>200"的采购信息。

具体操作步骤如下:

步骤 1:单击 A1∶F26 区域中的任一单元格。

步骤 2:执行"数据"|"筛选"|"自动筛选"命令。数据列表中第一行的各列中将分别显示出一个下拉按钮,如图 4-159 所示,自动筛选就将通过它们进行。

Microsoft Excel - 例13.xls

D8 2008-3-14

	A	B	C	D	E	F
1	采购人	项目	采购数量	采购时间	单价	合计
2	毛莉	衣服	20	2008-1-12	120	2400
3	杨青	裤子	45	2008-1-12	80	3600
4	陈小鹰	鞋子	70	2008-1-12	150	10500
5	陆东兵	衣服	125	2008-2-5	120	15000
6	闻亚东	裤子	185	2008-2-5	80	14800
7	曹吉武	鞋子	140	2008-2-5	150	21000
8	彭晓玲	衣服	225	2008-3-14	120	27000
9	傅珊珊	裤子	210	2008-3-14	80	16800
10	钟争秀	鞋子	260	2008-3-14	150	39000
11	周旻璐	衣服	385	2008-4-30	120	46200
12	柴安琪	裤子	350	2008-4-30	80	28000
13	吕秀杰	鞋子	315	2008-4-30	150	47250
14	陈华	衣服	25	2008-5-15	120	3000
15	姚小玮	裤子	120	2008-5-15	80	9600
16	刘晓瑞	鞋子	340	2008-5-15	150	51000
17	肖凌云	衣服	265	2008-6-24	120	31800
18	徐小君	裤子	125	2008-6-24	80	10000
19	程俊	鞋子	100	2008-6-24	150	15000
20	黄威	衣服	320	2008-7-10	120	38400
21	钟华	裤子	400	2008-7-10	80	32000
22	郎怀民	鞋子	125	2008-7-10	150	18750
23	谷金力	衣服	385	2008-8-19	120	46200
24	张南玲	裤子	275	2008-8-19	80	22000
25	邓云	鞋子	240	2008-8-19	150	36000
26	项文双	衣服	360	2008-9-27	120	43200
27	*					

图 4-159 第一行的各列显示出下拉按钮

步骤 3:单击需要进行筛选的列标的下拉列表,Excel 会显示出该列表中所有不同的数据值,这些值可用作筛选条件,如单击“项目”旁边的下拉列表,会显示出“项目”列中所有的值,如图 4-160 所示,其中各项的意义解释如下:

“全部”:显示出工作表中的所有数据,相当于不进行筛选;

“前 10 个”:该选项表示只显示数据列表中的前若干个数据行,不一定就是 10 个,个数可以修改。

“自定义”:该选项表示自己可以自定义筛选条件。

“裤子”、“鞋子”、“衣服”:这些是“类别”列中的所有数据,选择其中的某项内容,Excel 就会以所选内容对数据列表进行筛选。

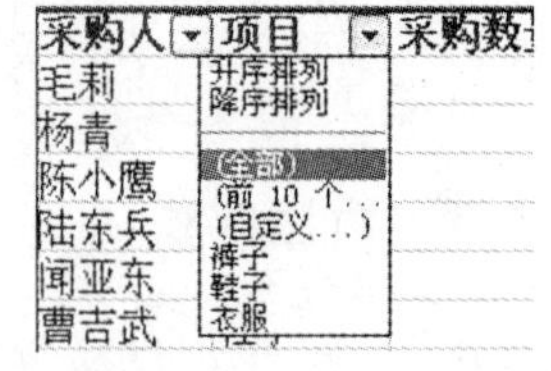

图 4-160 单击“项目”旁边的下拉列表

步骤 4:要筛选出“采购衣服数量>200”的采购信息,需要在“项目”下拉列表中选择“衣服”,在“采购数量”列选择自定义。在弹出的“自定义自动筛选方式”对话框中选择“大于”,填入 200,如图 4-161 所示。

自定义自动筛选方式

显示行:
采购数量
大于 200
⊙与(A) ○或(O)
可用 ? 代表单个字符
用 * 代表任意多个字符
确定 取消

图 4-161 “自定义自动筛选方式”对话框

步骤 5:点击确定按钮后,系统就会显示如图 4-162 所示的结果。

如果要在数据列表中恢复筛选前的显示状态,只需要再次选择“数据”|“筛选”|“√自动筛选”菜单项,这时会发现该菜单项前面的“√”消失,数据列表就恢复成筛选前状态,如图 4-163 所示。

	A	B	C	D	E	F
1	采购人	项目	采购数量	采购时间	单价	合计
8	彭晓玲	衣服	225	2008-3-14	120	27000
11	周旻璐	衣服	385	2008-4-30	120	46200
17	肖凌云	衣服	265	2008-6-24	120	31800
20	黄威	衣服	320	2008-7-10	120	38400
23	谷金力	衣服	385	2008-8-19	120	46200
26	项文双	衣服	360	2008-9-27	120	43200
27	*					

图 4-162 筛选结果

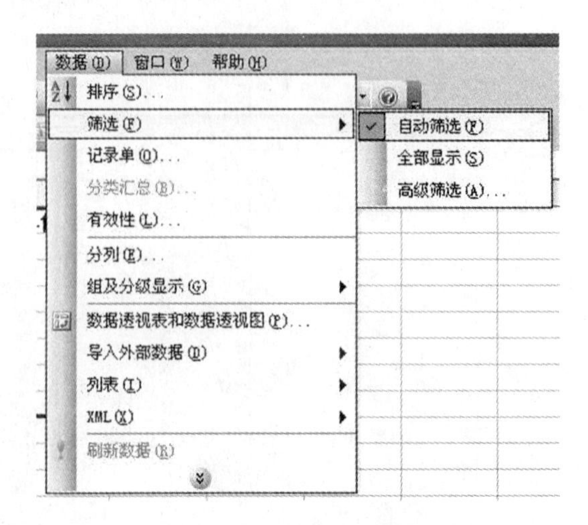

图 4-163 取消自动筛选

2. 高级筛选

自定义筛选只能完成条件简单的数据筛选，如果筛选的条件比较复杂，自定义筛选就会显得比较麻烦。对于筛选条件较多的情况，可以使用高级筛选功能来处理。相对于自动筛选，高级筛选可以根据复杂条件进行筛选，而且还可以把筛选的结果复制到指定的地方，更方便进行对比。

使用高级筛选功能，必须先建立一个条件区域，用来指定筛选条件。条件区域的第一行是所有作为筛选条件的字段名，这些字段名与数据列表中的字段名必须一致，条件区域的其他行则输入筛选条件。需要注意的是，条件区域和数据列表不能连接，必须用空行或空列将其隔开。

条件区域的构造规则是：同一列中的条件是“或”，同一行中的条件是“与”。

前面我们使用自动筛选的自定义方式查询“采购衣服数量＞200”的采购情况，要进行两步筛选才能够得到结果。现在我们可以使用高级筛选进行查询“采购衣服数量＞200”的采购情况，步骤如下：

步骤 1：在采购表中创建一个条件区域，输入筛选条件，这里在 I1、J1 单元格中分别输入“项目”、“采购数量”，在 I2、J2 中分别输入“衣服”、“＞200”，如图 4-164 所示。

Microsoft Excel - 例13.xls

N16

	A	B	C	D	E	F	G	H	I	J
1	采购人	项目	采购数量	采购时间	单价	合计			项目	采购数量
2	毛莉	衣服	20	2008-1-12	120	2400			衣服	>200
3	杨青	裤子	45	2008-1-12	80	3600				
4	陈小鹰	鞋子	70	2008-1-12	150	10500				
5	陆东兵	衣服	125	2008-2-5	120	15000				
6	闻亚东	裤子	185	2008-2-5	80	14800				
7	曹吉武	鞋子	140	2008-2-5	150	21000				
8	彭晓玲	衣服	225	2008-3-14	120	27000				
9	傅珊珊	裤子	210	2008-3-14	80	16800				
10	钟争秀	鞋子	260	2008-3-14	150	39000				
11	周旻璐	衣服	385	2008-4-30	120	46200				
12	柴安琪	裤子	350	2008-4-30	80	28000				
13	吕秀杰	鞋子	315	2008-4-30	150	47250				
14	陈华	衣服	25	2008-5-15	120	3000				
15	姚小玮	裤子	120	2008-5-15	80	9600				
16	刘晓瑞	鞋子	340	2008-5-15	150	51000				
17	肖凌云	衣服	265	2008-6-24	120	31800				
18	徐小君	裤子	125	2008-6-24	80	10000				
19	程俊	鞋子	100	2008-6-24	150	15000				
20	黄威	衣服	320	2008-7-10	120	38400				
21	钟华	裤子	400	2008-7-10	80	32000				
22	郎怀民	鞋子	125	2008-7-10	150	18750				
23	谷金力	衣服	385	2008-8-19	120	46200				
24	张南玲	裤子	275	2008-8-19	80	22000				
25	邓云	鞋子	240	2008-8-19	150	36000				
26	项文双	衣服	360	2008-9-27	120	43200				

图 4-164　创建条件区域

步骤 2：选定库存清单数据列表中的任一单元格（Excel 可据此将连续的数据区域设置成数据的筛选区域，否则要在后面的操作步骤中指定筛选区域），然后执行“数据”|“筛选”|“高级筛选”命令，打开如图 4-165 所示的“高级筛选”对话框。

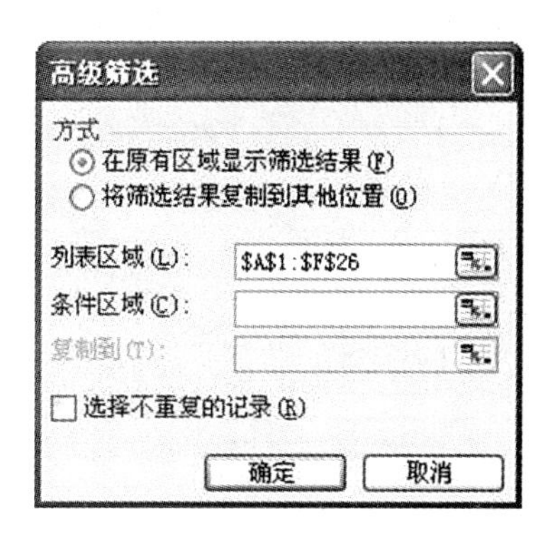

图 4-165　高级筛选对话框

步骤 3：指定数据列表区域和条件区域。如果第 2 步中未选定数据列表中的单元格，可以在“高级筛选”对话框中的“列表区域”中输入要进行筛选的数据所在的工作表区域，然后在“条件区域”中输入第 1 步中所创建的条件区域，可直接输入“I1∶J2”,或者单击“高级筛选”对话框中“条件区域”设置按钮后,用鼠标拖动选定条件区域中的条件。

步骤4:指定保存结果的区域。若筛选后要隐藏不符合条件的数据行,并让筛选的结果显示在数据列表中,可打开“在原有区域筛选结果”单选按钮。若要将符合条件的数据行复制到工作表的其他位置,则需要打开“将筛选结果复制到其他位置”单选按钮,并通过“复制到”编辑框指定粘贴区域的左上角单元格位置的引用。Excel会以此单元格为起点,自动向右、向下扩展单元格区域,直到完整地存入筛选后的结果。

步骤5:最后单击“确定”按钮,结果如图4-166所示。

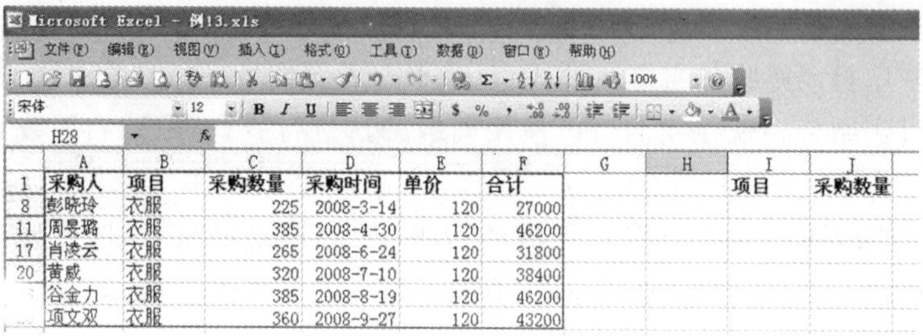

	A	B	C	D	E	F	G	H	I	J
1	采购人	项目	采购数量	采购时间	单价	合计			项目	采购数量
8	彭晓玲	衣服	225	2008-3-14	120	27000				
11	周旻璐	衣服	385	2008-4-30	120	46200				
17	肖凌云	衣服	265	2008-6-24	120	31800				
20	黄威	衣服	320	2008-7-10	120	38400				
	谷金力	衣服	385	2008-8-19	120	46200				
	项文双	衣服	360	2008-9-27	120	43200				

图4-166 高级筛选结果

如果要将数据列表恢复到筛选前的状态,可以执行“数据”|“筛选”|“全部显示”命令即可。

4.5.4 数据透视表和数据透视图

数据透视表是一种对大量数据快速汇总和建立交叉列表的交互式表格,不仅能够改变行和列以查看源数据的不同汇总结果,也可以显示不同页面的已筛选数据,还可以根据需要显示区域中的明细数据。数据透视图则是一个动态的图表,它可以将创建的数据透视表以图表的形式显示出来。

1. 数据透视表概述

数据透视表是通过对源数据表的行、列进行重新排列,提供多角度的数据汇总信息。用户可以旋转行和列以查看源数据的不同汇总,还可以根据需要显示感兴趣区域的明细数据。在使用数据透视表进行分析之前,首先应掌握数据透视表的术语,如表4-6所示。

表4-6 数据透视表常用术语

术语	说明
坐标轴	数据透视表中的一维,例如行、列或页
数据源	为数据透视表提供的数据列表或数据库
字段	数据列表中的列标题
项	组成字段的成员,即某列中单元格的内容
概要函数	用来计算表格中数据的值的函数,默认的概要函数是用于数字值的SUM函数、用于统计文本个数的COUNT函数
透视	通过重新确定一个或多个字段的位置来重新安排数据透视表

如果要分析相关的汇总值,尤其是要汇总较大的数据列表,并对每个数字进行多种比较

时，可以使用数据透视表。

当然这样的报表也可以通过数据的分类、排序或汇总计算实现，但操作过程可能会非常复杂。

2. 创建数据透视表

创建数据透视表可以通过“数据透视表和数据透视图向导”进行，如图 4-167 所示。在向导的提示下，用户可以方便地为数据列表或数据库创建数据透视表。利用向导创建数据透视表需要 3 个步骤，它们分别是：

(1)选择所创建的数据透视表的数据源类型；

(2)选择数据源的区域；

(3)设计将要生成的数据透视表的版式和选项。

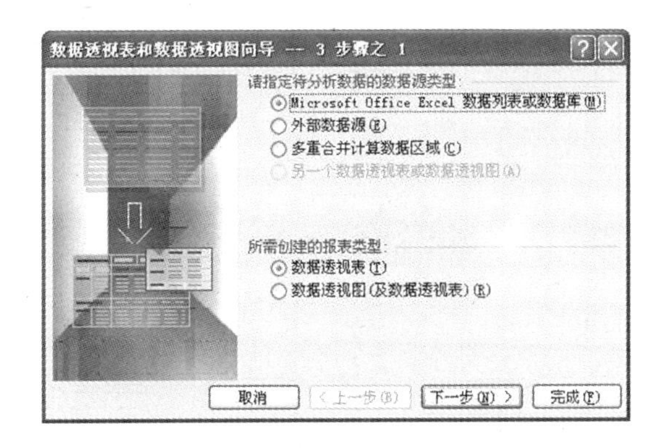

图 4-167 数据透视表和数据透视图向导

【例 4-14】 已有采购表，如图 4-150 所示，现要使用数据透视表分析销售清单，要求“采购人”位于行区域，“项目”位于列区域，“合计”位于数据区并求和。

具体步骤如下：

步骤 1：单击销售清单的任一非空单元格，执行“数据”|“数据透视表和数据透视图向导”命令，打开 3 步向导的第一步对话框，如图 4-168 所示，主要用于指定数据透视表的数据源。一般情况下，数据透视表的数据源都是数据列表或数据库。数据来源主要有以下 4 个：

(1)Microsoft Office Excel 数据列表或数据库：每列都带有列标题的工作表。

(2)外部数据源：其他程序创建的文件或表格，如 Dbase、Access、SQL Server 等。

(3)多重合并数据计算区域：工作表中带标记的行和列的多重范围。

(4)另一个数据透视表或数据透视图：先前创建的数据透视表。

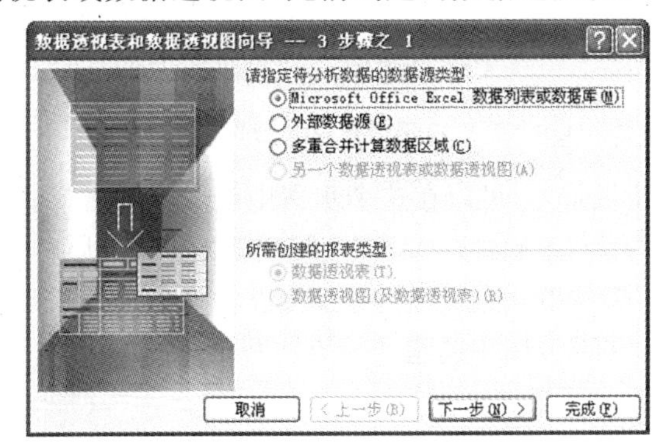

图 4-168 数据透视表和数据透视图向导步骤 1

步骤 2:选择数据透视表的数据源为“Microsoft Office Excel 数据列表或数据库”,所需创建的报表类型为“数据透视表”。实际上默认情况下选择的就是这两个,单击“下一步”按钮,系统显示向导的第 2 步,如图 4-169 所示。

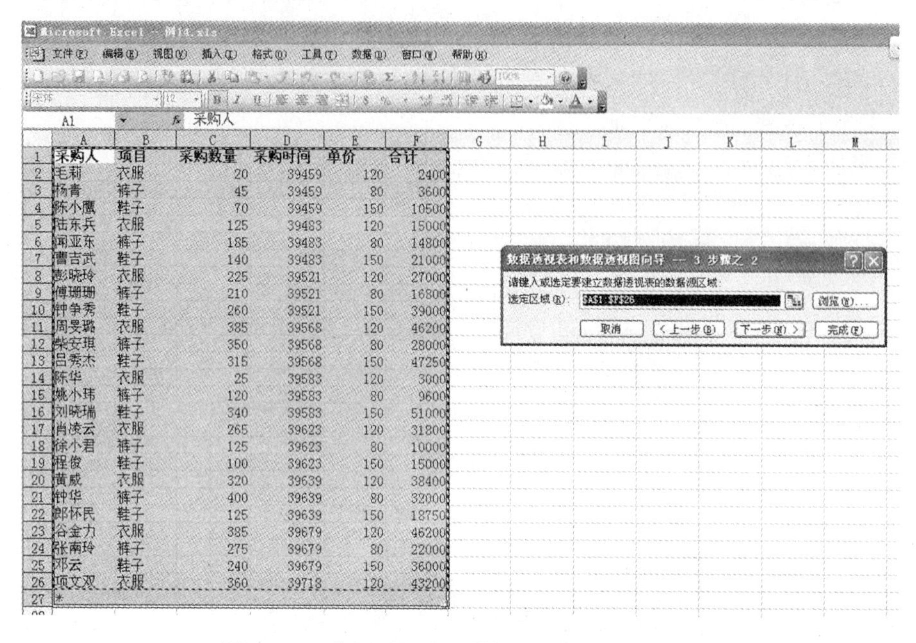

采购人	项目	采购数量	采购时间	单价	合计
毛莉	衣服	20	39459	120	2400
杨青	裤子	45	39459	80	3600
陈小鹰	鞋子	70	39459	150	10500
陆东兵	衣服	125	39483	120	15000
闻亚东	裤子	185	39483	80	14800
曹吉武	鞋子	140	39483	150	21000
彭晓玲	衣服	225	39521	120	27000
傅珊珊	裤子	210	39521	80	16800
钟争秀	鞋子	260	39521	150	39000
周旻璐	衣服	385	39568	120	46200
柴安琪	裤子	350	39568	80	28000
吕秀杰	鞋子	315	39568	150	47250
陈华	衣服	25	39583	120	3000
姚小玮	裤子	120	39583	80	9600
刘晓瑞	鞋子	340	39583	150	51000
肖凌云	衣服	265	39623	120	31800
徐小君	裤子	125	39623	80	10000
程俊	鞋子	100	39623	150	15000
黄威	衣服	320	39639	120	38400
钟华	裤子	400	39639	80	32000
郎怀民	鞋子	125	39639	150	18750
谷金力	衣服	385	39679	120	46200
张南玲	裤子	275	39679	80	22000
邓云	鞋子	240	39679	150	36000
项文双	衣服	360	39718	120	43200

图 4-169　数据透视表和数据透视图向导步骤 2

步骤 3:向导的第 2 步主要用于确定数据透视表的数据源区域,默认情况下系统会自动选取包含有数据的连续数据区域,而且通常是正确的。如果发现自动指定的数据源区域不正确,可以在“选定区域”编辑框中输入或选择数据源区域,直接单击“下一步”按钮,系统将显示向导的第 3 步,如图 4-170 所示。

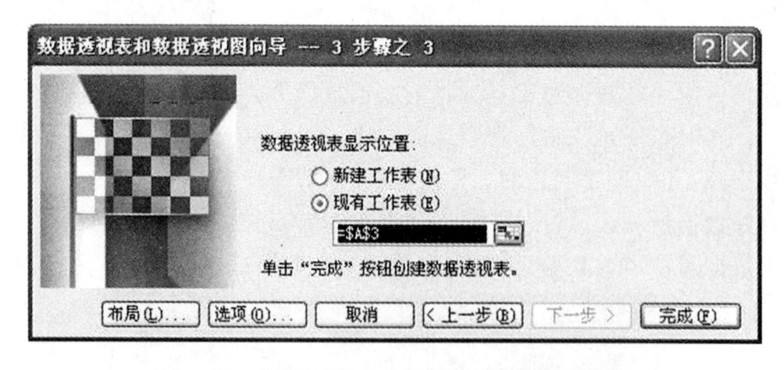

图 4-170　数据透视表和数据透视图向导步骤 3

步骤 4:向导的第 3 步最重要,可以在这个步骤中设置数据透视表的布局,布局的设置关系到数据透视表的数据显示和正确性。单击“布局”按钮打开布局对话框,如图 4-171 所示,对话框的右半部分列出了数据源中的所有字段,可以将这些字段按钮拖放到左半部分图中的行、列、页和数据上。左半部分图中的组成元素解释如下:

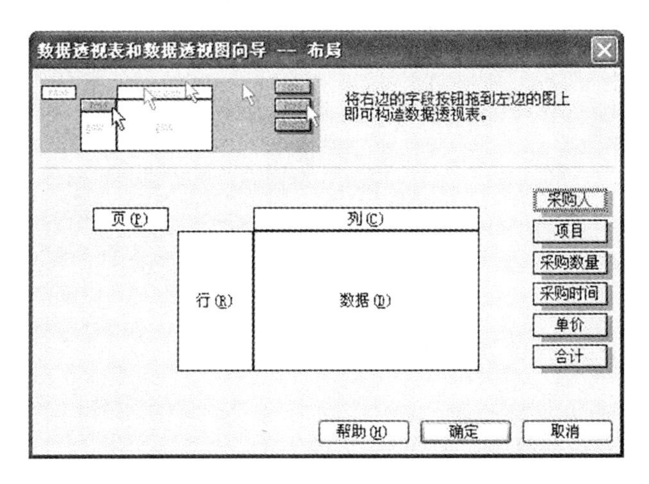

图 4-171 “布局”对话框

行:拖放到行中的数据字段,该字段中的每一个数据项将占据透视表的一行。本例中,我们把“采购人”字段拖放到“行”中。

列:与行对应,拖放到列中的字段,该字段的每个数据项将占一列。本例中,我们把“项目”字段拖放到“列”中。

页:行和列相当于 X 轴和 Y 轴,确定一个二维表格,页相当于 Z 轴。拖放到页中的字段,Excel 将按该字段的数据项对透视表进行分页。本例不填此项。

数据:进行计算或汇总的字段名称。因此将“合计”字段拖放到“数据”中。

步骤 5:设置好布局后,单击“确定”按钮,然后单击“完成”按钮,系统会新建一个工作表,生成的数据透视表如图 4-172 所示。

数据透视表是一个非常友好的数据分析和透视工具。表中的数据是“活”的,可以“透视”表中各项数据的具体来源,即明细数据。数据透视表生成后,最后将工作表的名称进行重命名,给它取个有意义的名字。

Microsoft Excel - 例14.xls

	A	B	C	D	E
2					
3	求和项:合计	项目			
4	采购人	衣服	裤子	鞋子	总计
5	曹吉武			21000	21000
6	柴安琪		28000		28000
7	陈华	3000			3000
8	陈小鹰			10500	10500
9	程俊			15000	15000
10	邓云			36000	36000
11	傅珊珊		16800		16800
12	谷金力	46200			46200
13	黄威	38400			38400
14	郎怀民			18750	18750
15	刘晓瑞			51000	51000
16	陆东兵	15000			15000
17	吕秀杰			47250	47250
18	毛莉	2400			2400
19	彭晓玲	27000			27000
20	闻亚东		14800		14800
21	项文双	43200			43200
22	肖凌云	31800			31800
23	徐小君		10000		10000
24	杨青		3600		3600
25	姚小玮		9600		9600
26	张南玲		22000		22000
27	钟华		32000		32000
28	钟争秀			39000	39000
29	周旻璐	46200			46200
30	总计	253200	136800	238500	628500

图 4-172 生成的数据透视表

3. 制作数据透视图

数据透视图是利用数据透视的结果制作的图表,其总是与数据透视表相关联的。如果更改了数据透视表中某个字段的位置,则透视图中与之相对应的字段位置也会改变。数据透视表中的行字段对应于数据透视图中的分类字段,而列字段则对应于数据透视图中的系列字段。数据透视表中的页字段和数据字段分别对应于数据透视图中的页字段和数据字段。

数据透视图的创建有两种方法:

(1)在“数据透视表和数据透视图向导”的第 1 步中将所需创建的报表类型选为“数据透视图(及数据透视表)”,这样就会同时创建数据透视表和数据透视图,其他步骤与创建数据透视表相同。在设置完数据透视表的布局后,在生成数据透视表的同时,也会生成相应的数据透视图。

(2)如果已经单独创建了数据透视表,那么只要单击常用工具栏中的"图表向导"或"数据透视表"工具栏中的"图表向导"按钮,系统会自动插入一个新的数据透视图,如图 4-173 所示。

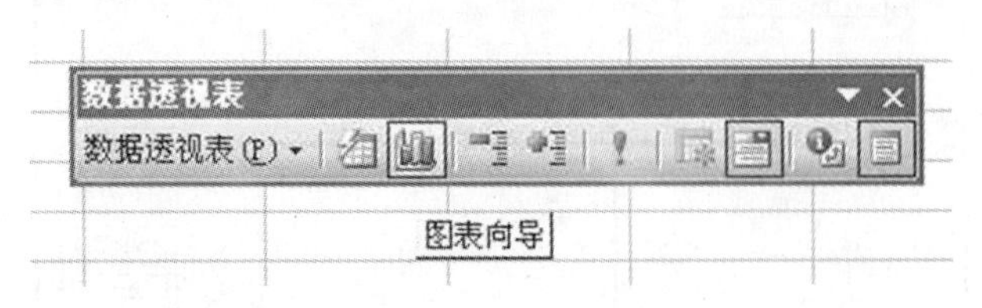

图 4-173 "数据透视表"工具栏中的"图表向导"按钮

两种方法都可以很方便地生成一个数据透视图,此处我们对图 4-172 中的数据透视表建立一个相应的数据透视图,如图 4-174 所示。

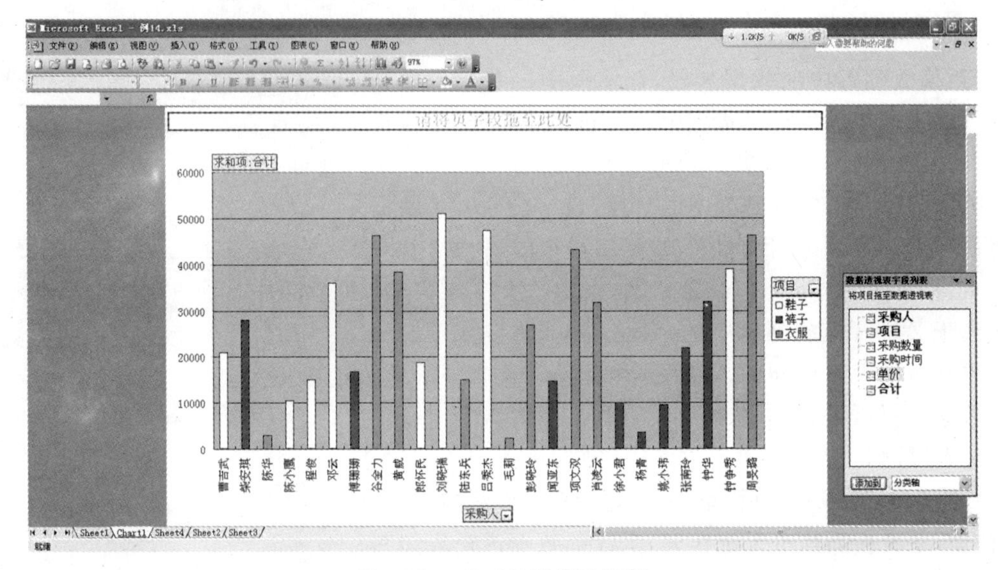

图 4-174 生成的数据透视图

数据透视图生成之后,为了与数据透视表对应,最好给它取个有意义的名字。

4.5.5 分类汇总

分类汇总是对数据列表指定的行或列中的数据进行汇总统计,统计的内容可以由用户指定。通过折叠或展开行、列数据和汇总结果,从汇总和明细两种角度显示数据,可以快捷地创建各种汇总报告。

1. 分类汇总概述

Excel 可自动计算数据列表中的分类汇总和总计值。当插入自动分类汇总时,Excel 将分级显示数据列表,以便为每个分类汇总显示或隐藏明细数据行。Excel 分类汇总的数据折叠层次最多可达 8 层。

若要插入自动分类汇总,我们必须先对数据列表进行排序,将要进行分类汇总的行组合在一起,然后为包含数字的数据列计算分类汇总。

分类汇总为分析汇总数据提供了非常灵活有用的方式,它可以完成以下工作:

①显示一组数据的分类汇总及总和；

②显示多组数据的分类汇总及总和；

③在分组数据上完成不同的计算，如求和、统计个数、求平均值（或最大值、最小值）、求总体方差等。

2. 创建分类汇总

在创建分类汇总之前，首先要保证要进行分类汇总的数据区域必须是一个连续的数据区域，而且每个数据列都有列标题，然后必须对要进行分类汇总的列进行排序。这个排序的列标题称为分类汇总关键字，分类汇总时只能指定排序后的列标题为汇总关键字。

【例 4-15】 现有一采购表，如图 4-150 所示。如果要统计各个项目的商品采购数量，应该先以“项目”字段为主要关键字进行自定义排序，并以“品牌”字段为次要关键字按升序排序。排序后的结果如图 4-175 所示。

Microsoft Excel - 例15.xls

	A	B	C	D	E	F
1	采购人	项目	采购数量	采购时间	单价	合计
2	毛莉	衣服	20	39459	120	2400
3	陆东兵	衣服	125	39483	120	15000
4	彭晓玲	衣服	225	39521	120	27000
5	周旻璐	衣服	385	39568	120	46200
6	陈华	衣服	25	39583	120	3000
7	肖凌云	衣服	265	39623	120	31800
8	黄威	衣服	320	39639	120	38400
9	谷金力	衣服	385	39679	120	46200
10	项文双	衣服	360	39718	120	43200
11	杨青	裤子	45	39459	80	3600
12	闻亚东	裤子	185	39483	80	14800
13	傅珊珊	裤子	210	39521	80	16800
14	柴安琪	裤子	350	39568	80	28000
15	姚小玮	裤子	120	39583	80	9600
16	徐小君	裤子	125	39623	80	10000
17	钟华	裤子	400	39639	80	32000
18	张南玲	裤子	275	39679	80	22000
19	陈小鹰	鞋子	70	39459	150	10500
20	曹吉武	鞋子	140	39483	150	21000
21	钟争秀	鞋子	260	39521	150	39000
22	吕秀杰	鞋子	315	39568	150	47250
23	刘晓瑞	鞋子	340	39583	150	51000
24	程俊	鞋子	100	39623	150	15000
25	郎怀民	鞋子	125	39639	150	18750
26	邓云	鞋子	240	39679	150	36000

图 4-175 排序后的采购表

在对分类字段排序后，就可以插入 Excel 的自动分类汇总了。操作步骤如下：

步骤 1：单击数据区域中任一单元格，然后执行“数据”|“分类汇总”命令，打开如图4-176所示的“分类汇总”对话框。

步骤 2：从“分类字段”下拉列表中选择要进行分类的字段，分类字段必须已经排好序。在本例中，我们选择“项目”作为分类字段。

步骤 3：“汇总方式”下拉列表中列出了所有汇总方式（统计个数、计算平均值、求最大值或最小值及计算总和等）。在本例中，我们选择“求和”作为汇总方式。

步骤 4：“选定汇总项”的列表中列出所有列标题，从中选择需要汇总的列，列的数据类型必须和汇总方式相符合。在本例中我们选择“采购数量”作为汇总项。

步骤5:选择汇总数据的保存方式,有3种方式可以选择,可同时选中,默认选择是第1和第3项。各项参数填写如图4-177所示。

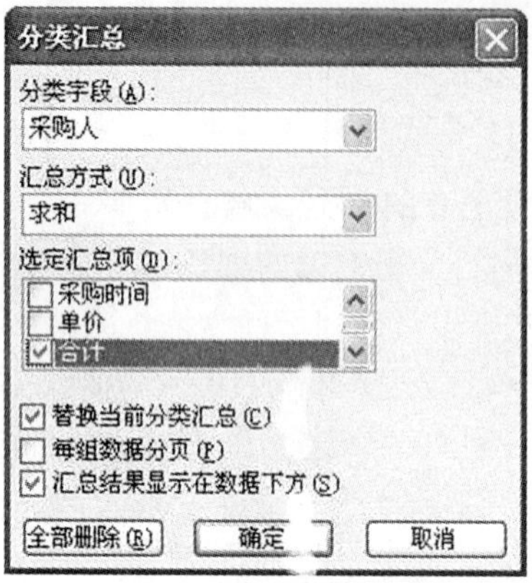

分类汇总
分类字段(A):
采购人
汇总方式(U):
求和
选定汇总项(D):
采购时间
单价
合计
替换当前分类汇总(C)
每组数据分页(P)
汇总结果显示在数据下方(S)
全部删除(R)
确定
取消

图4-176 “分类汇总”对话框

分类汇总
分类字段(A):
项目
汇总方式(U):
求和
选定汇总项(D):
项目
采购数量
采购时间
替换当前分类汇总(C)
每组数据分页(P)
汇总结果显示在数据下方(S)
全部删除(R)
确定
取消

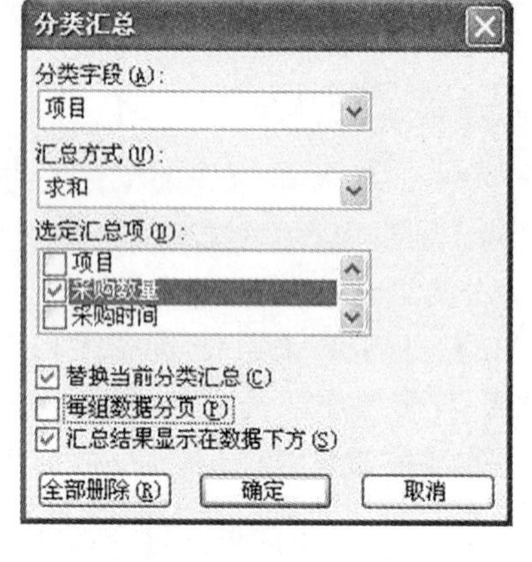

图4-177 “分类汇总”对话框参数

替换当前分类汇总:选中时,最后一次的汇总会取代前面的分类汇总。

每组数据分页:选中时,各种不同的分类数据分页显示。

汇总结果显示在数据下方:选中时,在原数据的下方显示汇总计算的结果。

分类汇总结果如图4-178所示,图中左边是分级显示视图,各分级按钮的功能解释如下:

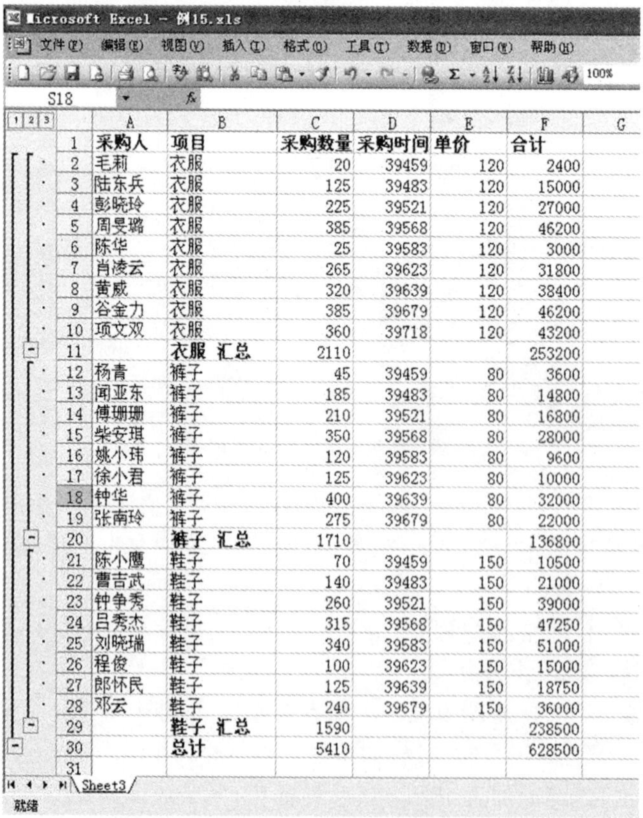

Microsoft Excel - 例15.xls
文件(F) 编辑(E) 视图(V) 插入(I) 格式(O) 工具(T) 数据(D) 窗口(W) 帮助(H)
100%
S18
Sheet3
就绪

	A	B	C	D	E	F
1	采购人	项目	采购数量	采购时间	单价	合计
2	毛莉	衣服	20	39459	120	2400
3	陆东兵	衣服	125	39483	120	15000
4	彭晓玲	衣服	225	39521	120	27000
5	周旻璐	衣服	385	39568	120	46200
6	陈华	衣服	25	39583	120	3000
7	肖凌云	衣服	265	39623	120	31800
8	黄威	衣服	320	39639	120	38400
9	谷金力	衣服	385	39679	120	46200
10	项文双	衣服	360	39718	120	43200
11		**衣服 汇总**	2110			253200
12	杨青	裤子	45	39459	80	3600
13	闻亚东	裤子	185	39483	80	14800
14	傅珊珊	裤子	210	39521	80	16800
15	柴安琪	裤子	350	39568	80	28000
16	姚小玮	裤子	120	39583	80	9600
17	徐小君	裤子	125	39623	80	10000
18	钟华	裤子	400	39639	80	32000
19	张南玲	裤子	275	39679	80	22000
20		**裤子 汇总**	1710			136800
21	陈小鹰	鞋子	70	39459	150	10500
22	曹吉武	鞋子	140	39483	150	21000
23	钟争秀	鞋子	260	39521	150	39000
24	吕秀杰	鞋子	315	39568	150	47250
25	刘晓瑞	鞋子	340	39583	150	51000
26	程俊	鞋子	100	39623	150	15000
27	郎怀民	鞋子	125	39639	150	18750
28	邓云	鞋子	240	39679	150	36000
29		**鞋子 汇总**	1590			238500
30		**总计**	5410			628500
31						

图4-178 分类汇总结果

隐藏明细按钮 [-]：单击按钮隐藏本级别的明细数据。

显示明细按钮 [+]：单击按钮显示本级的明细数据。

行分级按钮 [1][2][3]：指定显示明细数据的级别。例如，单击 1 就只显示 1 级明细数据，只有一个总计和，单击 3 则显示汇总表的所有数据。

3. 删除分类汇总

如果由于某种原因，需要取消分类汇总的显示结果，恢复到数据列表的初始状态。其操作步骤如下：

步骤 1：单击分类汇总数据列表中任一单元格。

步骤 2：执行“数据”|“分类汇总”命令，打开“分类汇总”对话框。

步骤 3：单击对话框中的“全部删除”按钮即可，参见图 4-177。

经过以上步骤之后，数据列表中的分类汇总就被删除了，恢复成汇总前的数据。第 3 步中的“全部删除”只会删除分类汇总，不会删除原始数据。

PowerPoint 2003 高级应用

5.1 PowerPoint 2003 的界面与文档制作

PowerPoint 2003 是一个专门用于制作、播放演示文稿的软件，它是 Office 2003 中文版重要的组件之一。

演示文稿类似于以前使用的幻灯片(实际上 PowerPoint 中就将每一页演示文稿称为一个幻灯片，PowerPoint 的工作原理就是模仿传统的幻灯机进行演示)，我们可以在 PowerPoint 中制作好演示文稿文件，然后在需要的时候逐页播放。

相对于传统的幻灯片，PowerPoint 演示软件具有非常大的优势，只要有一台电脑和 PowerPoint，我们就可以很容易地制作和播放演示文稿，而且所制作的演示文稿可以随时修改。

演示文稿被广泛地应用在会议、教学、产品演示等场合。例如，在会议上作报告时，可以事先将一些有关报告的内容制作成一个演示文件，然后在报告过程中利用投影仪逐页地播放演示文件。

5.1.1 PowerPoint 2003 的界面

PowerPoint 2003 的安装与启动过程跟其他应用软件一样、在此不作详述。启动 PowerPoint 2003 后，屏幕上出现如图 5-1 所示的程序窗口。

除了"工具栏"、"菜单栏"等普通软件都具备的元素，PowerPoint 2003 程序窗口中比较重要的是"大纲窗格"、"视图切换按钮"、"任务窗格"这三种元素。其中大纲窗格中有两个标签，"大纲"标签中显示各幻灯片的具体文本内容，"幻灯片"标签中显示各幻灯片的缩略图。

①大纲窗格：大纲以缩略图的形式列出了演示文稿中的所有幻灯片，用于组织和开发演示文稿中的内容，可以在大纲视图中对幻灯片进行简单的编辑，如键入文字，重新排列项目符号点、段落和幻灯片等。

②幻灯片窗格：该窗格中显示的是大纲窗格中选中的幻灯片，用户可以在这里详细地查看、编辑每张幻灯片。

③备注窗格：该窗格用于添加幻灯片的备注信息。

④任务窗格：跟 Office 其他组件中的任务窗格功能一样，PowerPoint 2003 的任务窗格也是为了方便用户操作而设计的。PowerPoint 2003 中的任务窗格包括"开始工作"、"共享工作区"、"帮助"、"剪贴板"、"剪贴画"、"幻灯片切换"等几个组。

⑤视图切换按钮：PowerPoint 2003 共有两种视图方式，分别是：普通视图与幻灯片浏览视图。

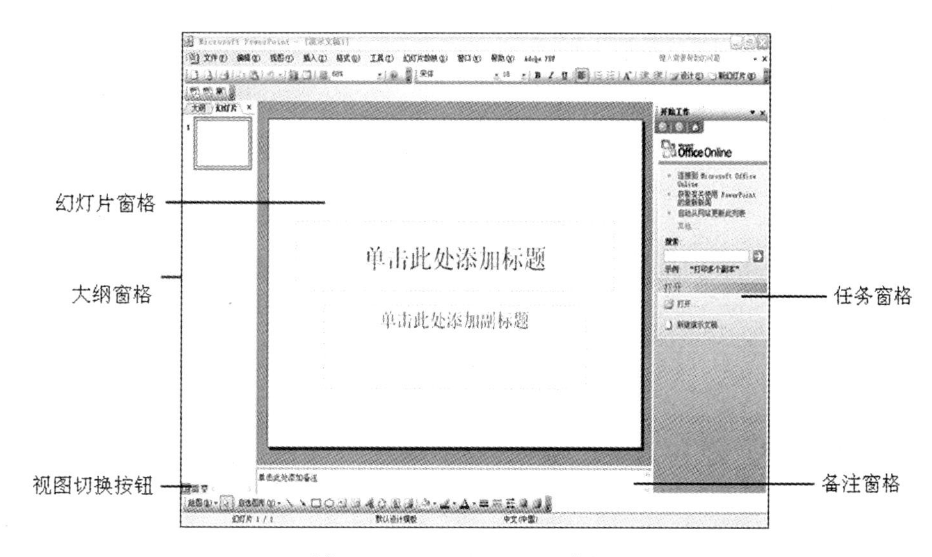

图 5-1 powerpoint 2003 的界面

启动 PowerPoint 后系统默认的是普通视图，用户可以通过以下两种方式切换视图：

执行"视图"|"幻灯片浏览"命令或者执行"视图"|"普通"命令，如图 5-2 所示；单击窗口左下角的"普通视图"按钮、"幻灯片浏览视图"按钮等视图选择按钮，如图 5-3 所示。

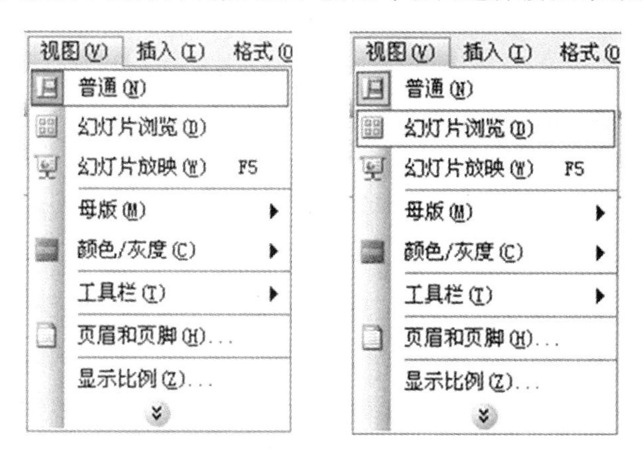

图 5-2 通过菜单切换视图模式

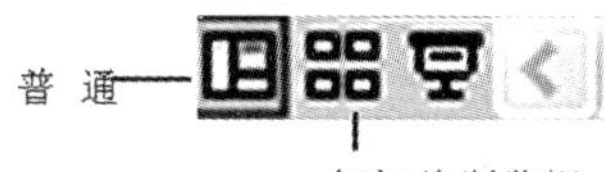

图 5-3 视图切换按钮

5.1.2 PowerPoint 2003 文档的一般制作

演示文稿的制作，一般要经历下面几个步骤：

步骤 1：准备素材，主要是准备演示文稿中所需要的一些图片、声音、动画等文件。

步骤 2：确定方案，对演示文稿的整个构架作一个设计。

步骤 3：初步制作，将文本、图片等对象输入或插入到相应的幻灯片中。

步骤 4:装饰处理,设置幻灯片中的相关对象的要素(包括字体、大小、动画等),对幻灯片进行装饰处理。

步骤 5:预演播放,设置播放过程中的一些要素,然后播放查看效果,满意后正式输出播放。

一份演示文稿通常由一张“标题”幻灯片和若干张“普通”幻灯片组成,这在幻灯片设计和母版的设计中较为重要。

5.1.3 标题幻灯片的制作

标题幻灯片的制作具体操作步骤如下:

启动 PowerPoint 2003 以后,系统会自动为空白演示文稿新建一张“标题”幻灯片。

在工作区中,点击“单击此处添加标题”文字,输入标题字符(如“天目学院欢迎你”等),并选中输入的字符,利用“格式”工具栏上的“字体”、“字号”、“字体颜色”按钮,设置好标题的相关要素(这些格式也可以不设,为幻灯片选择一定的模板后,会有一整套对应的格式,无需人工干预)。

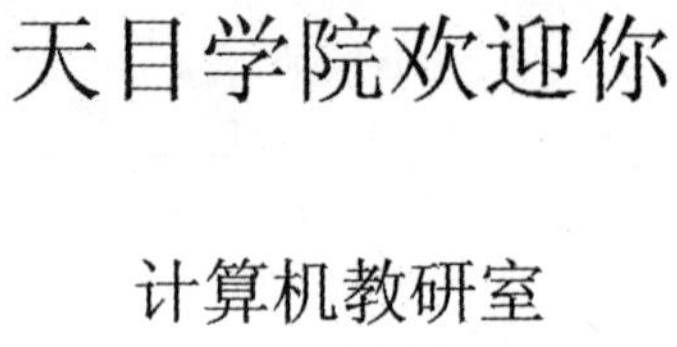

天目学院欢迎你

计算机教研室

图 5-4 标题幻灯片

再点击“单击此处添加副标题”文字,输入副标题字符(如“计算机教研室”等)。最后结果如图 5-4 所示。

一般说来,每份演示文档只会有一张标题幻灯片,以后如果在演示文稿中还需要一张标题幻灯片,可以这样添加:执行“插入”|“新幻灯片”命令(或直接按“Ctrl+M”快捷组合键)新建一张普通幻灯片,此时“任务窗格”智能化地切换到“幻灯片版式”任务窗格中(见图 5-5),在“文字版式”下面选择一种标题样式即可。

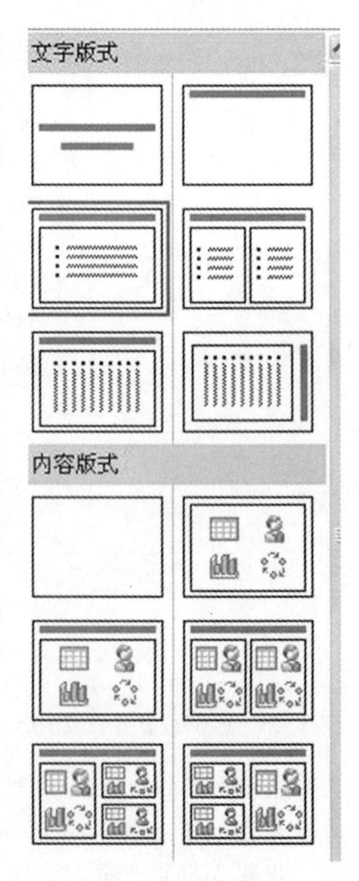

图 5-5 幻灯片版式

5.1.4 普通幻灯片的制作

执行“插入”|“新幻灯片”命令(或直接按“Ctrl+M”快捷组合键)新建一张普通幻灯片,此时“任务窗格”智能化地切换到“幻灯片版式”任务窗格中,如图 5-5 所示,在“文字版式”、“内容版式”等版式中选择需要的版式(当然不能选择“标题幻灯片”版式),作为普通幻灯片。

当选择好幻灯片的版式后,就可以对幻灯片进行编辑工作了。在幻灯片中输入文字时,首先要找出可输入文字的位置区,如标题、条例项目位置区等,这类位置区通称为文字位置区。

1. 输入标题文字

具体操作步骤如下:

步骤 1:单击标题位置区,让此位置区进入编辑模式,然后键入标题文字内容,如图 5-6 所示。

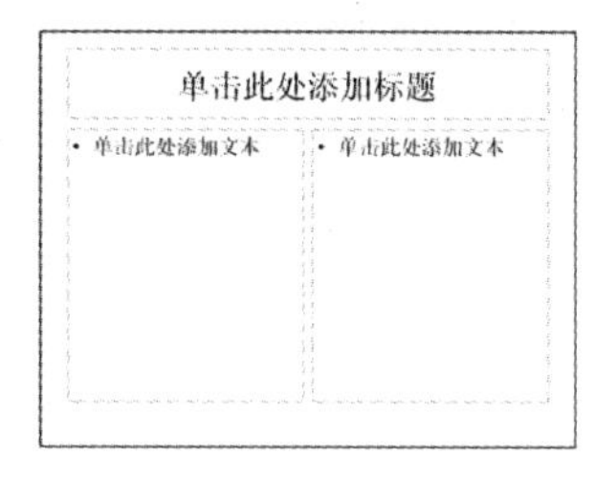

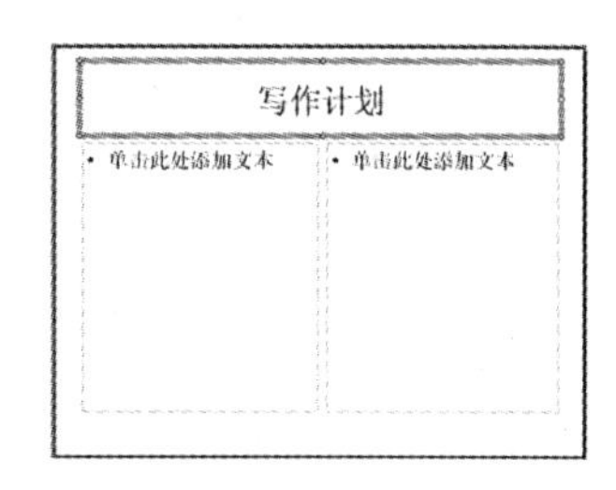

图 5-6 输入标题文字

步骤 2:输入文字时,PowerPoint 2003 会自动将超出位置区的部分折到下一行,我们也可以按下 Shift+Enter 键自行换行。按回车键则表示另起一个段落。

步骤 3:输入完毕后,单击标题位置区以外的地方即可。

注意:如果系统预留标题栏位置不够,可以用鼠标拖动标题栏文本边框,使其变大以适应文字内容的需要。

2. 输入条例项目

PowerPoint 中的条例项目,相当于 Word 中的项目符号,主要用于列举目录性的文字。输入条例项目的具体操作步骤如下:

步骤 1:单击条例项目位置区,插入点会显示在第一个项目符号后。

步骤 2:键入条例项目内容,按回车键,下一行会再显示另一个项目符号。

步骤 3:输入其他的条例项目。

步骤 4:单击位置区以外的地方,表示输入完毕,操作流程如图 5-7 所示。

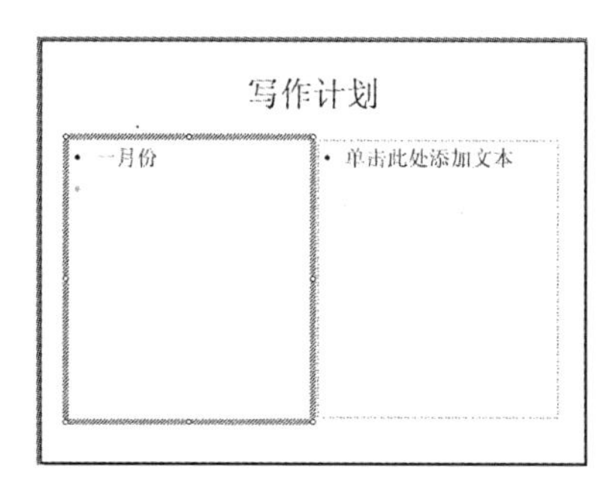

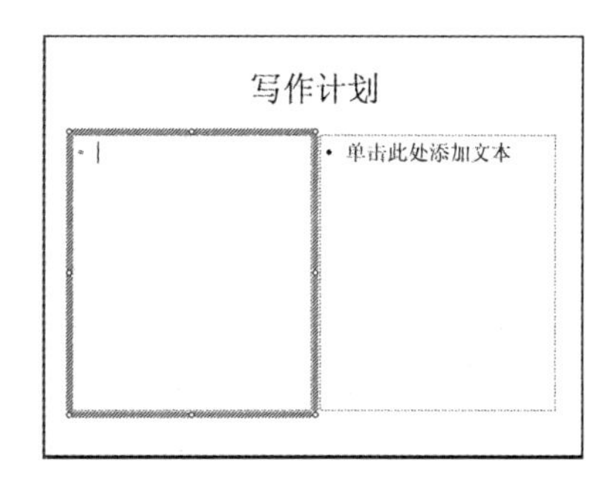

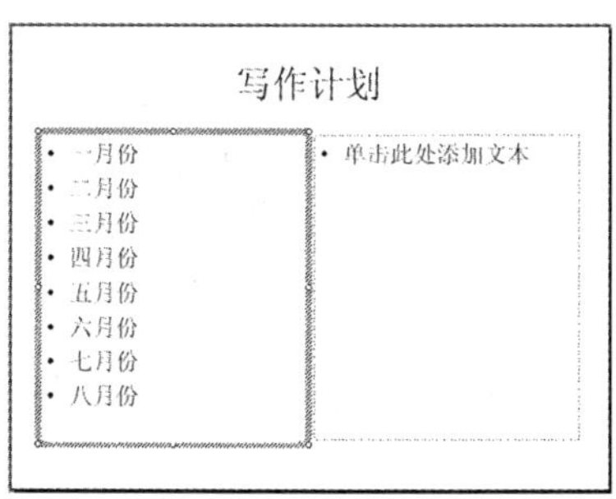

图 5-7 输入条例项目

3. 插入剪贴画

在 PowerPoint 演示文稿中,可以方便地插入剪贴画。具体操作步骤如下:

步骤1:执行“插入”|“图片”|“剪贴画”命令,如图5-8所示。

步骤2:在剪贴画任务窗格中单击选择一幅剪贴画,即可将其添加至演示文稿中,如图5-9所示。

插入的剪贴画可以任意调整大小及位置,在PowerPoint 2003中,不但可以插入剪贴画,而且还可以插入系统外部的文件,区别在于来源选择“来自文件”。

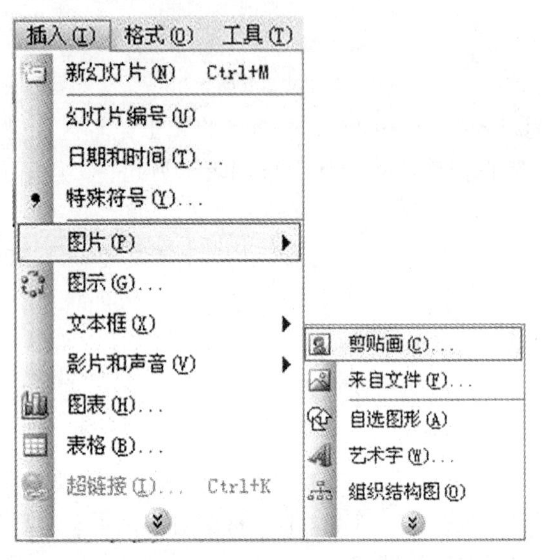

图5-8 选择“图片”|“剪贴画”

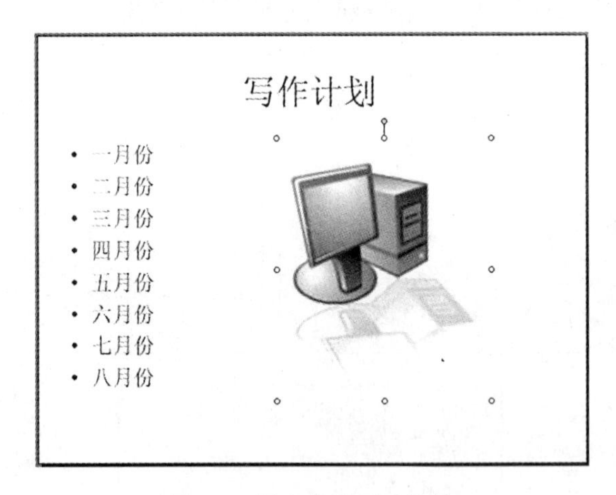

图5-9 插入剪贴画后效果

4. 使用“文本框”添加文本

在PowerPoint 2003中,可以使用“文本框”在演示文档中任意位置添加文字。具体操作步骤如下:

步骤1:执行“插入”|“文本框”|“水平”命令,如图5-10所示。

步骤2:刚插入的文本框比较小,可以用鼠标拖动使其变大再输入文字,如图5-11所示。

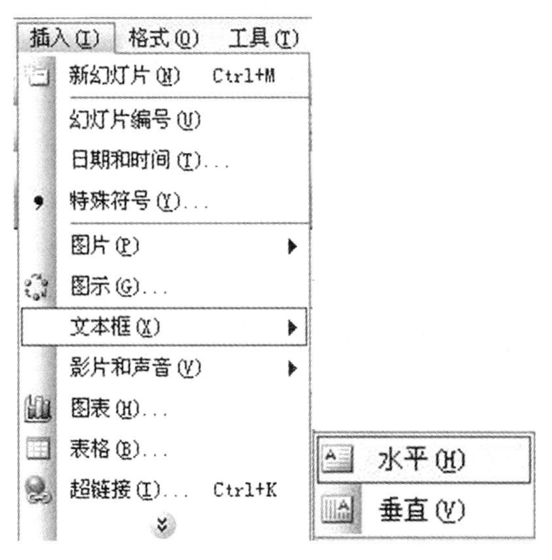

图5-10 选择“插入”|“文本框”|“水平”

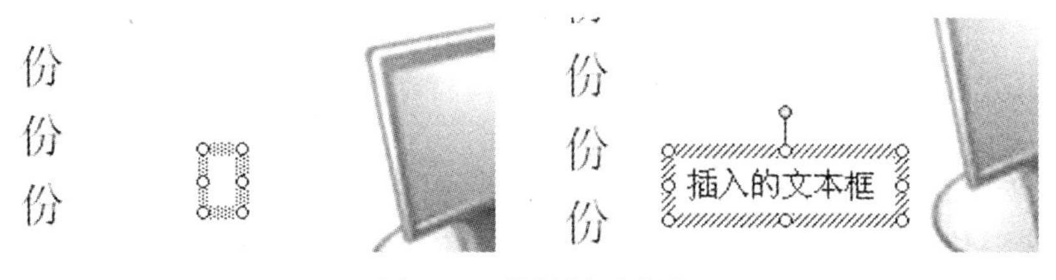

图5-11 使用“文本框”

5. 更改幻灯片格式

当为幻灯片设置一种版式后，还可以对其版式进行调整。调整步骤如下：

步骤1：执行“格式”|“幻灯片版式”命令，打开“幻灯片版式”任务窗格，如图5-12所示。

步骤2：选择一种要改变的版式，用鼠标双击，即可给幻灯片设置新的版式。

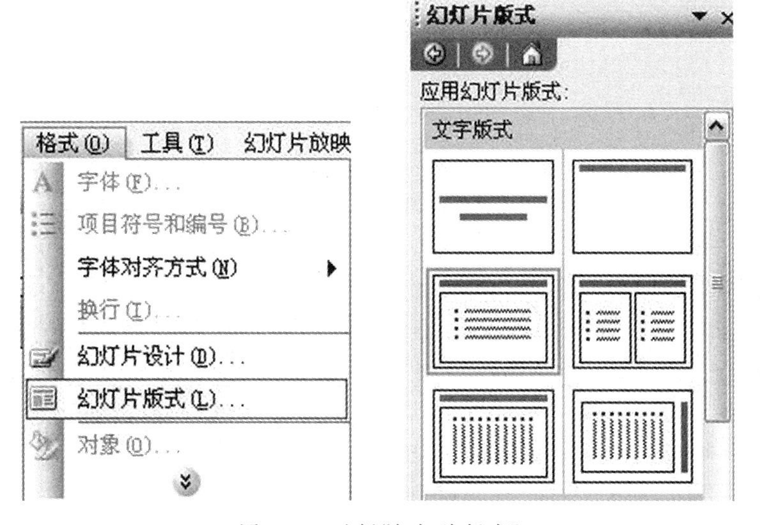

图5-12 选择“幻灯片版式”

5.2 修饰与模板

5.2.1 模板的使用

设计模板是一种 PPT 文件，其中规定了背景图像和各级标题的字体字号，可供用户直接使用。用户既可以使用 PPT 内置的设计模板，也可以自己制作设计模板供以后使用。使用 PPT 内置的设计模板的方法是：

执行“格式”|“幻灯片设计”命令，打开幻灯片设计任务窗格。

单击幻灯片设计任务窗格中的一个模板，这时所有的幻灯片都被应用了这个模板（这里选取了 Fireworks 模板）。

若只想让某张幻灯片应用模板，先选择这张幻灯片，然后把鼠标移到想要应用的模板上，出现下拉箭头（如图 5-13 所示），选择“应用于选定幻灯片”，这样只有被选定的幻灯片才应用了这个模板。

如果希望让某个模板作为 PPT 启动时的默认模板，则选择“用于所有新演示文稿”。

如果想要使用自己制作的模板或下载的模板，点击幻灯片设计任务窗格左下角的“浏览”（如图 5-14 所示），在弹出的对话框中找到模板文件，双击，该模板就被应用到所有幻灯片，且出现在模板列表中。

图 5-13　选择模板应用的范围

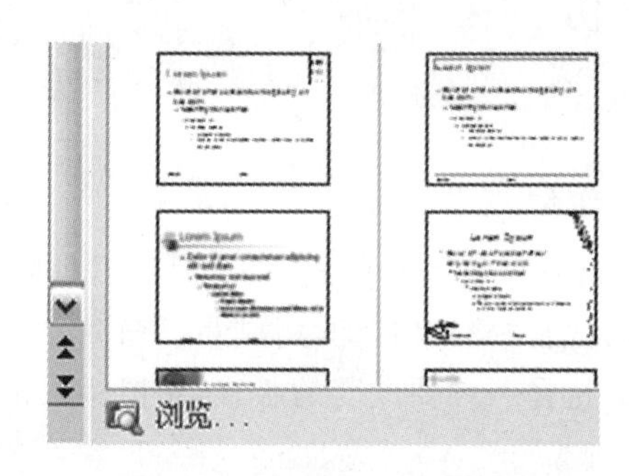

图 5-14　选取“自定义模板”

5.2.2 母版的使用

所谓“母版”，就是一种特殊的幻灯片，它包含了幻灯片文本和页脚（如日期、时间和幻灯片编号）等占位符，这些占位符，控制了幻灯片的字体、字号、颜色（包括背景色）、阴影和项目符号样式等版式要素。

母版通常包括幻灯片母版、标题母版、讲义母版、备注母版四种形式。执行“视图”|“母版”|“幻灯片母版”命令，打开“幻灯片母版”。现在我们主要介绍“幻灯片母版”中“标题母版”和“普通母版”两个主要母版的修改和使用。

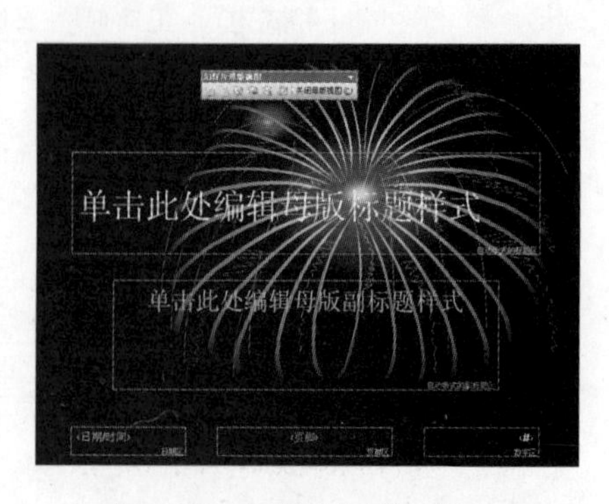

图 5-15　幻灯片标题母版

演示文稿中的第一张幻灯片通常使用“标题幻灯片”版式，如图 5-15 所示。现在我们就对这张相对独立

的幻灯片修改其“标题母版”，用以突出显示演示文稿的标题。

设置好“标题母版”的相关格式后，退出“幻灯片母版视图”状态即可。

尽管幻灯片可以有多个幻灯片设计模板，如图 5-16 左所示，但这只是对于普通幻灯片而言，标题模板只能应用其中的一套模板中的标题模板，尽管如图 5-16 右所示，有两套模板。

图 5-16　两套模板的幻灯片

5.2.3　配色方案的使用

通过配色方案，我们可以将色彩单调的幻灯片重新修饰一番。

在“幻灯片设计”任务窗格中，点击其中的“配色方案”选项，展开内置的配色方案（如图 5-17所示）。

选中一组应用了某个母版的幻灯片中任意一张，单击相应的配色方案，即可将该配色方案应用于此组幻灯片，当然可以应用于母版或者所有幻灯片，如图 5-18 所示。

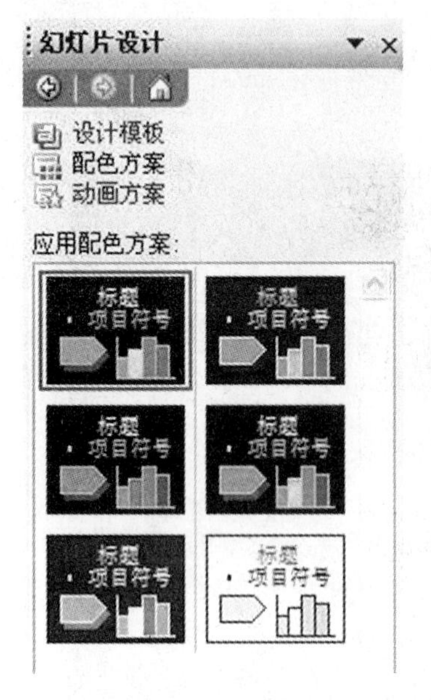

图 5-17　Fireworks 模板的配色方案

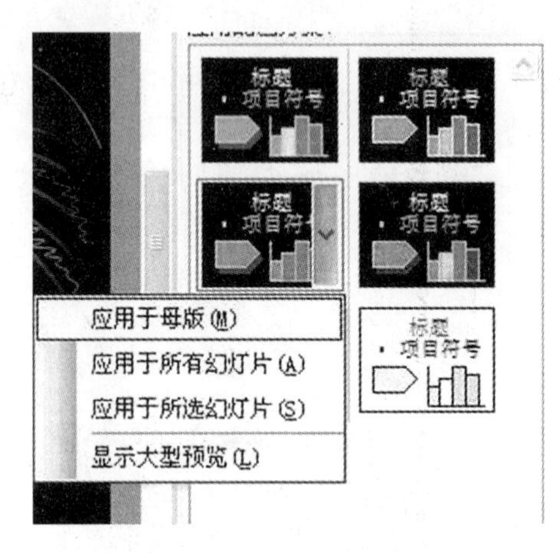

图 5-18　应用配色方案

注意：如果对内置的某种配色方案不满意，可以对其进行修改：选中相应的配色方案，点击任务窗格下端的"编辑配色方案"选项，打开"编辑配色方案"对话框（见图 5-19），双击需要更改的选项（如"阴影"），打开相应"调色板"（参见图 5-19），重新编辑相应的配色，然后确定返回就行了。

当然我们也可以添加新的配色方案，操作和修改类似，只是需要选择"添加为标准配色方案"，然后点击应用后方可生效。

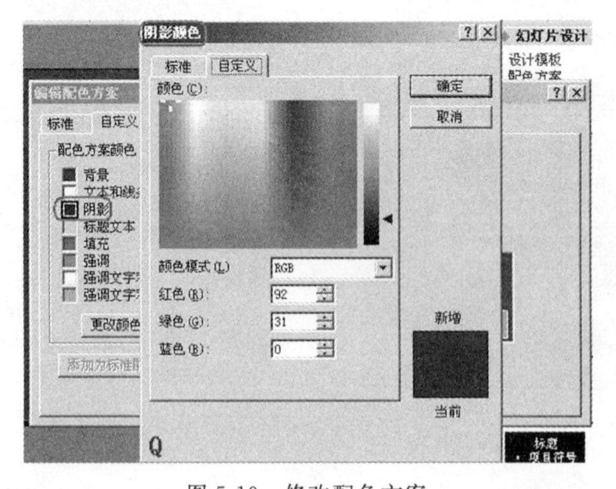

图 5-19　修改配色方案

5.2.4　设置页眉页脚

使用页眉页脚可以显示共同的幻灯片信息，例如演示文稿的日期和时间、幻灯片编号或

页码等。

1. 添加或更改幻灯片信息

具体操作步骤如下：

步骤 1：执行“视图”|“页眉和页脚”命令，弹出“页眉和页脚”对话框，如图 5-20 所示。

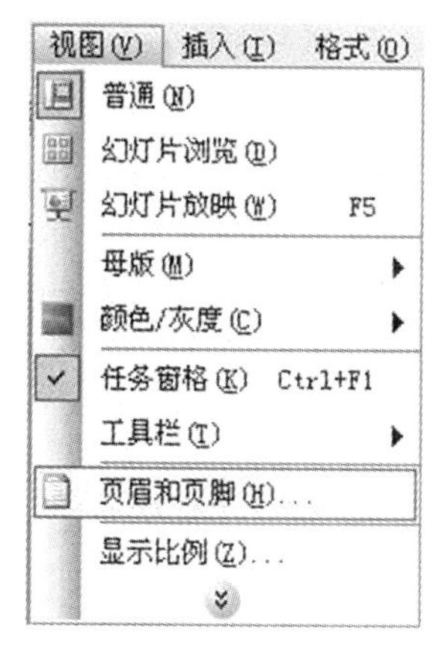

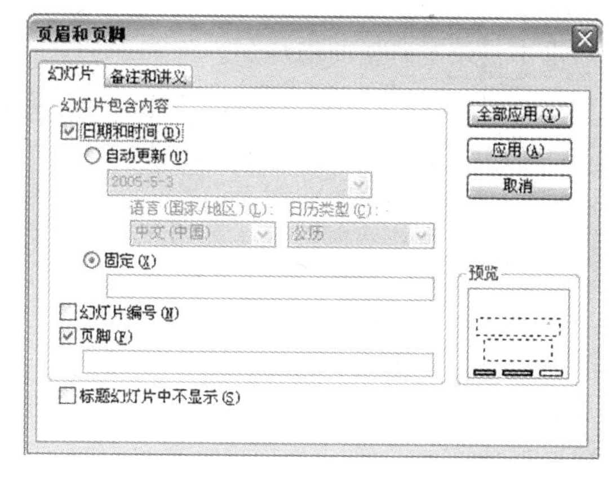

图 5-20 “页眉和页脚”设置

步骤 2：如果要在幻灯片中添加信息，单击“幻灯片”选项卡。如果要将信息添加到备注和讲义中，单击“备注和讲义”选项卡。

步骤 3：如果要将信息添加到当前幻灯片中，单击“应用”按钮。如果要添加到演示文稿的所有幻灯片中，单击“全部应用”按钮。

2. 更改页眉、页脚的位置或外观

对页眉或页脚修改的具体操作步骤如下：

步骤 1：执行“视图”|“母版”|“幻灯片母版”命令，然后单击要更改的母版。

步骤 2：选择页眉或页脚，将其拖动到新位置或更改其文本属性。在“大纲”视图中打印演示文稿时，针对讲义母版所作的更改也会出现。

3. 更改幻灯片起始编号

操作步骤如下：

步骤 1：执行“文件”|“页面设置”命令，弹出“页面设置”对话框，如图 5-21 所示。

步骤 2：在“幻灯片编号起始值”下输入所需的起始编号即可。

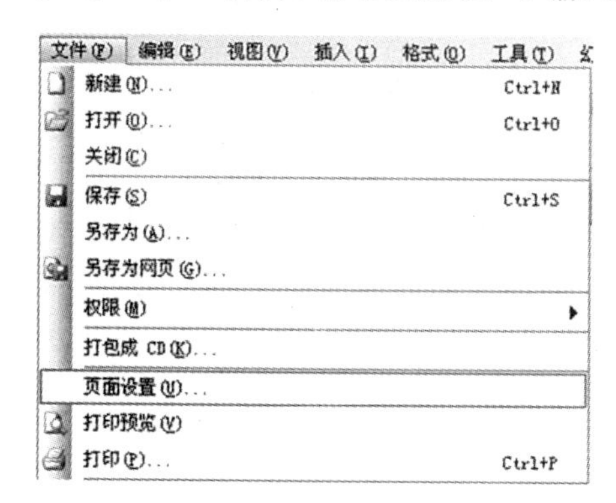

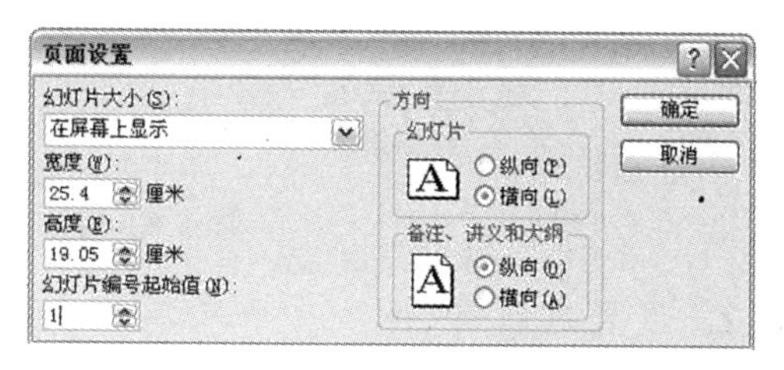

图 5-21 更改起始编号

5.2.5 背景设置

在 PowerPoint 2003 中,可以设置单色、过渡色、图案、纹理或图片作为幻灯片背景。

1. 设置单色背景

为幻灯片设置单色背景的操作步骤如下:

步骤 1:选中需设置背景的幻灯片。

步骤 2:执行"格式"|"背景"命令,打开"背景"对话框,如图 5-22 所示。

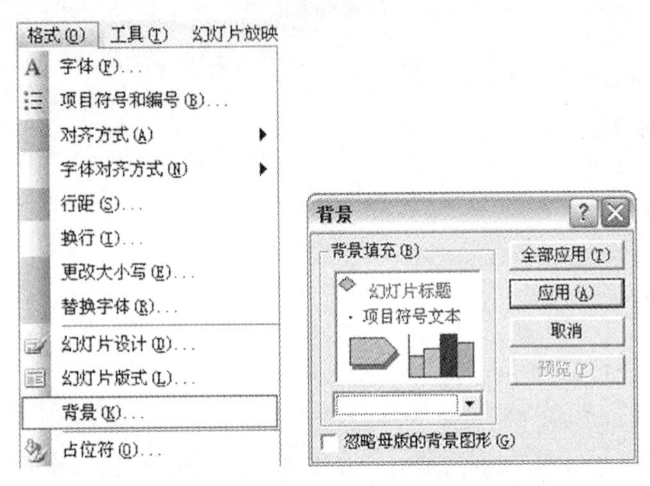

图 5-22 选择"格式"|"背景"

步骤 3:单击下拉列表框下拉箭头,从弹出的列表中选择所需的背景颜色块。如果列表中没有你想要的颜色块,可单击"其他颜色"选项,打开"颜色"对话框,如图 5-23 所示。

步骤 4:在"颜色"对话框中选择标准色或自定义颜色,单击"确定"按钮。

步骤 5:单击"应用"按钮,完成设置。

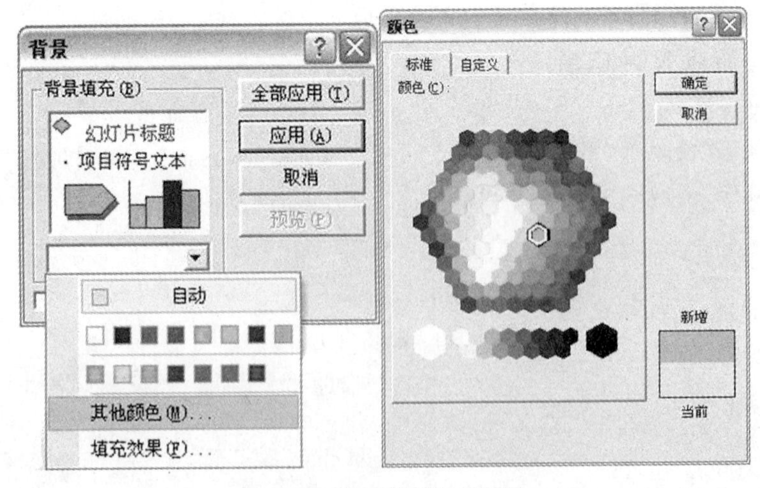

图 5-23 打开"颜色"对话框

2. 设置过渡背景

过渡背景指带有渐变色彩的背景图案。为幻灯片设置过渡背景的操作步骤如下:

步骤1:选中需设置过渡色背景的幻灯片。

步骤2:执行“格式”|“背景”命令,打开“背景”对话框,如图5-24左所示。

步骤3:选择下拉列表中的“填充效果”命令,在打开的“填充效果”对话框中,单击选项卡,如图5-24右所示。

步骤4:在该对话框中设置过渡色,单击“确定”按钮,返回“背景”对话框。

步骤5:单击“应用”按钮,完成设置。

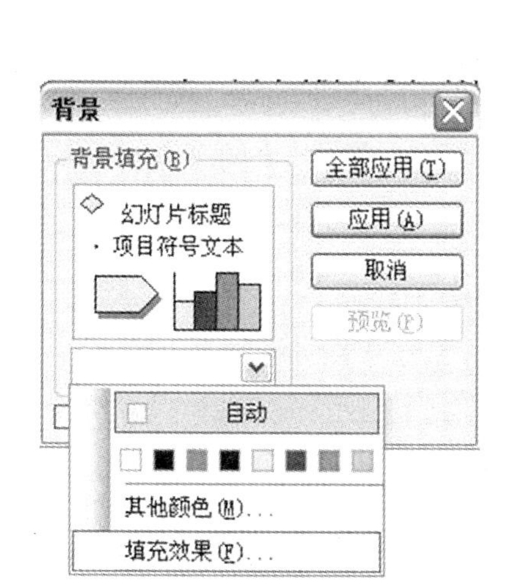

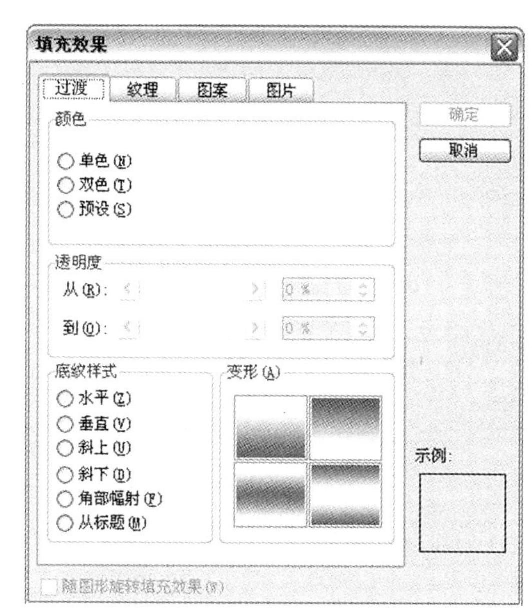

图5-24 打开“填充效果”|“过渡”

3. 设置纹理背景

为幻灯片设置纹理背景的操作步骤如下:

步骤1:在“填充效果”对话框中,选择“纹理”选项卡,如图5-25所示。

步骤2:选择所需的纹理样式,单击“确定”按钮,返回“背景”对话框。

步骤3:单击“应用”按钮,完成设置。

4. 设置图案背景

为幻灯片设置图案背景的操作步骤如下:

步骤1:在“填充效果”对话框中,选择“图案”选项卡,如图5-26所示。

步骤2:选择一个图案样式,并设置好前景色和背景色,单击“确定”按钮,将返回“背景”对话框中。

步骤3:单击“应用”按钮,完成设置。

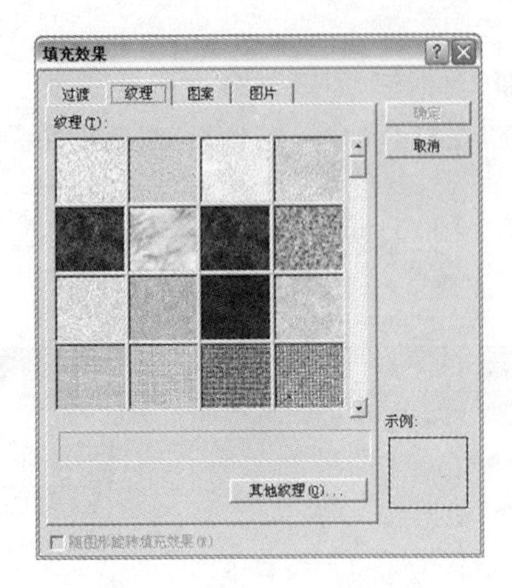

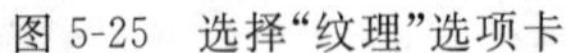
图 5-25 选择“纹理”选项卡

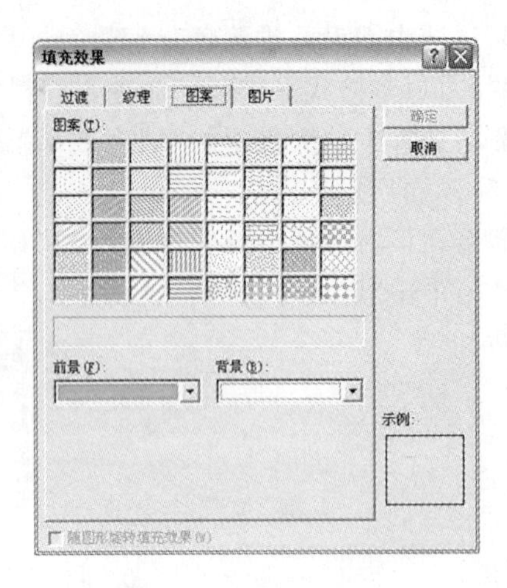

图 5-26 选择“图案”选项卡

5. 设置图片背景

为幻灯片设置图片背景的操作步骤如下：

步骤 1:在“填充效果”对话框中,选择“图片”选项卡,如图 5-27 所示。

步骤 2:单击“选择图片”按钮,打开“选择图片”对话框。

步骤 3:选择所需的图片后,单击“插入”按钮,返回“填充效果”对话框。

步骤 4:单击“确定”按钮,返回“背景”对话框。

步骤 5:单击“应用”按钮,完成设置。

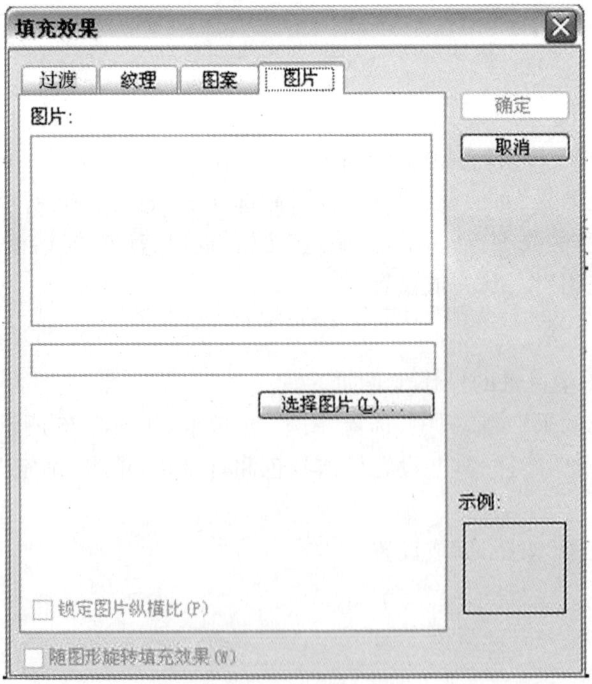

图 5-27 选择“图片”选项卡

5.3 动画与多媒体

5.3.1 声音的使用

插入声音文件，具体操作步骤如下：

步骤 1：准备好声音文件（*.mid、*.wav 等格式）。

步骤 2：选中需要插入声音文件的幻灯片，执行“插入”|“影片和声音”|“文件中的声音”命令，打开“插入声音”对话框，定位到上述声音文件所在的文件夹，选中相应的声音文件，确定返回。

步骤 3：此时，系统会弹出提示框，根据需要单击其中相应的按钮，即可将声音文件插入到幻灯片中（幻灯片中显示出一个小喇叭符）。

如果想让上述插入的声音文件在多张幻灯片中连续播放，可以这样设置：在第一张幻灯片中插入声音文件，选中小喇叭符号，在“自定义动画”任务窗格中，双击相应的声音文件对象，打开“播放声音”对话框（如图 5-28 所示），选中“停止播放”下面的“在 X 幻灯片”选项，并根据需要设置好其中的“X”值，确定返回即可。

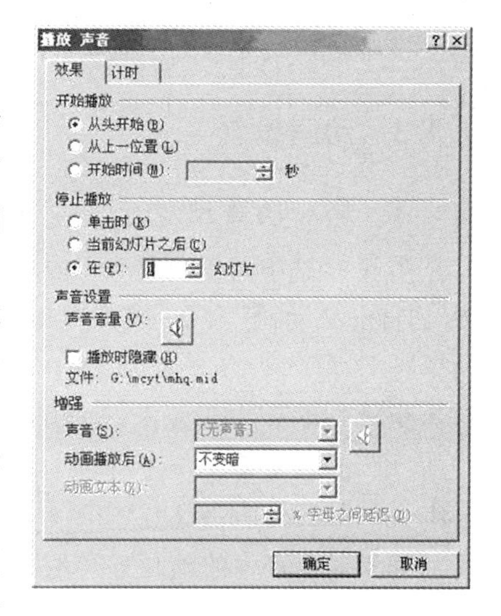

图 5-28 “播放声音”属性设置

5.3.2 影片的使用

1. 插入视频文件

准备好视频文件，选中相应的幻灯片，执行“插入”|“影片和声音”|“文件中的影片”命令，然后仿照上面“插入声音文件”的操作，将视频文件插入到幻灯片中。

2. 添加 Flash 动画

步骤 1：执行“视图”|“工具栏”|“控件工具箱”命令，展开“控件工具箱”工具栏（如图5-29 所示）。

图 5-29 打开“控件工具箱”

步骤 2：单击工具栏上的“其他控件”按钮，在弹出的下拉列表中，选“Shockwave Flash Object”选项，这时鼠标变成了细十字线状，按住左键在工作区中拖拉出一个矩形框（此为后来的播放窗口）。

步骤 3：将鼠标移至上述矩形框右下角成双向拖拉箭头时，按住左键拖动，将矩形框调整至合适大小。

步骤 4:右击上述矩形框,在随后弹出的快捷菜单中,选"属性"选项,打开"属性"对话框(如图 5-30 所示),在"Movie"选项后面的方框中输入需要插入的 Flash 动画文件名及完整路径,然后关闭"属性"窗口。

为便于移动演示文稿,最好将 Flash 动画文件与演示文稿保存在同一文件夹中,这时,上述路径也可以使用相对路径。

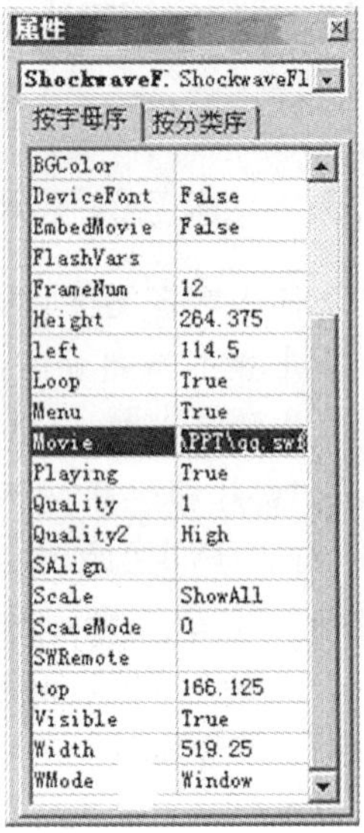

属性

ShockwaveF. ShockwaveFl

按字母序 | 按分类序

BGColor	
DeviceFont	False
EmbedMovie	False
FlashVars	
FrameNum	12
Height	264.375
left	114.5
Loop	True
Menu	True
Movie	\PPT\qq.sw
Playing	True
Quality	1
Quality2	High
SAlign	
Scale	ShowAll
ScaleMode	0
SWRemote	
top	166.125
Visible	True
Width	519.25
WMode	Window

图 5-30 "Flash 文件"属性

5.3.3 动画设置

1. 进入动画设置

步骤 1:选中需要设置动画的对象(如一张图片),执行"幻灯片放映"|"自定义动画"命令,展开"自定义动画片"任务窗格(如图 5-31 所示)。

步骤 2:单击"添加效果"右侧的下拉按钮,在随后出现的下拉列表中,展开"进入"下面的级联菜单,选中其中的某个动画方案(参见图 5-31)。此时,在幻灯片工作区中,可以预览动画的效果。

如果对列表中的动画方案不满意,可以选择上述列表中的"其他效果"选项,打开"添加进入效果"对话框(如图 5-32 所示),选项合适的动画方案,确定返回即可。

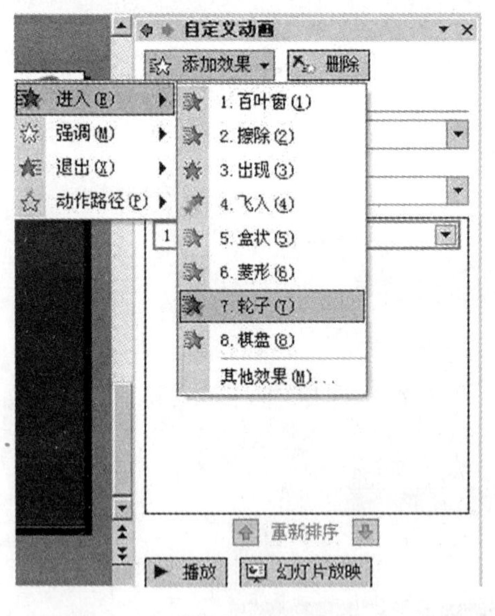

图 5-31 选择"添加效果"|"进入"

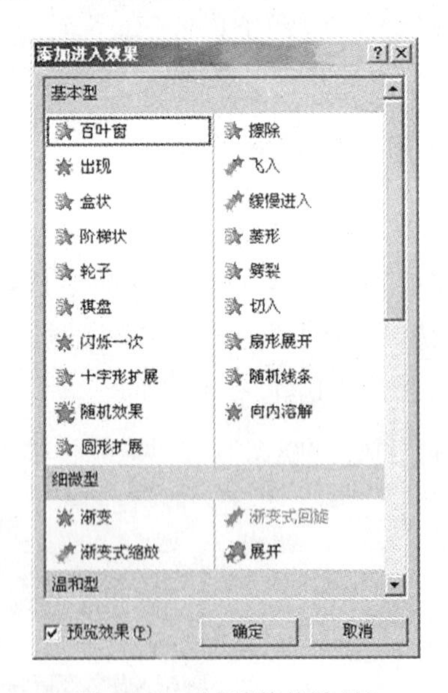

图 5-32 选择"其他效果"

2. 退出动画的设置

如果我们希望某个对象演示过程中退出幻灯片,就可以通过设置"退出动画"效果来实现。

选中需要设置动画的对象,仿照上面"进入动画"的设置操作,为对象设置退出动画。

如果对设置的动画方案不满意,可以在任务窗格中选中不满意的动画方案,然后单击一

下其中的“删除”按钮即可。

3. 自定义动画路径

如果对系统内置的动画路径不满意，可以自定义动画路径。

步骤 1：选中需要设置动画的对象（如一张图片），单击“添加效果”右侧的下拉按钮，依次展开“动作路径、绘制自定义路径”下面的级联菜单，选中其中的某个选项（如，“曲线”，参见图 5-33）。

步骤 2：此时，鼠标变成细十字线状（如图 5-34 所示），根据需要，在工作区中描绘，在需要变换方向的地方，单击一下鼠标。

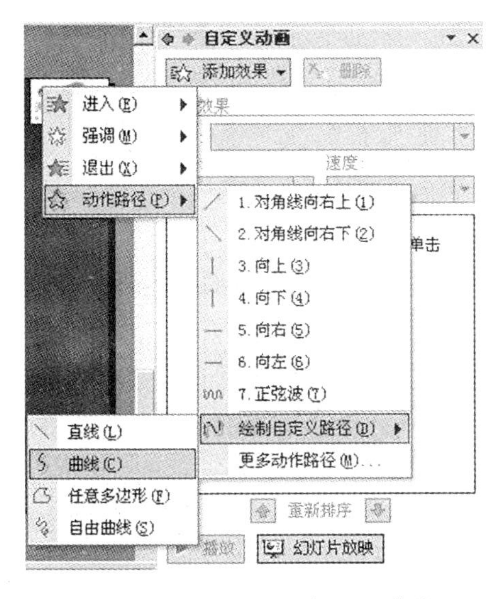

图 5-33　选择“自定义路径”|“曲线”

图 5-34　绘制自定义路径

5.4　幻灯片的播放与打包

5.4.1　幻灯片切换

启动 PowerPoint 2003，打开相应的演示文稿，执行“幻灯片放映”|“幻灯片切换”命令，展开“幻灯片切换”任务窗格（如图5-35所示），先选中一张（或多张）幻灯片，然后在任务窗格中选中一种幻灯片切换样式（如“随机水平线条”）即可。

如果需要将所选中的切换样式用于所有的幻灯片，选中样式后，单击下方的“应用于所有幻灯片”按钮即可。

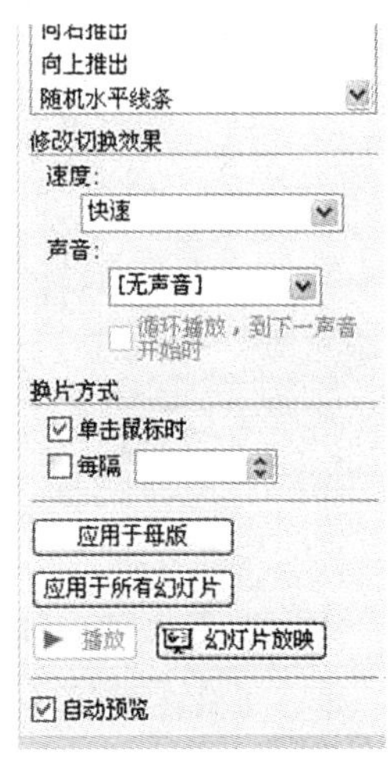

图 5-35　“幻灯片切换”设置

5.4.2　自定义放映

1. 自动播放文稿

演示文稿的播放，大多数情况下是由演示者手动操作控制播放的，如果要让其自动播放，需要进行排练计时。

步骤1:启动 PowerPoint 2003,打开相应的演示文稿,执行“幻灯片放映”|“排练计时”命令,进入“排练计时”状态。

步骤2:此时,单张幻灯片放映所耗用的时间和文稿放映所耗用的总时间显示在“预演”对话框中(如图5-36所示)。

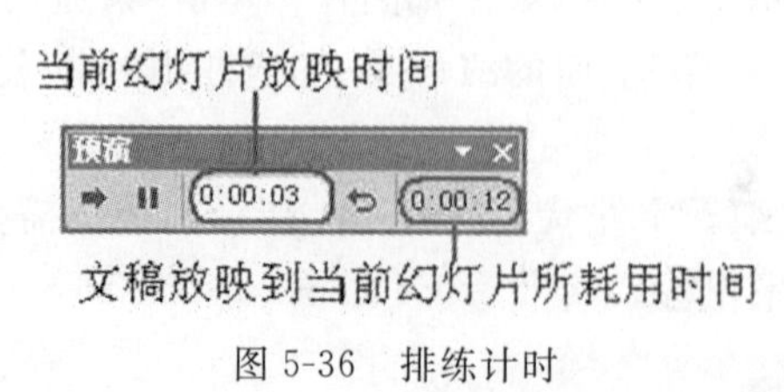

图5-36 排练计时

步骤3:手动播放一遍文稿,并利用“预演”对话框中的“暂停”和“重复”等按钮控制排练计时过程,以获得最佳的播放时间。

步骤4:播放结束后,系统会弹出一个提示是否保存计时结果的对话框(如图5-37所示),单击其中的“是”按钮即可。

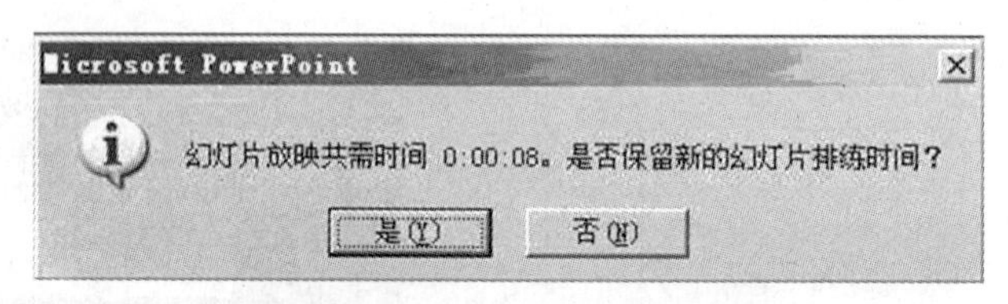

图5-37 提示是否保留排练时间

进行了排练计时后,如果播放时,需要手动进行,可以这样设置一下:执行“幻灯片放映”|“设置放映方式”命令,打开“设置放映方式”对话框(如图5-38所示),选中其中的“手动”选项,确定退出就行了。

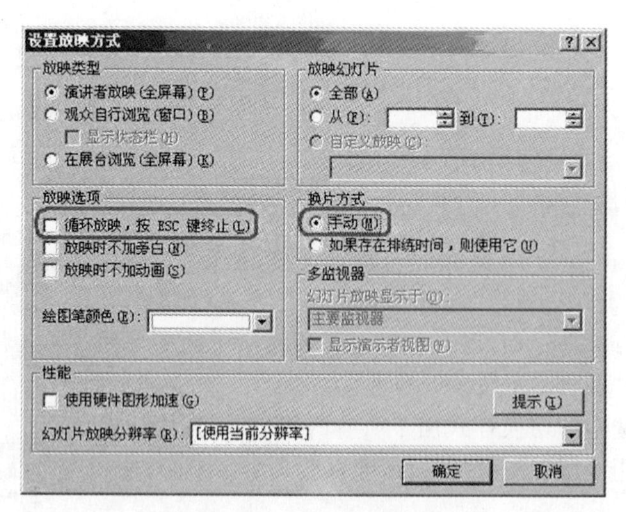

图5-38 “放映方式”设置

2. 循环放映文稿

如果文稿在公共场所播放,通常需要设置成循环播放的方式。

进行了排练计时操作后，打开“设置放映方式”对话框(参见图5-38)，选中“循环放映，按ESC键中止”和“如果存在排练时间，则使用它”两个选项，确定退出。

3. 隐藏部分幻灯片

如果文稿中某些幻灯片只提供给特定的对象，我们不妨先将其隐藏起来。

步骤1：执行“视图”|“幻灯片浏览”命令，切换到“幻灯片浏览”视图状态下。

步骤2：选中需要隐藏的幻灯片，右击鼠标，在随后弹出的快捷菜单中，选“隐藏幻灯片”选项(此时，该幻灯片序号处出现一个斜杠，参见图5-39)，在一般播放时，该幻灯片不能显示出来。

图5-39 幻灯片隐藏标记

注意：如果再执行一次这个命令，则取消隐藏。

在进行放映时，如果要让隐藏的幻灯片播放出来，可用下面两种方法来实现：

(1)右击鼠标，在随后出现的快捷菜单中，选“定位”|“按标题”|“隐藏的幻灯片(隐藏的幻灯片序号有一个括号”即可。

(2)在播放到隐藏幻灯片前面一张幻灯片时，按下“H”键，则隐藏的幻灯片播放出来。

5.4.3 录制旁白

录制旁白，个体操作步骤如下：

步骤1：在电脑上安装并设置好麦克风。

步骤2：启动PowerPoint 2003，打开相应的演示文稿。

步骤3：执行“幻灯片放映”|“录制旁白”命令，打开“录制旁白”对话框(如图5-40所示)。

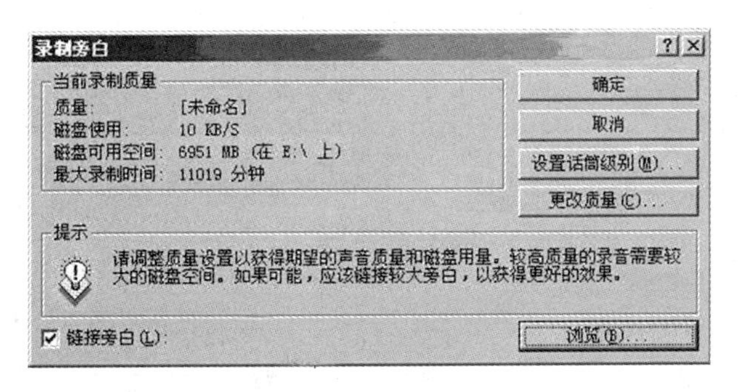

图5-40 “录制旁白”属性设置

步骤4：选中“链接旁白”选项，并通过“浏览”按钮设置好旁白文件的保存文件夹。同时根据需要设置好其他选项。

步骤5：单击确定按钮，进入幻灯片放映状态，一边播放演示文稿，一边对着麦克风朗读旁白。

步骤6：播放结束后，系统会弹出提示框，根据需要单击其中的相应按钮。

步骤7：如果某张幻灯片不需要旁白，可以选中相应的幻灯片，将其中的小喇叭符号删除即可。

5.4.4 演示文稿的打包与发布

1. 演示文稿打包成 CD

如果“电脑 B”中既没有安装 PowerPoint 2003，又没有安装什么播放器，我们可以在“电脑 A”上，将演示文稿的播放器一并打包，然后拷贝到“电脑 B”中解压播放。具体操作步骤如下：

步骤 1：在“电脑 A”上启动 PowerPoint 2003，打开相应的演示文稿。

步骤 2：执行“文件/打包成 CD”，打开相应对话框，如图 5-41 所示。

步骤 3：在“打包成 CD”对话框中，修改 CD 的名称。

步骤 4：如果电脑 A 装了刻录机，那么可以直接“打包到 CD”，一般我们采取“复制到文件夹...”的方式来实现打包 CD，如图 5-42 所示。

步骤 5：改变文件夹名称，如图 5-43 所示。

步骤 6：打包好的文件，如图 5-44 所示。

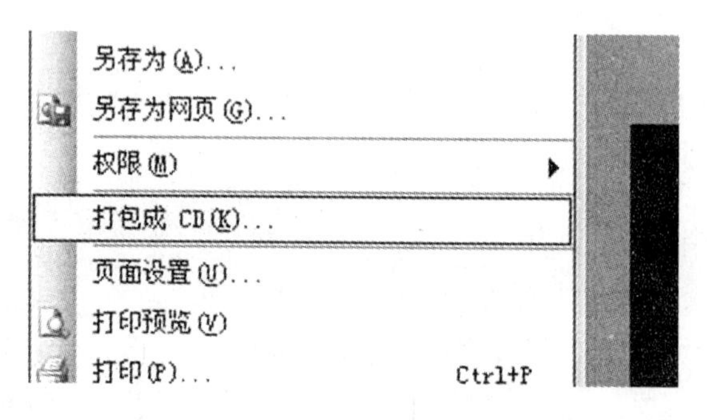

图 5-41　选择“文件”|“打包成 CD”

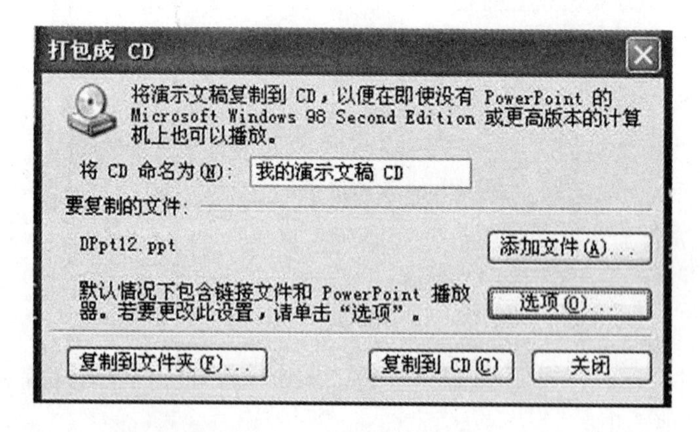

图 5-42　重命名 CD 名

图 5-43　修改相应的名称和位置

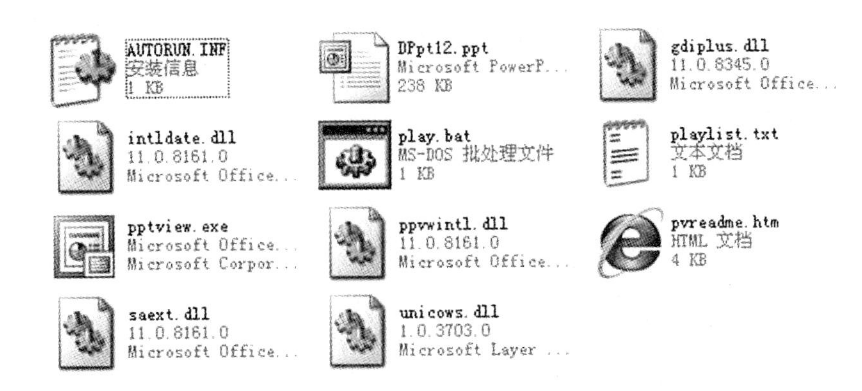

图 5-44 打包后的所有文件

2. 演示文稿发布为网页

同样的情况，如果需要以网页形式保存和发布演示文档，那么我们需要把若干张幻灯片发布成为 mht 的网页。具体操作如下：

步骤 1：执行“文件”|“另存为网页”，打开相应对话框，如图 5-45 所示。

步骤 2：在打开的“另存为”对话框中，如图 5-46 所示，不要直接点击“保存”，这里我们需要对话框中间的“发布”功能，

步骤 3：进入“发布”以后，显示“发布为网页”对话框，如图 5-47 所示，选择需要发布的起始和结束网页页码，选择合适路径，单击保存后，会产生一个扩展名为 mht 的网页文件。

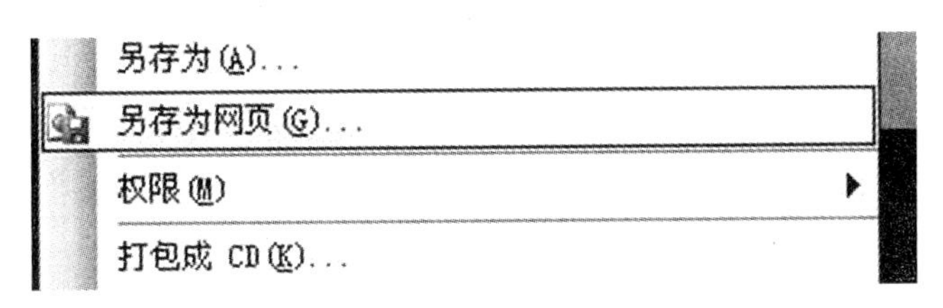

图 5-45 选择“文件”|“另存为网页”

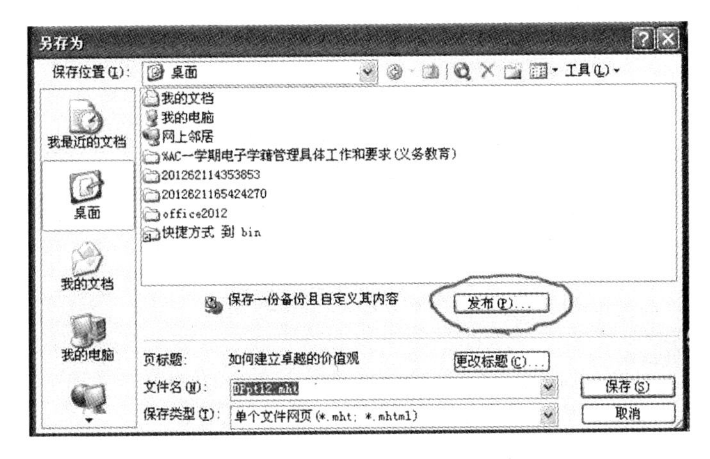

图 5-46 选择“发布”

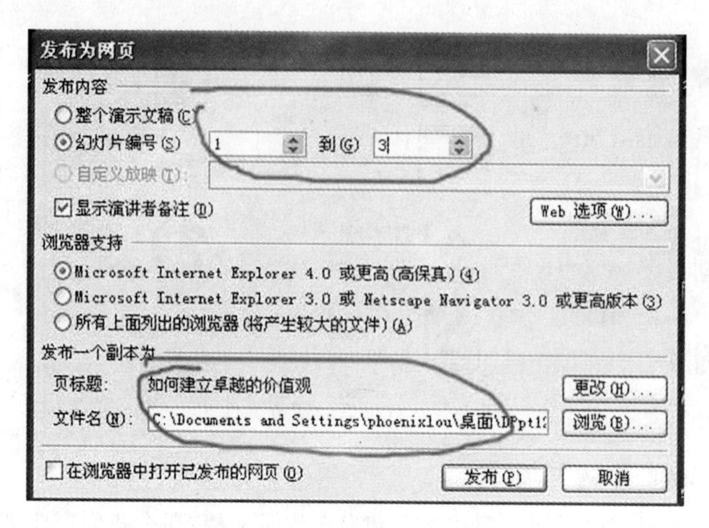

图 5-47 修改路径、文件、页数等

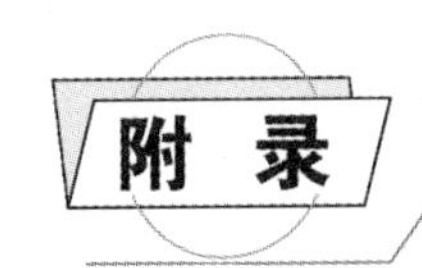

附录 Excel公式的错误值

1. ######!

原因:如果单元格所含的数字、日期或时间比单元格宽,或者单元格的日期、时间公式产生了一个负值,就会产生######!错误。

解决方法:如果单元格所含的数字、日期或时间比单元格宽,可以通过拖动列表之间的宽度来修改列宽。如果使用的是1900年的日期系统,那么Excel中的日期和时间必须为正值,用较早的日期或者时间值减去较晚的日期或者时间值就会导致######!错误。如果公式正确,也可以将单元格的格式改为非日期和时间型来显示该值。

2. #VALUE!

当使用错误的参数或运算对象类型时,或者当公式自动更正功能不能更正公式时,将产生错误值#VALUE!。

原因一:在需要数字或逻辑值时输入了文本,Excel不能将文本转换为正确的数据类型。

解决方法:确认公式或函数所需的运算符或参数正确,并且公式引用的单元格中包含有效的数值。例如:如果单元格A1包含一个数字,单元格A2包含文本"学籍",则公式"=A1+A2"将返回错误值#VALUE!。可以用SUM工作表函数将这两个值相加(SUM函数忽略文本):=SUM(A1:A2)。

原因二:将单元格引用、公式或函数作为数组常量输入。

解决方法:确认数组常量不是单元格引用、公式或函数。

原因三:赋予需要单一数值的运算符或函数一个数值区域。

解决方法:将数值区域改为单一数值。修改数值区域,使其包含公式所在的数据行或列。

3. #DIV/O!

当公式被零除时,将会产生错误值#DIV/O!。

原因一:在公式中,除数使用了指向空单元格或包含零值单元格的单元格引用(在Excel中如果运算对象是空白单元格,Excel将此空值当作零值)。

解决方法:修改单元格引用,或者在用作除数的单元格中输入不为零的值。

原因二:输入的公式中包含明显的除数零,例如:=5/0。

解决方法:将零改为非零值。

4. #NAME?

在公式中使用了Excel不能识别的文本时将产生错误值#NAME?。

原因一:删除了公式中使用的名称,或者使用了不存在的名称。

解决方法：确认使用的名称确实存在。执行“插入”|“名称”|“定义”命令，如果所需名称没有被列出，请使用“定义”命令添加相应的名称。

原因二：名称的拼写错误。

解决方法：修改拼写错误的名称。

原因三：在公式中使用标志。

解决方法：执行菜单中“工具”|“选项”命令，打开“选项”对话框，然后单击“重新计算”标签，在“工作簿选项”下，选中“接受公式标志”复选框。

原因四：在公式中输入文本时没有使用双引号。

解决方法：Excel将其解释为名称，而不理会用户准备将其用作文本的想法，将公式中的文本括在双引号中。例如：下面的公式将一段文本“总计：”和单元格B50中的数值合并在一起：=“总计：”&B50。

原因五：在区域的引用中缺少冒号。

解决方法：确认公式中使用的所有区域引用都使用冒号。例如：SUM(A2：B34)。

5. ＃N/A

原因：当在函数或公式中没有可用数值时，将产生错误值＃N/A。

解决方法：如果工作表中某些单元格暂时没有数值，请在这些单元格中输入“＃N/A”，公式在引用这些单元格时，将不进行数值计算，而是返回＃N/A。

6. ＃REF!

当单元格引用无效时将产生错误值＃REF!。

原因：删除了由其他公式引用的单元格，或将移动单元格粘贴到由其他公式引用的单元格中。

解决方法：更改公式或者在删除或粘贴单元格之后，立即单击“撤销”按钮，以恢复工作表中的单元格。

7. ＃NUM!

当公式或函数中某个数字有问题时将产生错误值＃NUM!。

原因一：在需要数字参数的函数中使用了不能接受的参数。

解决方法：确认函数中使用的参数类型正确无误。

原因二：使用了迭代计算的工作表函数，例如：IRR或RATE，并且函数不能产生有效的结果。

解决方法：为工作表函数使用不同的初始值。

原因三：由公式产生的数字太大或太小，Excel不能表示。

解决方法：修改公式，使其结果在有效数字范围之间。

8. ＃NULL!

当试图为两个并不相交的区域指定交叉点时将产生错误值＃NULL!。

原因：使用了不正确的区域运算符或不正确的单元格引用。

解决方法：如果要引用两个不相交的区域，请使用联合运算符逗号(,)。公式要对两个区域求和，请确认在引用这两个区域时，使用逗号。如：SUM(A1：A13,D12：D23)。如果没有使用逗号，Excel将试图对同时属于两个区域的单元格求和，但是由于A1：A13和

D12：D23并不相交，所以它们没有共同的单元格。在Excel中快速查看所有工作表公式只需一次简单的键盘点击，即可显示出工作表中的所有公式，包括Excel用来存放日期的序列值。要想在显示单元格值或单元格公式之间来回切换，只需按下Ctrl+`（位于TAB键上方）。

参考文献

[1] 陈伟主编. 办公自动化高级应用案例教程. 北京：清华大学出版社，2007.
[2] 鄂大伟主编. 多媒体基础基础与应用. 北京：高等教育出版社，2003.
[3] 冯博琴主编. 大学计算机基础. 北京：人民邮电出版社，2006.
[4] 韩希义主编. 计算机网络基础. 北京：高等教育出版社，2003.
[5] 候捷主编. Word 排版艺术. 北京：电子工业出版社，2007.
[6] 胡维华主编. 大学计算机基础实践教程. 杭州：浙江科学技术出版社，2007.
[7] 贾昌传，王巧玲主编. 计算机应用基础. 北京：清华大学出版社，2006.
[8] 梁钜汎主编. 大学信息技术基础. 北京：中国科学技术出版社，2006.
[9] 林学华主编. 办公自动化. 北京：机械工业出版社，2005.
[10] 王海萍主编. 办公自动化技术. 北京：机械工业出版社，2004.
[11] 吴卿主编. 办公软件高级应用实践教程. 杭州：浙江大学出版社，2010.